高等教育“十二五”系列教材

市政工程CAD

主　编　刘建锋　陈勇民

副主编　王　鹏　马静颖

刘建锋　陈勇民　王　鹏　马静颖　陈益滨

张正林　蒙　媛　刘　江　杨建宏　王建军

刘智武　杨　琳　编　著

机械工业出版社

本书选用 AutoCAD 2006 中文版为绘图平台，结合工程制图和相关的设计实践等内容，较系统地介绍了市政道路施工图、市政给水排水施工图的绘制方法、步骤和技巧。本书共设 12 章，主要包括 AutoCAD 2006 的基础知识与基本操作、基本绘图命令与精确绘图辅助工具、编辑与修改命令、文字与表格、尺寸标注、绘图前的准备工作与图层设置、高级使用技巧、市政道路施工图的绘制、市政给水排水施工图的绘制、图形的打印输出、其他绘图软件简介和附录等内容。课后作业精心选用历年 AutoCAD 考证真题和工程设计典型实例。附录中列举了 AutoCAD 软件使用的一些常见问题，并提供了相应的解决办法。此外，书中涉及其他章节的插图、命令、附图和相关操作等均有页码标注，非常方便读者查找翻阅。

主要编著者均曾在设计院从事市政工程设计，具有丰富的设计经验，对 AutoCAD 设计软件的使用具有深刻的体会与心得；兼有多年教学经验，能清晰把握设计实战与授课重点及其有机结合点。

本书是市政道路工程、给水排水工程及相关专业学生学习 AutoCAD 的首选教材，也可作为相关专业工程技术人员培训教材和自学时的参考书。

图书在版编目（CIP）数据

市政工程 CAD/刘建锋，陈勇民主编. —北京：机械工业出版社，2013.8（2025.1 重印）
高等教育“十二五”系列教材
ISBN 978-7-111-43158-9

Ⅰ. ①市… Ⅱ. ①刘… ②陈… Ⅲ. ①市政工程—计算机辅助设计—AutoCAD 软件—高等学校—教材 Ⅳ. ①TU99-39

中国版本图书馆 CIP 数据核字（2013）第 166999 号

机械工业出版社（北京市百万庄大街 22 号 邮政编码 100037）
策划编辑：李俊玲 周晓伟 责任编辑：周晓伟
责任校对：陈延翔 封面设计：鞠 杨
责任印制：单爱军
北京虎彩文化传播有限公司印刷
2025 年 1 月第 1 版第 9 次印刷
184mm×260mm · 15.25 印张 · 378 千字
标准书号：ISBN 978-7-111-43158-9
定价：39.80 元

电话服务
客服电话：010-88361066
010-88379833
010-68326294

网络服务
机 工 官 网：www.cmpbook.com
机 工 官 博：weibo.com/cmp1952
金 书 网：www.golden-book.com
机工育服务网：www.cmpedu.com

前　言

近年来，国内本科和高职院校建筑类专业均已普及开设 AutoCAD 课程，部分院校还在此基础上增设了各类其他专业绘图软件的教学内容，以使学生一毕业就能在实践中熟练运用 AutoCAD 进行专业绘图工作，从而在社会竞争中具备更多优势。

运用 AutoCAD 进行专业绘图应做到两个结合：一是 AutoCAD 绘图和专业知识的结合，即绘图者要先掌握一定的专业知识，才能很好地运用 AutoCAD 进行专业图形的表达和修改；二是 AutoCAD 绘图和工程制图相关知识的结合，即绘图过程中必须遵守制图标准、考虑看图习惯，打印输出的图形才能满足阅图和审图等的实际要求。此外，一个优秀的绘图者还应养成良好的绘图习惯、设置合适的绘图环境、熟练运用各类二次开发文件。很多学生在学习了 AutoCAD 绘图软件的基本用法后，在绘图过程中却常感到无所适从、无处下手，或者绘图速度难以提高，原因就在于此。

本书主要编著者是具有长期市政工程设计经历的专业教师，在 AutoCAD 软件的工程应用和教学方面均有较丰富的实践经验。针对初学者的问题与困惑，循序渐进、步步引导，通过典型工程实例的操作与说明来讲解命令及其功能，并将 AutoCAD 的实战经验与高效学习方法贯穿全书，努力贯彻“**快捷、精练、透彻、实战**”的编写方针。紧紧围绕提高用户的软件使用水平和绘图速度这一终极目标，介绍市政设计中常用的命令与技巧。内容和表达上力求精练有效，帮助用户以最快捷的启动方式、最简短的操作步骤进行图形绘制与修改，并以“山人指路”的方式进行经验与体会的总结，对用户进行提醒、深化与提升。教材附有翔实的工程案例，以典型的设计过程为指导，进行命令的综合应用介绍。课后作业题精心选用历年 AutoCAD 考证真题和工程设计典型实例。附录中对软件使用的一些常见问题进行了列举，并提供了相应的解决办法。

本书主要内容包括五大部分：第一部分（第 1 章）为 AutoCAD 2006 的基础知识与基本操作；第二部分（第 2～7 章）为相关命令的功能与操作介绍，包括基本绘图命令与精确绘图辅助工具、编辑与修改命令、文字与表格、尺寸标注、绘图前的准备工作与图层设置和高级使用技巧等内容；第三部分（第 8～10 章）以市政道路和市政给水排水施工图的绘制为例，达到强化操作技能和综合实践演练的目的；第四部分（第 11 章）为图形的打印输出；第五部分（第 12 章）为其他绘图软件简介。为了保证学习效果，每一章后面都附有精心筛选的选择题和操作训练题。

本书配套的电子教案和相关资源包可登录机械工业出版社教材服务网（http://www.cmpedu. com/）下载，或与编辑（010-88379375）联系获取。

本书计划学时为 48 学时，学时分配建议见下表。

授课内容	计划学时	授课内容	计划学时
第 1 章　AutoCAD 2006 的基础知识与基本操作	6	第 7 章　高级使用技巧	3
第 2 章　基本绘图命令与精确绘图辅助工具	6	第 8 章　市政道路施工图的绘制	3
第 3 章　编辑与修改命令	6	第 9 章　市政排水施工图的绘制	3
第 4 章　文字与表格	3	第 10 章　市政给水施工图的绘制	3
第 5 章　尺寸标注	3	第 11 章　图形的打印输出	3
第 6 章　绘图前的准备工作与图层设置	6	第 12 章　其他绘图软件简介	3

本书由刘建锋、陈勇民主编，王鹏和马静颖任副主编。所有编著人员有金华职业技术学院刘建锋、

张正林、蒙媛、杨建宏、王建军、刘智武和杨琳，浙江科技学院陈勇民，杭州市城建设计研究院王鹏，浙江建设职业技术学院马静颖、陈益滨和刘江。金华职业技术学院学生胡晓晴和施蓉蓉负责本书的校核工作。本书由刘建锋完成统稿工作。

本书编写过程中得到了杭州市市区河道监管中心吴青霞高工、杭州市城建设计研究院王键高工和周瑞云工程师、重庆中设工程设计股份有限公司杭州分公司郝建高工的大力支持，在此一并致谢。

限于作者的水平和经验，不足之处在所难免，敬请广大读者批评指正。相关意见与建议可发送邮件至 jf314@126.com，或在 QQ 群 195944780 中交流。

编著者

本书使用说明

1. 命令的调用方式

- 命令行：M↙。表示从命令行输入快捷命令 M，单击鼠标右键或回车键后启动命令。
- 工具栏：单击“修改”工具栏上的✥按钮。表示单击工具栏上相应按钮后启动命令。
- 下拉菜单：“修改”→“移动”。表示从下拉菜单中单击命令选项来启动命令。

调用方式按使用快捷程度排列，一般推荐第一种调用方式。读者可根据个人习惯选择。

2. 例题的作用

例题×-× 表示带有详细操作步骤的示范性练习题，旨在通过典型工程实例的操作与说明来讲解命令及其功能。

3. 命令行提示

命令：_pline
指定起点：（指定起点）
当前线宽为 0.0000（显示当前线宽值）
指定下一个点或[圆弧(A)/半宽(H)/长度(L)/放弃(U)/宽度(W)]：（指定下一点）
指定下一点或[圆弧(A)/闭合(C)/半宽(H)/长度(L)/放弃(U)/宽度(W)]：A↙（切换到圆弧绘制）
指定圆弧的端点或[角度(A)/圆心(CE)/闭合(CL)/方向(D)/半宽(H)/直线(L)/半径(R)/第二个点(S)/放弃(U)/宽度(W)]：

启动命令后，命令行提示及输入英文字母或数字见左侧黑体字，右侧圆括弧内文字为操作提示或 AutoCAD 的动作。为了统一起见，本书将所有命令行输入的命令快捷键英文字母设为大写，实际操作时字母无须区分大小写。

4.“山人指路”的作用

山人指路

表示对前文操作的进一步深化讲解、介绍设计经验、提醒重要概念与操作习惯等。

目 录

第 1 章 AutoCAD 2006 的基础知识与基本操作

学习要点

知识点

- 基础知识：AutoCAD 2006 的用户界面及其相关操作、鼠标操作和图形文件管理。
- 重点知识：命令的输入方式、参数的输入方式、常用键盘快捷键及命令快捷键、坐标系与坐标输入和绘图环境设置。

技能要求

- 掌握命令和参数的输入方法、不同格式点坐标的输入方法。
- 熟练进行坐标系的切换。
- 熟练进行绘图环境的初步设置。

1.1 AutoCAD 的概念、特点及版本

1.1.1 AutoCAD 的概念与特点

CAD 是 Computer Aided Design（计算机辅助设计）的简称。它是利用计算机强有力的计算功能和高效率的图形处理能力，辅助知识劳动者进行工程和产品的设计与分析，以达到理想的目的或取得创新成果的一种技术。它包括了设计、绘图、工程分析和文档制作等设计活动，广泛应用于建筑、结构、城市规划、城市交通和市政等工程设计领域。

AutoCAD（Auto Computer Aided Design）是工程设计领域中应用最广泛的计算机辅助设计软件。它由美国 Autodesk 公司于 1982 年首次发布并不断推陈出新，现已成为国际上广为流行的绘图工具。

AutoCAD 具有良好的用户界面，通过交互菜单或命令行方式可以进行各种操作。利用 AutoCAD 进行绘图具有以下特点：

1．**功能强大**　AutoCAD 具有完善的图形绘制功能和强大的图形编辑功能，同时还有图形标注、精确绘图和图形输出等功能。也可采用多种方式进行二次开发或用户定制。

2．**精确度高**　图形绘制和打印精确度可达到所用单位的小数点后 14 位。

3．**快速高效**　AutoCAD 所具有的复制、编辑、自定义条目等功能加速了绘图过程，能极大提高设计工作效率，缩短设计周期。

4. **风格一致** 在绘图方法上系统保持了一致性，从而消除了因为个人风格不同产生的问题，有利于设计工作的规范化和成果的标准化。一家公司中可以有多个制图员同时为一个工程制图，并产生一致的图形集。

5. **整洁清晰** 绘图仪具有产生精确清晰图样的能力，这是优于传统手工绘图的最明显优点。AutoCAD 图形打印输出后，线条粗细均匀、字符打印质量高、无污损及其他绘图用的临时标记等。

6. **1:1 作图** 与传统手工绘图相比，使用 AutoCAD 绘图有一个重要指导思想，即 1:1 作图（详见 P129/6.4 节“1:1 绘图与相关设置”）。具体而言，在绘制线性类图形对象（如直线、圆和圆弧等）时，不考虑打印比例因素，实际尺寸是多少就绘制多少。例如，一条道路的长度为 100.15m，施工图打印比例为 1:500，使用 AutoCAD 绘图时在图上绘制的直线为 100.15 个图形单位。图形打印输出时才考虑比例设置问题。而手工绘图在图纸上绘制的直线长度为 100.15m/500=0.2003m≈20cm。

1.1.2 AutoCAD 的版本

Autodesk 公司于 1982 年 11 月正式发布 AutoCAD 1.0 版本，之后不断完善发展，目前的最新版本为 AutoCAD 2014。随着版本的升级，AutoCAD 的功能越来越强大，操作界面也焕然一新。从 AutoCAD 2007 开始，Autodesk 公司将三维动画渲染和制作软件 3DS MAX 的诸多技术移植到 AutoCAD 软件中，大大加强了 AutoCAD 的 3D 设计能力。

考虑到市政工程专业的绘图特点和初学者学习的难易程度等因素，本书以 AutoCAD 2006（中文版）为参考软件进行编写。

山人指路

初学者不必过于追求使用最新最高版本的 AutoCAD。以够用、顺手为原则，学好、吃透一个版本（如 AutoCAD 2006）的命令使用与操作思路，有助于以后更快地熟悉高版本 AutoCAD。这也是许多基于 AutoCAD 平台二次开发的工程设计软件（如鸿业市政、飞时达市政等）的使用基础。

1.2 AutoCAD 2006 的用户界面及其相关操作

软件安装后，自动在桌面生成快捷图标，双击该图标即可启动程序。

启动 AutoCAD 2006 后，进入默认的用户界面（图 1-1）。

用户界面主要由以下几部分组成。

1. **标题栏** 位于界面顶端。左侧显示了当前运行的软件名称（AutoCAD 2006）和当前打开的图形文件名称（Drawing1.dwg）。右侧的按钮分别用于执行用户界面窗口的最小化、还原和关闭操作。

2. **下拉菜单栏** 位于标题栏下方。由 11 个主菜单项组成，提供了 AutoCAD 2006 的大部分命令与功能。鼠标左键单击某一主菜单项，即可打开相应的下拉菜单；随后单击下拉菜单中的某个选项即可执行相应命令或功能。下拉菜单栏左侧的按钮是绘图窗口的控制按钮；右侧的按钮分别用于执行绘图窗口的最小化、还原和关闭操作。

3. **工具栏/窗口位置锁定开关** 单击按钮，可以选择 AutoCAD 各工具栏、窗口位置是否锁定或浮动。一般在 AutoCAD 工具栏自定义设置完毕后，选择全部锁定，以防止误操作改变工具栏位置。

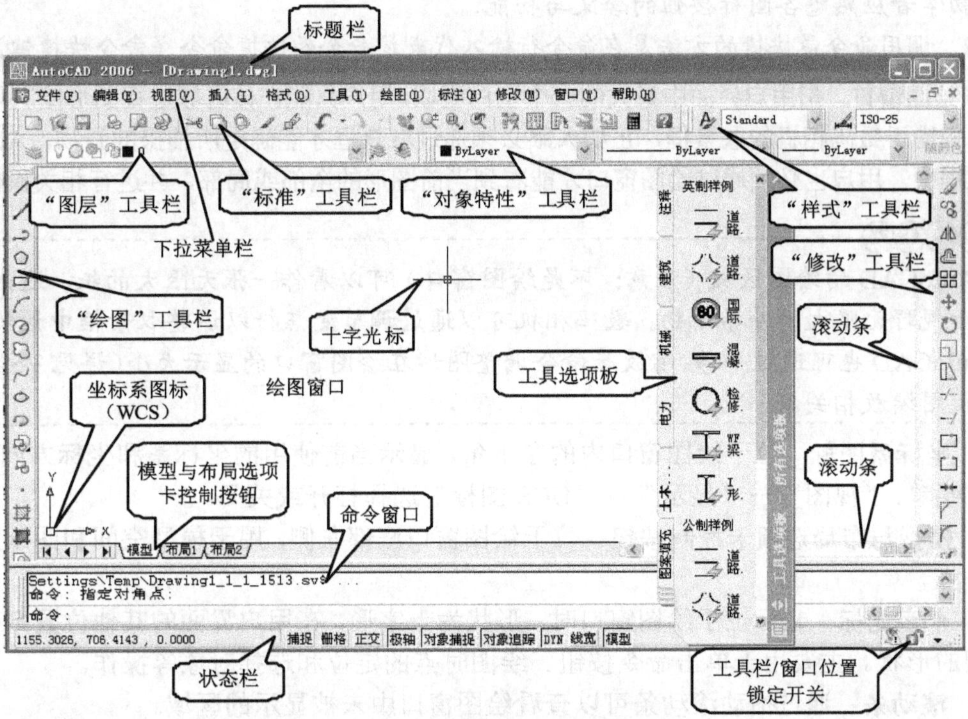

图 1-1　AutoCAD 2006 的用户界面

4. 工具栏　AutoCAD 2006 共有 30 条工具栏，包含了最常用的命令按钮。这些工具栏上的按钮均按功能分类并以图标形式呈现。

（1）工具栏的显示与隐藏。默认状态下，用户界面显示了“标准”“样式”“图层”“对象特性”“绘图”和“修改”共 6 个工具栏。用户可根据需要显示其他工具栏或隐藏已显示的工具栏。方法如下：

在已显示的任意一个工具栏按钮上单击鼠标右键，从激活的快捷菜单中单击需要显示或隐藏的工具栏名称（图 1-2）。该快捷菜单中带“√”标记的工具栏将以浮动工具栏方式显示在用户界面；不带标记的工具栏则被隐藏。此外，单击浮动工具栏右上角的按钮×|，也可隐藏该工具栏。

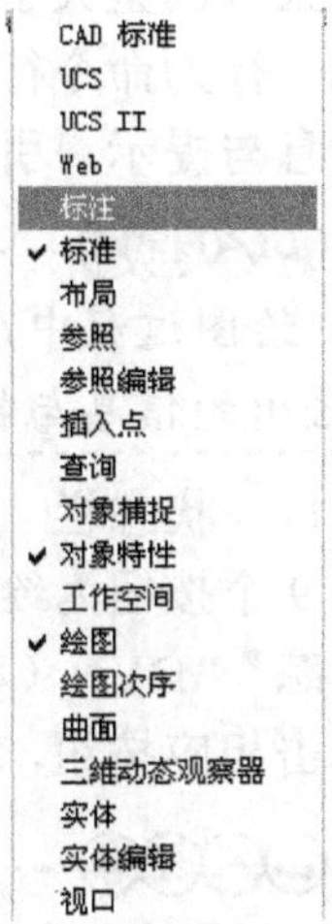

图 1-2　工具栏快捷菜单

（2）改变工具栏的位置。工具栏在解锁状态下，移动鼠标指针至工具栏的双横杠或双竖杠上，按住鼠标左键不放并拖动工具栏到合适位置，松开左键即可改变工具栏位置。

对浮动工具栏，可将鼠标指针移至工具栏顶端的蓝色区域，按上述方法改变位置。

（3）自定义工具栏。用户也可以自定义工具栏，增删工具栏上的命令按钮，或根据需要自行制作命令按钮（详见 P18/1.9.3 节“自定义工具栏”）。

山人指路

1. 利用工具栏上的图标按钮激活命令，是启动命令（或功能）最直观方便的方法。因此初学者应熟悉各图标按钮的含义与功能。

2. 调用命令最快捷的方法是在命令行输入代表该命令的快捷命令（命令快捷键）。

5. **绘图窗口**　指用户界面中最大的一个空白区域，用户只能在该区域进行图形绘制与修改。该窗口相当于数码相机的取景框，正如人眼必须通过取景框才能确定所拍摄的景物，AutoCAD 绘图过程中，用户也必须通过绘图窗口才能看到当前图形的全部或局部，并进行相关操作。

山人指路

AutoCAD 的绘图区域（注意：不是绘图窗口）可以看作一张无限大的纸，这张纸就相当于视野无限大的外界景物。数码相机可以通过调节变焦杆以调整取景框中景物的大小，AutoCAD 也可通过平移、缩放等命令调整图形在绘图窗口的显示大小（详见 P68/3.3.1 节“视图缩放相关命令”）。

6. **坐标系图标**　位于绘图窗口内的左下角，显示当前使用的坐标系和坐标方向。可通过下拉菜单：“视图”→“显示”→“UCS 图标”选择打开或关闭。

7. **模型与布局选项卡控制按钮**　位于绘图窗口底部左侧，用于模型空间和图纸空间的切换。

8. **十字光标**　光标位于绘图窗口时，形状为十字形，在用户界面的其他位置则显示各种不同的形状。主要用于单击命令按钮、绘图时点的定位和选择对象等操作。

9. **滚动条**　通过拖动滚动条可以查看绘图窗口中未被显示的区域。

10. **命令窗口**　位于绘图窗口下方，是用户和 AutoCAD 进行对话的地方，是一个可固定且可调整大小的窗口，显示命令、系统变量、选项、信息和提示等信息。命令窗口最底部一行为命令行，用户可以在此输入相关命令的英文全称或快捷命令。系统会给出相应的信息与提示，引导用户进行下一步的操作。

山人指路

绘图过程中应养成随时观察命令窗口提示信息的习惯，尤其是初学者更应注意从系统给出的信息与提示中逐步熟悉命令的具体操作过程。

11. **状态栏**　位于命令窗口下方。左边的数字为当前十字光标所在位置的坐标值。中间的 9 个按钮为绘图时的辅助工具，包括“捕捉”“栅格”“正交”“极轴”“对象捕捉”“对象追踪”“DYN（动态输入）”“线宽”和“模型”共 9 种常用工具或显示方式。用鼠标左键单击相应按钮，即可实现状态切换。切换后，命令窗口会有相应提示信息。

山人指路

绘图过程中使用较频繁的辅助工具按钮有：“对象捕捉”（【F3】）、“正交”（【F8】）和“极轴”（【F10】）等，应牢记这些按钮的键盘快速切换键，以提高绘图速度。

1.3 鼠标操作

鼠标是用户和 AutoCAD 进行信息交流的重要工具。用户在进行绘图、编辑等操作时，借助鼠标的灵活易动性，能有效加快绘图速度、提高绘图质量。

当鼠标在绘图窗口区域内移动时，状态栏显示的三维坐标值也随之变化。此时，鼠标以十字光标形状显示。在不同应用场合或用户界面的不同区域，十字光标形状会有不同形状（表 1-1）。

表 1-1　鼠标光标的不同形状与含义

鼠标形状	含　义	鼠标形状	含　义
	系统处于接受命令状态	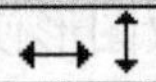	可调整水平或垂直大小
	等待在绘图窗口选取点的位置或在命令行输入参数		可调整左上-右下或右上-左下大小
	可选择按钮或菜单		可调整命令窗口大小
	等待选择图形对象		可实时平移视图
	可插入文本		可缩放图形

通常，鼠标左键用于选择对象操作，右键主要用于确认左键的操作（相当于回车键功能），鼠标滚轮常用于视图的平移与缩放。具体如下：

1．**单击左键**　移动光标到某一对象（按钮或图形对象）处，按鼠标左键一次，简称单击。当单击的对象为图形对象时，即为“拾取”或“选择”对象。不同区域的常用操作为：

（1）下拉菜单：单击菜单名显示下拉菜单，移动鼠标选择某按钮后再次单击，即可启动该命令。

（2）工具栏按钮：移动鼠标至某个工具栏按钮处，待该按钮凸起显示时，单击即可启动该命令。

（3）状态栏按钮：单击状态栏相应按钮，即可实现状态切换。

（4）绘图窗口：在绘图窗口移动鼠标至某一图形对象（如一条直线）上方，单击即可选中该对象。

2．**单击右键**　移动光标到某处，按鼠标右键一次，称为单击右键。在用户界面不同区域有不同作用。不同区域的常用操作为：

（1）绘图窗口：启动某个命令，按提示操作后，在绘图窗口区域单击右键以进行所选对象的确认。此时，右键相当于回车键功能。

（2）工具栏：移动鼠标至该区域任一命令按钮上，单击右键，将弹出快捷菜单（图 1-2）。用户可选择工具栏的显示/隐藏，也可以自定义工具栏按钮。

（3）命令窗口：在命令窗口区域单击右键，将弹出相应菜单。

山人指路

自定义单击右键功能的设置，详见 P15/1.9.1 节“界面选项的设置”中的“用户系统配置”选项卡。如无特殊说明，本书默认取消勾选“绘图区域中使用快捷菜单”复选框，即单击右键相当于按下键盘回车键。

3．**双击**　连续单击左键两次，可进行图形文件的打开、应用程序的启动等操作。此外，双击图形对象时，可激活相应的编辑对话框。例如，双击文字对象可激活“文字编辑”对话框，双击直线对象可激活“对象特性”对话框。

4．**拖动**　移动光标至某些对象处，按住左键并拖动，可将其移动至新位置。常用操作为：

（1）浮动工具栏或对话框：移动光标至浮动工具栏或对话框的标题栏，按住左键并拖动，可移动其至新位置。

（2）滚动条：移动光标至滚动条滑块，可实现对当前视图的平移或显示列表框的隐藏内容。

（3）图形对象：单击选择图形对象（如一条直线），使用拖动功能，可改变其位置。

5．**打开文字提示**　移动光标至某一对象处，稍等片刻，即可显示该对象的相关文字提示。如工具栏按钮的名称、状态栏辅助工具的名称等文字提示。

6．**鼠标滚轮**　光标位于绘图窗口区域时使用。按住鼠标滚轮，此时光标形状变为手形，可对当前视图进行任意方向的平移；拨动鼠标滚轮，可对当前视图进行以光标所在位置为中心的缩小或放大；双击鼠标滚轮，可缩放图形使其充满绘图窗口（该功能相当于范围缩放命令）。

山人指路

鼠标滚轮完全能替代 AutoCAD 系统提供的“实时平移（PAN）”、“实时缩放（ZOOM）”和“范围缩放”这 3 个命令的功能。它一步到位，简化了操作步骤，节约了视图平移与缩放的时间，应熟练应用。

1.4 命令的使用

1.4.1 命令的输入

当命令行出现“命令:”提示信息时，说明系统处于接受命令状态。此时，可以输入命令进行相关操作。命令输入方式通常有 3 种：下拉菜单法、命令按钮法和键盘输入命令法。

1．**下拉菜单法**　通过单击菜单名称显示下拉菜单，选择相应命令按钮后启动命令的方法。

2．**命令按钮法**　通过单击工具栏按钮启动相应命令的方法。

3．**键盘输入命令法**　通过键盘在命令行输入相应命令的英文全称或命令快捷键（简写字母），单击右键或按回车键确认后启动命令的方法。为了提高命令的输入速度，AutoCAD 给一些命令规定了命令快捷键，如直线（LINE）的命令快捷键为 L，移动（MOVE）的命令快捷键为 M。输入这些命令快捷键即相当于输入了命令的英文全称。

命令按钮法比下拉菜单法方便、快捷，它省去了从下拉菜单中再次单击选择命令按钮的操作步骤。当某一工具栏上有相应命令时，只需调出该工具栏即可；若系统提供的工具栏不存在该命令按钮，则需自定义工具栏按钮。

键盘输入命令法通常以左手负责命令快捷键的键盘输入，右手负责鼠标右键确认的方式来启动命令。它无需用鼠标去寻找命令按钮，左右开弓，加快了命令启动的速度，是最常用的一种命令输入方式。但该方法要求用户熟记相关的命令快捷键字母，对初学者来说有一定难度。

山人指路

1．键盘输入命令法是最常用的一种命令输入方式，建议对常用的绘图和修改等命令以该法启动；对非常用的命令则以命令按钮法启动；对使用较少的命令则可以采用下拉菜单法调用。

2. AutoCAD 允许用户自定义命令的快捷键，详见 P18/1.9.2 节“命令快捷键的修改”。

1.4.2 命令的重复、放弃、重做和终止

1．**命令的重复**　完成一个命令操作后，命令行又会出现“命令:”提示信息。此时，单击鼠标右键、按回车键或空格键均可重新启动刚完成的命令。例如，绘制完成一条直线后，若要继续绘制直线，则可通过上述方法再次启动直线绘制命令。

2．**命令的放弃**　完成一个命令操作后，若要放弃该命令的执行效果，可通过单击“标准”工具栏中的“放弃”按钮。若要一次放弃多个命令执行效果，可单击“放弃”按

钮图标右侧的倒三角符号，从下拉菜单中选择相应的多个操作，单击确认即可。也可在命令行中输入 UNDO 或 U 执行命令的放弃。

3．**命令的重做** 用于恢复上一个用“放弃（UNDO 或 U）”命令放弃的效果。该命令必须紧跟在放弃命令之后才能执行。“标准”工具栏中的“重做”按钮为，命令全称为“REDO”，操作方法与“命令的放弃”类似。

4．**命令的终止** 命令执行的过程中，用户可随时按键盘左上角的【Esc】键终止该命令的执行。

1.4.3 透明命令的使用

透明命令指在其他命令执行过程中可以插入并优先使用的命令。透明命令执行完毕后，将继续执行原命令。

常用透明命令有实时平移（PAN）、实时缩放（ZOOM）等相关命令。这些命令可通过单击对象捕捉工具栏或缩放工具栏上的相关按钮调用，也可直接通过鼠标滚轮的操作实现。此外，状态栏的按钮（除“模型”按钮外）也属于透明命令。

在绘制复杂图形过程中，灵活熟练地使用透明命令，可加快绘图速度。例如，在激活直线（LINE）命令并选定直线起点后，可以结合透明命令分别进行如下操作。

1）若要绘制一条垂直或水平直线，可按下键盘快捷键【F8】开启透明命令“正交模式（ORTHO）”，选定直线终点，即可绘制一条垂直或水平直线。

2）若要精确选取直线终点为某个已绘制对象的特征点（如某圆的圆心），可按下键盘快捷键【F3】开启透明命令“对象捕捉（OSNAP）”进行相关操作。若该圆附近图形较多，还可以拨动滚轮进行图形放大，以准确选中圆心特征点。

3）若直线终点（如某圆的圆心）在绘图窗口外，则可使用鼠标滚轮进行实时平移（PAN）和/或实时缩放（ZOOM）命令进行操作，直至该圆的圆心在绘图窗口显现并能准确选中为止。

上述透明命令执行完毕后仍继续进行直线的绘制命令。

1.4.4 常用键盘快捷键

键盘快捷键是通过键盘上的功能键或普通键组合，帮助用户快速实现相关功能。使用时，只需在键盘上按下相关按键即可启动命令。与命令快捷键的启动相比，它不需要通过单击右键或按回车键确认。常用键盘快捷键见表 1-2。

表 1-2 常用键盘快捷键

键盘快捷键	功能或其他对应命令	键盘快捷键	功能或其他对应命令
F1	获取帮助（HELP）	Ctrl+O	打开文件（OPEN）
F2	绘图窗口与文本窗口的切换	Ctrl+N	新建文件（NEW）
F3	对象捕捉（OSNAP、Ctrl+F）	Ctrl+P	打印文件（PRINT）
F7	栅格显示模式控制（GRIP）	Ctrl+S	保存文件（SAVE）
F8	正交模式控制（ORTHO）	Ctrl+Z	放弃（UNDO）
F9	栅格捕捉模式控制（Ctrl+B）	Ctrl+Y	重做（REDO）
F10	极轴模式控制	Ctrl+X	剪切（CUTCLIP）
F11	对象跟踪开关	Ctrl+C	复制（COPYCLIP）
F12	动态输入开关	Ctrl+V	粘贴（PASTECLIP）
Ctrl+1	对象特性修改（PROPERTIES）	Ctrl+2	设计中心（ADCENTER）
Esc	取消操作，即中断命令执行	Delete	删除所选对象，可替代“修改”工具栏中的删除（ERASE）命令

注：表中带底纹的键盘快捷键应重点记忆并熟练应用，以提高绘图速度。

1.5 参数的输入方法与动态输入法

1.5.1 参数的输入方法

在响应 AutoCAD 命令时，通常要输入各种参数，如点的坐标值、距离、角度等。参数可以在命令行中按提示输入，也可以在对话框中输入或进行选择。

如图 1-3 所示，启动阵列（ARRAY）后，激活“阵列”对话框。在该对话框中可以选择阵列的方式，输入矩形阵列的行数与列数、偏移距离和方向等参数[具体命令操作见 P51/3.1.6 节“阵列（ARRAY）”]。

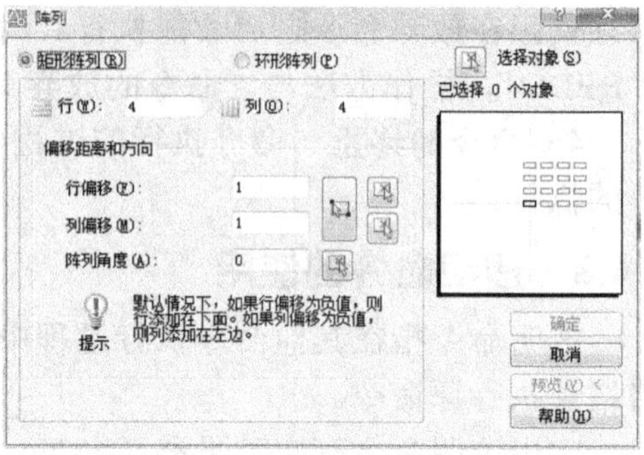

图 1-3　参数输入方法示例

例题1-1　用直线（LINE）命令完成如图 1-4 所示的矩形绘制，尺寸要求为 100×80。

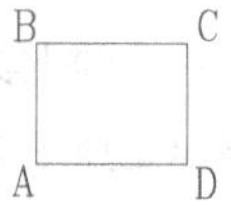

图 1-4　矩形绘制

操作步骤如下：

启动直线绘制命令后，命令行提示如下：

命令：_line 指定第一点：（在绘图窗口范围内单击左键任选一点为 A 点）
指定下一点或 [放弃(U)]: @0,80↙（在命令行输入相对坐标，以确定 B 点）
指定下一点或 [放弃(U)]: @100,0↙（在命令行输入相对坐标，以确定 C 点）
指定下一点或 [闭合(C)/放弃(U)]: @0,-80↙（在命令行输入相对坐标，以确定 D 点）
指定下一点或 [闭合(C)/放弃(U)]: C↙（在命令行输入 C，单击右键或按回车键闭合图形）

山人指路

绘图过程中，应养成随时观察命令窗口提示行信息的习惯，以便根据提示信息顺利完成命令操作。

1.5.2 动态输入法

动态输入是 AutoCAD 2006 的新增功能，启用该命令后，用户可在绘图窗口的光标附近直接看到命令提示或选择命令选项，还可以在光标旁的小窗口中输入点坐标值、距离和角度等参数，而不必分散注意力到命令窗口，因此方便了操作。

动态输入可以通过键盘快捷键【F12】控制启用或关闭，也可以通过单击用户界面底部状态栏中的DYN切换按钮实现启闭。在DYN切换按钮上单击右键选择“设置”可进入“草图设置”对话框。

动态输入有三个组件，第一个组件为“动态提示”。启用“动态输入”后，AutoCAD 的绘图、修改等命令被激活时，命令行的提示会在十字光标附近同步显示。如图 1-5 所示，a 图与 b 图分别为直线与圆绘制时的“动态提示”，两图左侧的

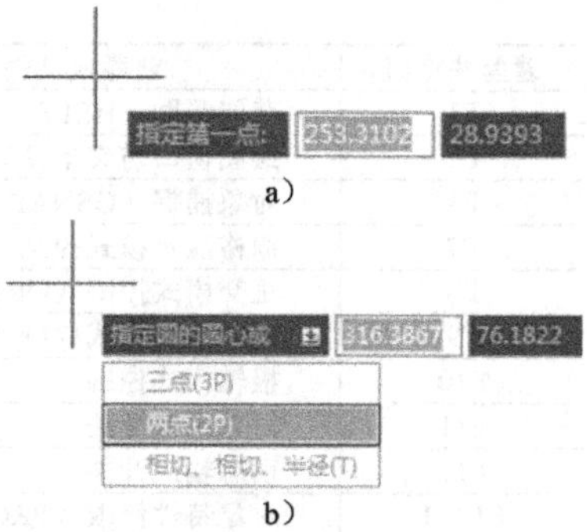

图 1-5　直线与圆绘制时的动态提示与指针输入

文字提示即为命令行提示的同步显示。b 图中“动态提示”右侧的符号⊻表示该命令包含多个选项。此时按下键盘上的下箭头【↓】键，可显示选项并通过移动光标进行选择。

第二个组件为“指针输入”。如图 1-5 所示，启用“指针输入”时，文字提示右侧会出现两个小方框，分别显示十字光标所在位置的当前绝对直角坐标值 X、Y。此时，用户可以直接单击左键，选择当前光标点的坐标值为直线第一点或圆心的坐标点，也可以直接在小方框中分别输入需要的坐标值。需要注意的是，第一个小方框的数值输入完毕后，需要按下键盘上的【Tab】键切换到第二个小方框；若要修改第一个小方框的数值，可立即按下键盘上的【Shift+Tab】组合键切换回第一个小方框。

默认状态下，第一个点用绝对直角坐标表示。第二个点用相对极坐标表示，其中第一个小方框为长度值，第二个小方框为角度值（图 1-6）。角度值的取值范围为 0° ～180° 。

第三个组件为“标注输入”。“标注输入”显示了正在被创建或编辑的几何体的标注尺寸信息，如图 1-6 中直线的长度值与角度值。确定直线第二个点时，两个小方框内的长度值和角度值会随着光标的移动而动态更新，而直线的长度与角度也会随着输入数值的改变而改变，整个操作过程是动态直观的。同样的，可通过键盘上的【Tab】键或【Shift+Tab】组合键实现两个小方框的切换。

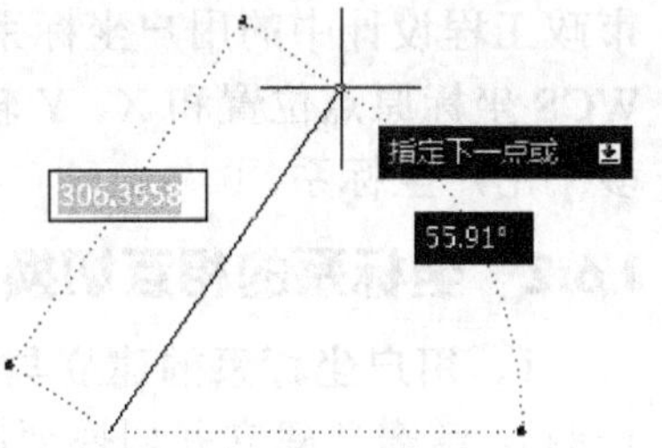

图 1-6　直线第二个点确定时的指针输入与标注输入

例题 1-2　以动态输入法完成例题 1-1 的矩形绘制，注意体会动态输入法的优势。

操作步骤如下：

启动直线绘制命令后，根据绘图窗口动态提示进行相关操作：

指定第一点：（在绘图窗口范围内用鼠标左键任选一点为 A 点）

指定下一点或 ⊻：（移动光标至 A 点上方区域，在第一个小方框中输入长度值 80，按下键盘【Tab】键切换至第二个小方框并输入角度值 90，以确定 B 点）

指定下一点或 ⊻：（移动光标至 B 点右侧区域，在第一个小方框中输入长度值 100，按下键盘【Tab】键切换至第二个小方框并输入角度值 0，以确定 C 点）

指定下一点或 ⊻：（移动光标至 C 点下方区域，在第一个小方框中输入长度值 80，按下键盘【Tab】键切换至第二个小方框并输入角度值 90，以确定 D 点）

指定下一点或 ⊻：（按【F3】键开启“对象捕捉”，精确选择 A 点为目标点以闭合图形，单击右键结束操作）

山人指路

1. 动态输入可通过键盘快捷键【F12】或状态栏中的 DYN 切换按钮实现启闭。
2. 启用动态输入不会取代命令窗口的提示，用户可视操作方便交替使用。
3. 小方框之间的切换可通过键盘上的【Tab】键或【Shift+Tab】组合键实现。

1.6 坐标系

1.6.1 坐标系的分类

AutoCAD 提供了精确绘制图形的功能，其独特的坐标系统是实现该功能的重要基础。

它采用笛卡儿直角坐标系来确定图中点的位置，包括了世界坐标系（WCS）（图 1-7a）和用户坐标系（UCS）（图 1-7b）。由图 1-7 可知，世界坐标系在原点位置多了一个小方框。

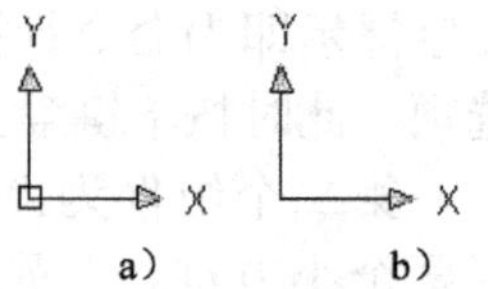

图 1-7　坐标系的分类

1．**世界坐标系**　世界坐标系（WCS——Word Coordinate System）又称为通用坐标系，是固定的坐标系。其坐标原点默认位于绘图窗口的左下角，X 轴正方向为水平向右，Y 轴正方向为垂直向上，Z 轴正方向垂直于屏幕向外。

市政工程设计中常用的二维点用（X，Y）坐标表示。

2．**用户坐标系**　用户坐标系（UCS——User Coordinate System）是可移动的坐标系。市政工程设计中的用户坐标系是用户为方便图形查看或图形打印等目的，根据需要修改了 WCS 坐标原点位置和 X、Y 轴方向后新建的坐标系。用户可以根据需要在图形中建立任意多个用户坐标系。

1.6.2　坐标系的相互切换

1．**用户坐标系的建立与切换**　市政工程设计中，道路走向往往不是东西走向的（图 1-8a），常需要建立并切换至用户坐标系，以方便图形查看和打印。其基本操作思路：以世界坐标系中的某对象（一般为图框的底线，即道路走向的大致方向）为用户坐标系 X 轴的对齐方向；之后再将 X 轴旋转至水平。

如图 1-8 所示，世界坐标系中，欲打印图框 ABCD 范围内的某设计路段（图 1-8a）。首先应以图框底线 AB 为 X 轴对齐方向建立用户坐标系（图 1-8b）；然后在用户坐标系下旋转 X 轴使之水平（即 AB 直线水平，图 1-8c），才能顺利打印出图。具体操作步骤为：

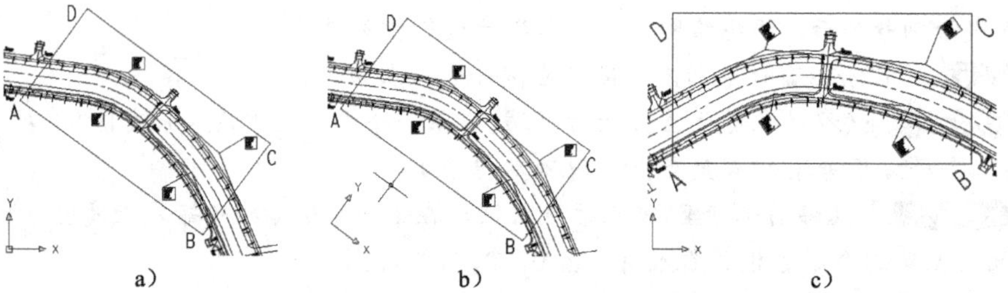

图 1-8　用户坐标系的建立与切换

- 命令行：UCS↙→E↙（选择参照直线 AB）→PLAN↙→（默认选项 C）↙。
- 工具栏：单击“UCS”工具栏上的按钮。
- 下拉菜单：“工具”→“新建 UCS（W）”→“对象（O）”。

例题 1-3　以 AB 为 X 轴的对齐方向建立用户坐标系，并旋转视图至 AB 直线水平（图 1-8c）。

操作步骤如下：

命令：UCS↙

当前 UCS 名称：*世界*

输入选项[新建(N)/移动(M)/正交(G)/上一个(P)/恢复(R)/保存(S)/删除(D)/应用(A)/?/世界(W)]<世界>：E↙（在命令行输入字母 E，按回车键确认。此时鼠标变为小方框，等待图形对象的选择）

选择对齐 UCS 的对象：（单击左键选中直线 AB，此时图形刷新为 X 轴与直线 AB 对齐的用户坐标系，如图 1-8b 所示）

命令：PLAN↙（在命令行输入 PLAN，按回车键确认，以旋转用户坐标系使 X 轴水平）

输入选项[当前 UCS(C)/UCS(U)/世界(W)]<当前 UCS>：C↙（直接按回车键；或在命令行输入 C，按回车键确认；或根据屏幕动态提示直接单击选择 • 当前 UCS(C)）

正在重生成模型。（自动刷新生成图 1-8c 所示的图形）

山人指路

1．按对象选择方式新建并切换至 UCS 坐标系时，须结合命令行提示信息输入相应参数进行操作。

2．选择参照直线时，系统默认以拾取点较近的端点为旋转支点。因此，例题 1-3 中选择直线 AB 时拾取点应靠近端点 A，否则会得到不同的 UCS。

2．用户坐标系切换回世界坐标系 当用户需要切换回世界坐标系时，可在命令窗口依次输入如下命令参数进行操作：

➢ 命令行：UCS↙→（默认选项 W）↙→PLAN↙→W↙。

1.6.3 点坐标的输入方法

市政工程设计中需要确定的点通常为二维点。精确输入点坐标的方法主要有四种：绝对直角坐标、相对直角坐标、绝对极坐标和相对极坐标。

1．绝对直角坐标 绝对直角坐标以原点（0，0）为参考点。输入的点坐标值是相对于原点的坐标增量，即相当于在数学坐标系中确定某点的位置。

命令窗口中的输入格式为“X，Y”。

山人指路

直角坐标输入时的逗号必须为英文逗号。

2．相对直角坐标 相对直角坐标的参考点为上一个输入点，新点坐标值是相对于上一点的坐标增量值。

命令窗口中的输入格式为“@X，Y”。

3．绝对极坐标 绝对极坐标以原点为极点。通过输入原点与该点的距离 L 和两点连线与 X 轴正方向的夹角 α 来确定点位。

命令窗口中的输入格式为“L＜α”。

4．相对极坐标 相对极坐标以上一个输入点为参考点。通过输入上一点与新点的距离 L 和两点连线与 X 轴正方向的夹角 α 来确定点位。

命令窗口中的输入格式为“@L＜α”。

1.7 图形单位与图形界限的设置

1.7.1 图形单位的设置

对图形对象进行长度和角度测量时，往往根据实际需要显示不同的度量单位类型与显示精度。通过图形单位设置命令可实现上述目的。此外，该命令还可设置角度测量的零角度方向。命令的调用方式如下：

➢ 下拉菜单：“格式”→“单位”。

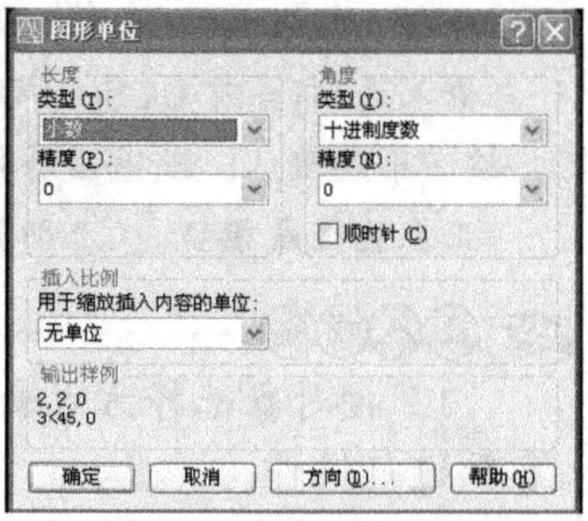

图 1-9 “图形单位”对话框

命令启动后会激活“图形单位”对话框（图 1-9）。该对话框包含了一些下拉列表框和 4 个命令按钮。

（1）“长度”选项组：用于设置图形长度测量单位类型及其显示精度的当前格式，其设置效果见“输出样例”区域。

● “类型”下拉列表：包括“建筑”“小数”“工程”“分数”和“科学”5 种格式类型。市政工程设计中常用类型为“小数”。

● “精度”下拉列表：有 9 种精度格式（0～0.00000000），可根据实际需要选取。

（2）“角度”选项组：用于设置图形角度测量单位类型及其显示精度的当前格式，其设置效果见“输出样例”区域。

● “类型”下拉列表：包括“百分度”“度/分/秒”“弧度”“勘测单位”和“十进制度数”5 种格式类型。市政工程设计中常用类型为“十进制度数”。

● “精度”下拉列表：有 9 种精度格式（0～0.00000000），可根据实际需要选取。

● “顺时针”复选框：用于设置角度测量时角度增加（正）的方向。默认的正角度方向是逆时针方向；勾选则表示以顺时针方向为正。市政工程设计中一般不勾选，即取默认值（以逆时针方向为正）。

（3）“插入比例”下拉列表：用于设置插入到当前图形中的块和图形的测量单位。如果块或图形创建时使用的单位与该选项指定的单位不同，则在插入这些块或图形时，将对其按比例缩放。插入比例是源块或图形使用的单位与目标图形使用的单位之比。如果插入块时不按指定单位缩放，则选择“无单位”。

（4）[方向(D)...] 子对话框按钮：单击该按钮打开“方向控制”对话框（图 1-10）。

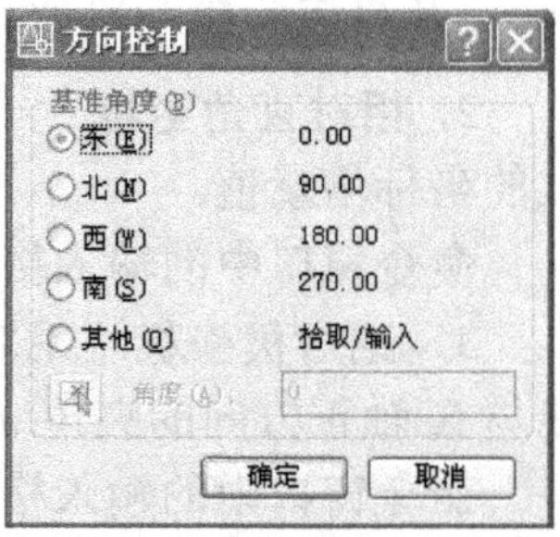

图 1-10 “方向控制”对话框

该对话框用于设置零角度的方向。默认方向为东（0°），因默认的角度增加方向是逆时针，故北方向为 90°、西方向为 180°、南方向为 270°。市政工程设计中一般取默认值东方向。

若选中“其他”按钮，可在其下方的“角度”文本框中输入角度值以确定零角度值方向。该数值是以正东方向为基准，逆时针旋转的角度值。也可通过单击文本框左侧的按钮，进入绘图窗口，在图中拾取两点来确定零角度值方向。

（5）[确定] 按钮：操作完毕后，必须单击该按钮才能使所作设置生效。

山人指路

绘图过程中常要进行图形对象的对象特性查询。如查询一条直线的长度、端点坐标和倾斜角度等。有时候显示的数值仅为整数，而不能显示小数点后面的值。这时，就要考虑图形单位的设置是否正确，往往是在设置长度和角度的精度后才能使查询结果符合要求。

1.7.2 图形界限的设置

用数码相机全景拍摄一幢建筑物时，常使建筑物的四周轮廓尽量充满取景框。AutoCAD 也有类似的“全景拍摄”，它是以绘图窗口为“取景框”，对当前图形中所有已绘制图形对象进行“全景”显示。这就涉及图形界限的设置问题。

通过设定绘图窗口中某一区域的左下角和右上角坐标来设定“全景”显示的范围，即图形界限。命令的调用方式如下：

➢ 下拉菜单：“格式”→“图形界限（A）”。

➢ 命令行：LIMITS↙。

例题 1-4 设置图形界限为 297×210（A4 大小），左下角选取绝对坐标原点。

操作步骤如下：

启动命令后，命令行提示如下：

命令：'_limits

重新设置模型空间界限：

指定左下角点或 [开(ON)/关(OFF)]<0.0000,0.0000>：（不需输入坐标值，直接单击右键确认）

指定右上角点<420.0000,297.0000>:297,210（输入图形界限右上角的绝对直角坐标值，单击右键确认结束命令）

各选项含义如下：

● 开（ON）：打开图形界限检查，表示不能在图形界限范围外绘图。选择该选项后，所有绘图操作只能在设置的图形界限范围内进行。否则，命令窗口会提示“超出图形界限”。

● 关（OFF）：关闭图形界限检查，表示允许在图形界限范围外绘制图形。为默认设置。

● <0.0000,0.0000>：系统默认或上一次操作的图形界限左下角的绝对直角坐标值。

● <420.0000,297.0000>：系统默认或上一次操作的图形界限右上角的绝对直角坐标值。

图形界限设置完毕后，双击鼠标滚轮或单击“缩放”工具栏上的“全部缩放”按钮，使当前图形以界限边缘为限进行缩放，充满整个绘图窗口。

山人指路

1. 当命令窗口提示“指定左下、右上角点”时，最常用、最方便的方式是缩小图形使所有已绘制的图形对象显示在绘图窗口内，然后分别在绘图窗口左下角和右上角点取两个点。若图形已套用图框，则可在开启“对象捕捉”（【F3】）的情况下，捕捉图框的左下角点和右上角点。

2. 图形界限设置完毕后，只有进行全部缩放操作，才能使图形界限范围内的图形对象充满显示在绘图窗口内。这就给用户提供了“全景”、宏观地观察图形的视角，方便了图形对象的大致查找、后期的打印输出等操作。

3. 若点取的两个角点不是位于所有图形对象范围的边缘，而是在内部，则进行全部缩放操作后，在图形窗口充满显示的仍然是所有已绘制的图形。

4. 有时候，图形界限设置完毕后进行全部缩放操作，绘图窗口仍然有大片空白区域甚至找不到应该显示的图形对象，很有可能是绘图窗口的四角位置有其他图形对象（如一个点、一条短的直线或一个单行文字等）。删除这些图形对象，再次进行全部缩放操作即可。

5. 当对图纸的平移或缩放操作无法继续进行，且状态栏左侧提示“已到界限最左/右边”或“已无法进一步缩小”时，就要考虑重新设置图形界限了。

1.8 图形文件的管理

AutoCAD 系统的图形文件管理方法与 Office 系统类似，主要包括创建、打开和保存图形文件等。

1.8.1 图形文件的创建

创建图形文件指以图形样板文件为基础建立一个新文件。命令的调用方式如下：

- ➢ 工具栏：单击“标准”工具栏上的按钮。
- ➢ 下拉菜单：“文件”→“新建”。

之后激活“选择样板”对话框（图 1-11）。

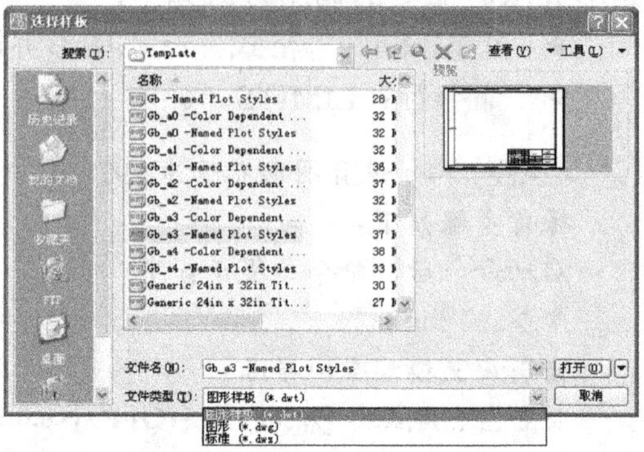

图 1-11 “选择样板”对话框

对话框底部的“文件类型”下拉列表中有三种类型的样板文件：图形样板（*.dwt）、图形（*.dwg）和标准（*.dws）。

图形样板文件指预先设置了一些个人常用绘图环境（如图层、文字样式、标注样式、工程图例与说明等）的文件，它可以使图形格式保持一致性。用户可以根据需要，设置好绘图环境并命名后将该文件另存为“dwt”格式，放置在图 1-11 中的“Template”文件夹下面。

1.8.2 图形文件的打开

打开一个已存在的图形文件，以进行查看、绘图、编辑或打印等操作。命令的调用方式如下：

- ➢ 工具栏：单击“标准”工具栏上的按钮。
- ➢ 下拉菜单：“文件”→“打开”。

命令启动后会激活“选择文件”对话框（图 1-12）。

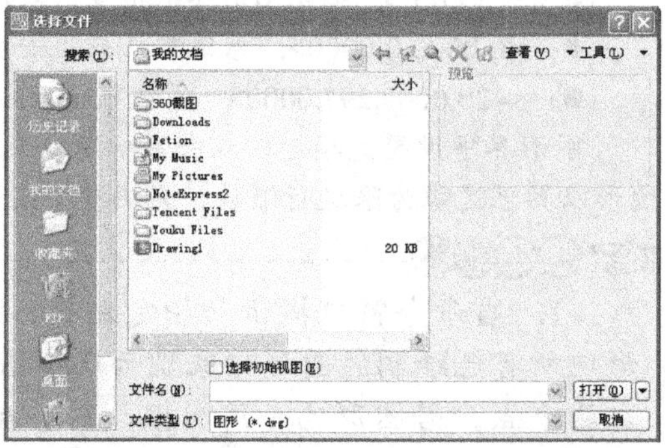

图 1-12 “选择文件”对话框

用户可以通过“搜索”下拉列表或对话框左侧的按钮定位图形文件，直接双击打开图形文件，或者选择图形文件后单击对话框右下角的打开(O)按钮。按钮右侧的表示图形文件“以只读方式打开”。

此外，也可以在 Windows 界面打开图形文件所在目录，直接双击打开目标图形文件。

1.8.3 图形文件的保存

图形文件的保存有两种方式：一种是以当前图形文件的名字所作的保存（SAVE），保存后图形文件名和保存路径不变；另一种是改变图形文件名或保存路径，甚至两者都改变的保存，称为另存为（SAVEAS）。

1. **保存**（SAVE） 这种保存方式常在绘图过程中进行，最常用、最快捷的方式是键盘快捷键组合【Ctrl+S】。命令在绘图窗口的调用方式如下：

- ➢ 工具栏：单击“标准”工具栏上的按钮。
- ➢ 下拉菜单：“文件”→“保存”。

2. **另存为**（SAVEAS） 这种保存方式通常是在需要将图形文件以其他文件名或保存路径保存时使用。市政工程设计中，给水排水专业在收到道路专业提供的设计文件后，常将原图形文件另存并重新命名，进行图形文件整理后再进行相关设计工作。如另存命名为“给水平面”或“排水平面”等，以保存原始道路设计文件，方便需要时查看。命令的调用方式如下：

➢ 下拉菜单：“文件”→“另存为”。

此外，也可以在 Windows 界面复制原文件并重命名，这也是另存文件的一种方式。

山人指路

1. 与 Office 系统一样，使用 AutoCAD 进行绘图的过程中，必须牢记“随手存盘”及其键盘快捷键组合【Ctrl+S】，以尽量减少突发事故（停电、程序出错、计算机死机等）造成的损失。

2. 图形文件名称应能反映实际意义（如“排水平面”“排水纵断面”），以便后续管理。这样的命名方式方便了图形文件的查找，也可以通过文件名大致了解文件内容，从而提高工作效率。

3. 图形文件应根据工程名称或专业类别建立相应的文件夹，并保存在非系统盘，以防止 Windows 系统崩溃时被格式化。

1.9 绘图环境的设置

日常生活中，人们总希望能按自己的使用习惯摆放工具（如厨房间炊具的摆放），以方便取用，提高工作效率。AutoCAD 系统提供了一系列类似的“自定义”命令，以满足用户对绘图环境的个性化设置要求，以提高绘图速度。

1.9.1 界面选项的设置

界面选项用于修改绘图区域中元素的外观并指定工作环境的其他方面（如图形文件默认保存的格式与版本等）。命令的调用方式如下：

➢ 命令窗口：右键单击命令窗口并选择“选项”。

➢ 下拉菜单：“工具”→“选项”。

➢ 命令行：OPTION（OP）↙

命令启动后会激活“选项”对话框（图 1-13）。

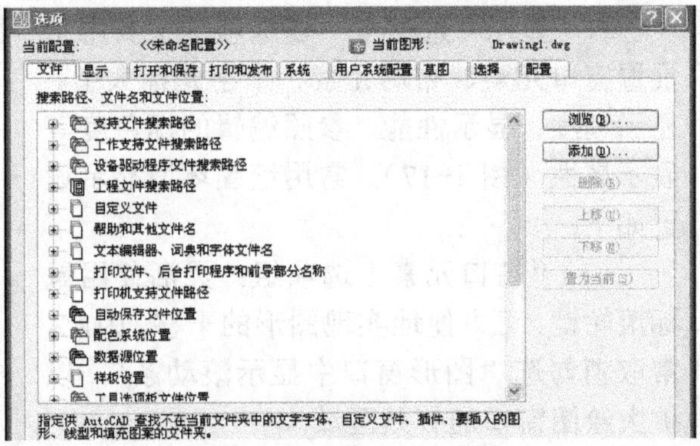

图 1-13 “选项”对话框

该对话框共有 9 个选项卡，下面对一些常用的设置进行介绍。

1. **“文件”选项卡** 该选项卡列出了 AutoCAD 程序搜索支持文件、驱动程序文件、菜单文件和其他文件的文件夹。还列出了用户定义的可选设置。下面重点介绍添加扩展字体库搜索路径的相关设置方法。

单击对话框中 ⊞ 支持文件搜索路径左侧的 ⊞，将弹出下拉列表（图 1-14）。

从该下拉列表中，可以发现 AutoCAD 系统默认字体库位置为“C:\Program Files\ AutoCAD 2006\fonts”。默认字体库中的字体一般不能满足

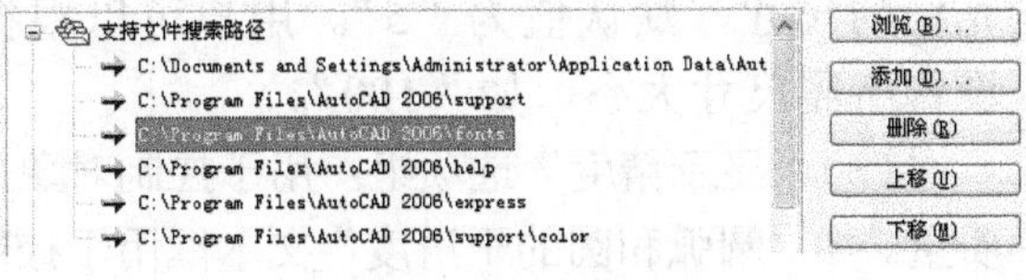

图 1-14 “支持文件搜索路径”下拉列表

绘图或图形加载的需要（具体见 P79/“山人指路”）。用户可以从网络或其他方式搜集 AutoCAD 的字体并存放在固定的文件夹（如“D:\txt”）中，然后进行字体的自动加载。操作步骤如下：

第一步：选中“支持文件搜索路径”，使之变为蓝底色 支持文件搜索路径。

第二步：单击“文件”选项卡右侧的 添加(D)... 按钮，在最下方出现的空白搜索路径框（图1-15）中直接输入“D:\txt”即可设置扩展字体库的搜索路径。也可以单击右侧的 浏览(B)... 按钮，在激活的“浏览文件夹”对话框中根据提示选择 D 盘根目录下的“txt”文件夹。

第三步：单击右侧的 上移(U) 按钮，将扩展字体库的搜索路径“D:\txt”上移至第二搜索路径（图 1-16）。

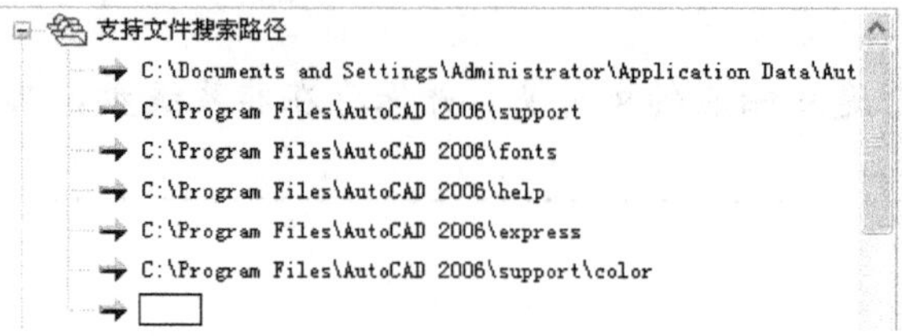

图 1-15　扩展字体库的搜索路径设置

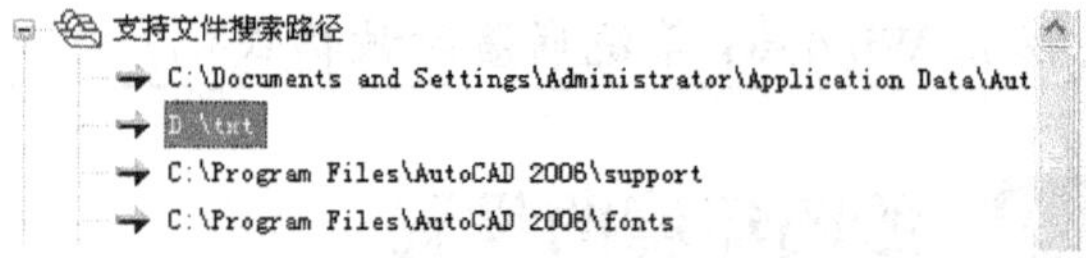

图 1-16　上移扩展字体库搜索路径

山人指路

尽量避免将搜集的字体放置到系统默认的字体库“C:\Program Files\AutoCAD 2006\fonts”中，以防止 Windows 操作系统重装后失去自行搜集的字体。

2．“显示”选项卡　该选项卡主要用于设置窗口元素、布局元素、十字光标大小、显示精度、显示性能、参照编辑的褪色度等显示属性（图 1-17）。常用绘图环境显示设置如下：

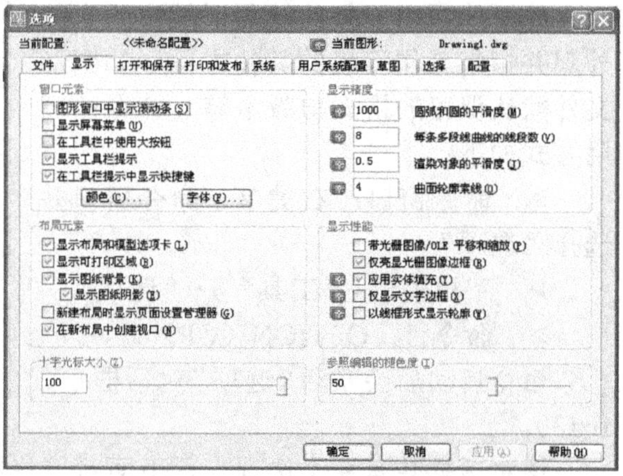

图 1-17　“显示”选项卡

（1）“窗口元素”选项组：灵活使用鼠标滚轮键，可方便地实现图形的平移。因此，常取消勾选“图形窗口中显示滚动条”，以扩大绘图窗口的有效区域。

单击该选项组的 颜色(C)... 按钮，将激活“颜色选项”对话框，在此可以设置各种背景颜色。将 AutoCAD 图形以图片形式复制并粘贴到 Word 文档中时，常需要将模型空间背景颜色设置为“白色”。

（2）“十字光标大小”选项组：用于控制十字光标的尺寸，默认值为“5”。用户可以根据习惯设置所需尺寸大小，如“100”。

（3）“显示精度”选项组：用于控制对象的显示质量。如“圆弧和圆的平滑度”文本框用于控制圆弧和圆显示的质量。图 1-18a 为参数 100 时的显示效果，

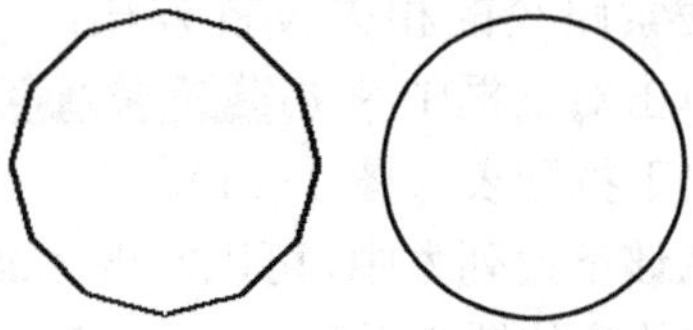

a）　　b）

图 1-18　“圆弧和圆的平滑度”显示效果

此时平滑度较低，圆显示为正多边形；图 1-18b 为参数 2000 时的显示效果，此时平滑度高，圆显示正常。

3. **“打开和保存”选项卡** 该选项卡用于控制打开和保存文件的相关选项（图 1-19）。其中“文件保存”选项组的“另存为”下拉列表用于设置 SAVE、SAVEAS 等命令保存所有图形时的默认格式。单击选择“AutoCAD 2000/LT2000 图形（*.dwg）”。

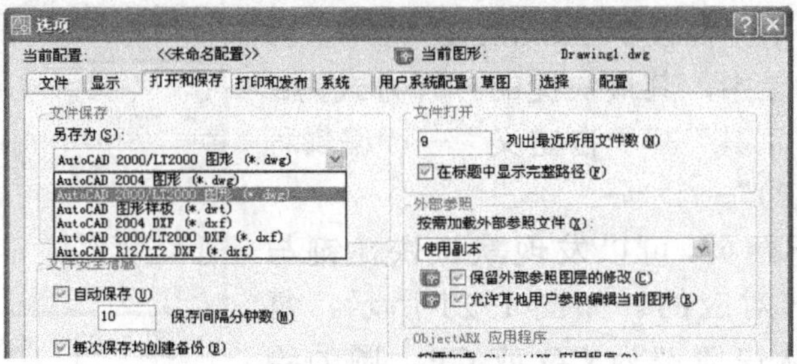

图 1-19 “打开和保存”选项卡

山人指路

AutoCAD 系统打开图形文件时有“向下兼容”的特点，选择图形文件默认的保存格式为最低版本格式“AutoCAD 2000/LT2000 图形(*.dwg)”，可方便别的用户用 AutoCAD 2000 及以上的版本打开 AutoCAD 2006 图形文件。

4. **“用户系统配置”选项卡** 该选项卡用于控制优化工作方式的选项（图 1-20）。其中“Windows 标准”选项组用于控制单击右键的操作。通常取消勾选“绘图区域中使用快捷菜单”复选框，这样单击右键就相当于回车键，起到了“确认”或“重复上一个命令”的作用。

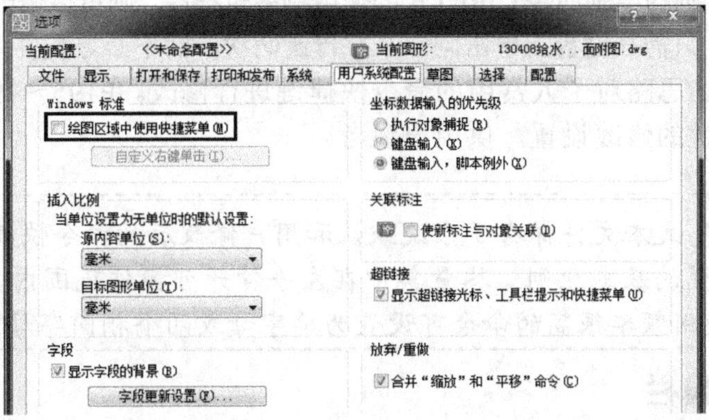

图 1-20 “用户系统配置”选项卡

山人指路

1. 命令执行完毕进行确认时，可直接按下键盘的回车键，但这样会使用户的注意力分散到键盘。若在绘图窗口区域单击右键进行确认，系统将弹出快捷菜单。此时，用户需单击菜单中的“确认”按钮才能进行最后的命令结束操作，即整个确认过程需要单击鼠标左右键各一次。

2. 除特殊说明外，本书默认取消勾选“绘图区域中使用快捷菜单”复选框。

1.9.2 命令快捷键的修改

AutoCAD 设置了大部分命令的默认快捷键（英文简写），如直线绘制命令 LINE 的快捷键为 L、复制命令 COPY 为 CO 等。默认快捷键的设置保存在文本文件“acad.pgp”中，用户可打开查看，也可以根据个人操作习惯进行修改。

1．**“acad.pgp”文本文件的打开与默认快捷键的查阅** “acad.pgp”文本文件位于 AutoCAD 程序文件下的“Support”子目录中，其最快捷的打开方式为：

➢ 下拉菜单：“工具”→“自定义”→“编辑程序参数（acad.pgp）（P）”。

文件打开后往下翻页，可以发现默认快捷键与命令英文全称是一一对应的。如图 1-21 所示，复制命令 COPY 的默认快捷键为 CO 或 CP，圆的绘制命令 CIRCLE 的默认快捷键为 C。

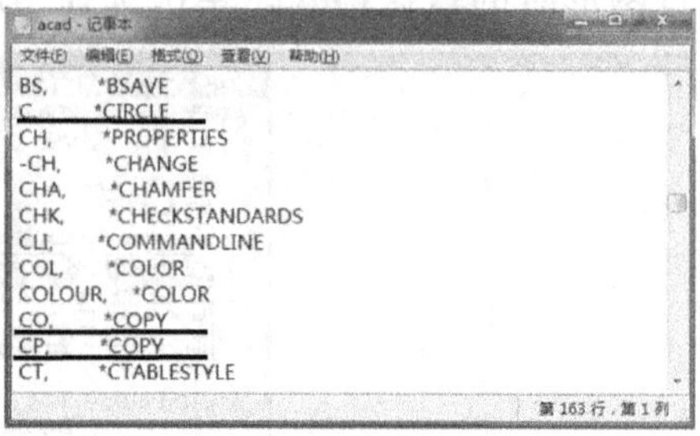

图 1-21 命令默认快捷键的查看

2．**快捷键的修改** 在 AutoCAD 绘图过程中，用户会发现常用的绘图和修改命令并不太多。通过键盘输入默认快捷键尽管比下拉菜单法和命令按钮法要快捷，但其方便程度仍有待提高。

例如，复制（COPY）命令使用频率很高，键盘输入命令 CO 时，左手必须在键盘上寻找并单击两个位于不同位置的字母键。若将该命令的快捷键修改为 C，则只需单击一个字母键即可完成，长期使用可节约不少时间，极大地加快绘图速度。

需要注意的是，AutoCAD 默认的快捷键 C 对应的是圆的绘制命令 CIRCLE，为防止命令冲突，必须修改 CIRCLE 命令的快捷键为其他未使用的字母或字母组合（如 CI）。

若对用户而言，圆的绘制命令 CIRCLE 的使用频率也很高，则可以修改其快捷键为 CC。这样在激活该命令时，只需在键盘上单击同一个字母键两次，而不必寻找并单击不同的字母键。

用户可根据上述思路对个人常用的命令快捷键进行修改。P195～196/附录 A 中列出了一些常用命令快捷键的修改设置，供用户参考。

山人指路

1．“acad.pgp”文本文件保存了系统默认和用户修改后的命令快捷键。

2．快捷键设置的基本原则：尽量集中在左手伸开可操作范围内，减少左手腕部在键盘上的移动；使用频率很高的命令可设置为单字母或两个相同字母。

1.9.3 自定义工具栏

对一些使用频率不高但又比较实用的命令，用户除了修改快捷键外，还可以在工具栏上自定义命令按钮。即在工具栏上建立一个专用的命令按钮，以省去快捷命令的记忆。下面举例介绍两个较常用命令按钮的自定义。

1．**“清理（PURGE）”按钮的自定义** 该命令用于删除图形中未被使用的对象，如无用的块，没有对象的图层，未使用过的线型、字体样式、尺寸标注样式等。通过图形清理，可以减少图形文件的大小，从而加快图形文件打开、保存和网络传输的速度。通常，命令的调用方式如下：

➢ 下拉菜单：“文件”→“绘图实用程序”→“清理（P）”。

➢ 命令行：PURGE（或 PU）↙。

该命令的按钮在 AutoCAD 提供的 30 条工具栏中均未有显示，但用户可通过“自定义用户界面”对话框调出该按钮并自定义到工具栏上。

例题 1-5 在标准工具栏上自定义“清理（PURGE）”按钮，并将其放置在“剪切”按钮左侧（图 1-22）。

图 1-22 “清理”命令按钮的自定义

操作步骤如下：

第一步：调出“自定义用户界面”对话框（图 1-23）。调用方式如下：

➢ **工具栏：右键单击工具栏上的任意一个按钮→“工具栏快捷菜单”（P3 图 1-2）→“自定义”。**

➢ **下拉菜单：“工具”→“自定义”→“界面”。**

第二步：在“命令列表”栏中，打开“按类别（G）”右侧的下拉菜单，选择“文件”（图 1-23）。

第三步：拖动“命令列表”栏右侧的滑块，在列表中找到清理命令（图 1-24a）。

第四步：单击“所有 CUI 文件中的自定义”栏中 标准 左侧的，打开该列表。选中并拖动清理命令至“所有 CUI 文件中的自定义”栏的“标准”下拉列表中，放置在 剪切 前（图 1-24b）。

第五步：单击对话框底部的 确定(O) 按钮，保存后退回用户界面，完成自定义按钮设置。

此时，在“标准”工具栏的“剪切”按钮左侧已经存在新建按钮，单击该按钮即可激活清理（PURGE）命令。

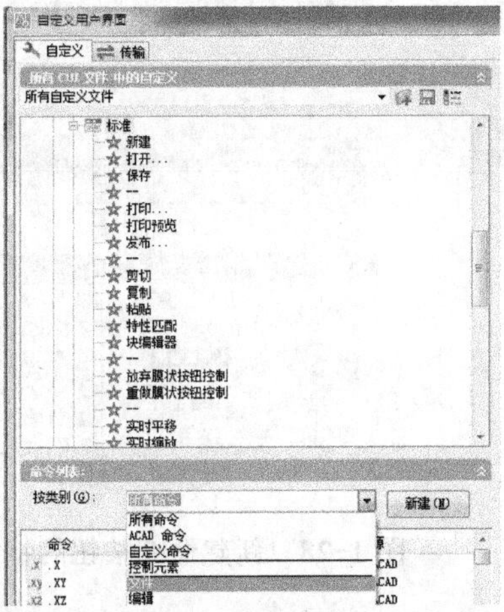

图 1-23 “自定义用户界面”对话框

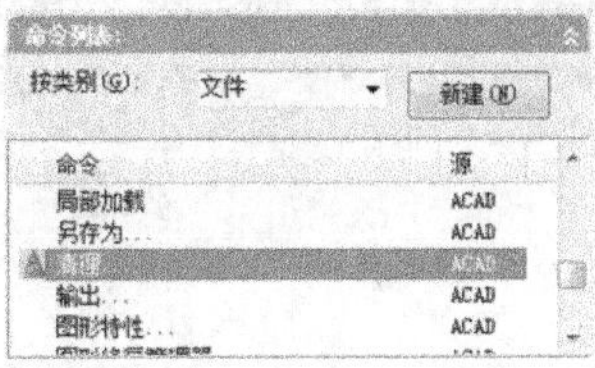

a)

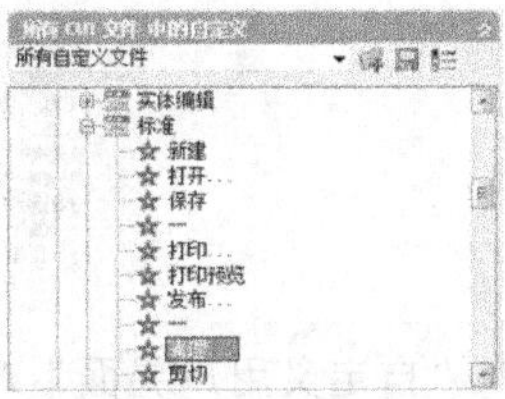

b)

图 1-24 将“清理”按钮自定义至适当位置

2．**“线型比例因子（LTSCALE）”按钮的自定义** 市政道路专业的设计道路中心线通常用点画线 CENTER 绘制，这些点画线有时会因分布过密而显示为连续的直线，或因分布过疏显得不够美观（图 1-25）。

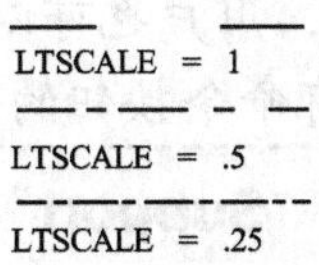

图 1-25 不同线型比例因子下点画线的显示效果

这就需要对线型比例因子进行适当的设置。线型比例因子（LTSCALE）命令用于更改图形中所有对象的线型比例因子，修改线型的比例因子将导致重生成图形。

该命令在下拉菜单和工具栏中均未有显示，只在 acad.pgp 文本文件中设置了默认快捷键 LTS。

例题 1-6 在“标准”工具栏上自定义“线型比例因子（LTSCALE)”按钮，并将其放置在“实时平移”按钮左侧（图 1-26)。

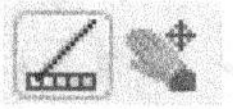

图 1-26 线型比例因子设置命令按钮

操作步骤如下：

第一步：调出“自定义用户界面”对话框。调用方式见例题 1-5。

第二步：新建命令按钮。单击“所有 CUI 文件中的自定义”栏中 标准 左侧的 ，打开该列表。单击“命令列表”栏的 新建(N) 按钮，将下拉列表中的“命令 1”拖至“标准”下拉列表中，放置在 实时平移前（图 1-27)。

第三步：修改新建按钮的特性。在右侧的“特性”栏中，将“名称”行的“命令 1”修改为“线型比例因子”、“宏”行输入“ltscale”（图 1-28a)。在“按钮图像”栏（图 1-28b）中选择按钮图标。

第四步：单击对话框底部的 确定(O) 按钮，保存后退回用户界面，完成自定义按钮设置。

此时，移动光标至标准工具栏的新建按钮处，稍等片刻，将会显示其文字提示“线型比例因子”。单击该按钮激活线型比例因子（LTSCALE）命令，用户可根据线型显示效果调整参数。

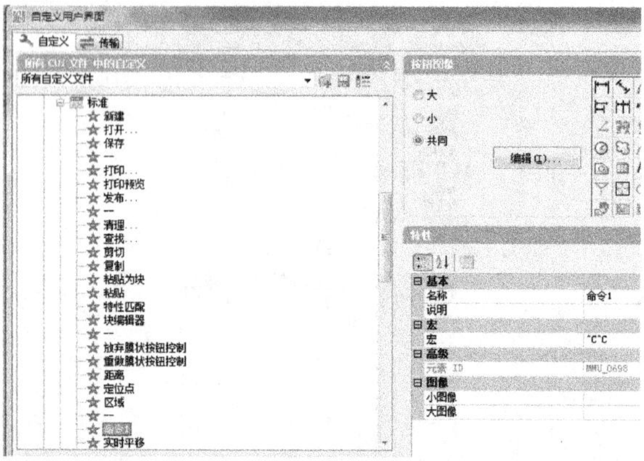

图 1-27 “自定义用户界面”对话框

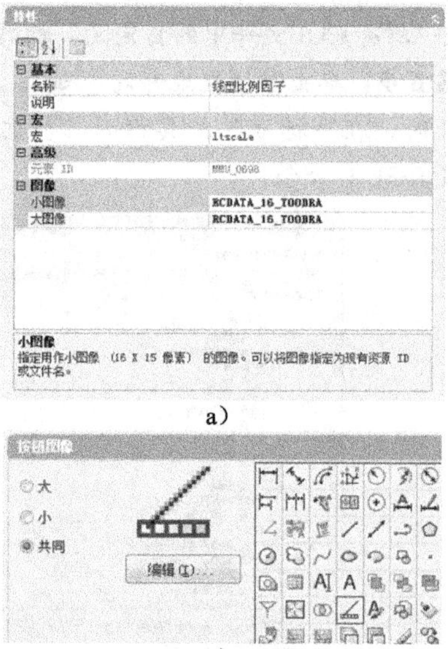

a)

b)

图 1-28 新建命令按钮的特性修改

山人指路

1. 使用频率不高但又比较实用的命令，用户可在工具栏上自定义命令按钮。

2. 用户也可以在“自定义用户界面”对话框的“所有 CUI 文件中的自定义”栏中，对现有命令按钮的位置进行调整，满足个性化使用要求。

1.9.4 “Support”文件夹

“Support”文件夹保存了前述的“acad.pgp”文本文件、自定义用户界面的按钮设置等内容。

重新安装 Windows 操作系统或 AutoCAD 程序时，所有自定义的命令快捷键和命令按钮都将被删除和初始化。因此，用户可对设置完毕的“Support”文件夹进行备份（图 1-29)，重装 AutoCAD 程序后替换原始的“Support”文件夹，以避免命令快捷键和工具栏按钮的再次自定义。

1．“Support”文件夹的位置 当 AutoCAD 程序按默认选项安装在 C 盘时，“Support”文件夹的搜索路径为“C:\Documents and Settings\Administrator\Application Data\Autodesk\AutoCAD 2006\R16.2\chs\support。”查找方法为：右键单击命令窗口→“选项”→“文件”→“支持文件搜索路径”→移动鼠标至第一路径（图 1-30）。

图 1-29 某用户备份的“Support”文件夹

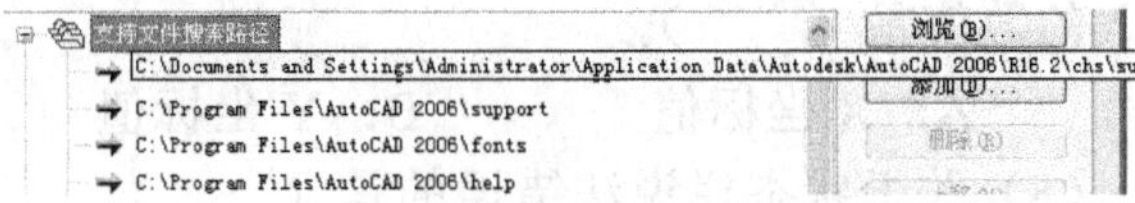

图 1-30 “Support”文件夹的搜索路径

当 AutoCAD 按非默认选项安装（如安装在“E:\Program Files”下）时，也可以通过该方法查找到“Support”文件夹。

用户可据此在 Windows 资源管理器中逐级找到并打开“Support”文件夹；也可以在该路径上单击左键，稍候片刻，待路径变为可编辑状态时单击右键选择复制，之后粘贴至 Windows 资源管理器的路径栏，转到并打开“Support”文件夹。

2．“Support”文件夹的备份与还原 将“Support”文件夹复制并备份保存至非系统盘，重新命名（如：“Support2006 备份”）。

AutoCAD 程序重装后，删除初始的“Support”文件夹，复制并粘贴“Support2006 备份”至“chs”文件夹下，重命名为“Support”。重新启动 AutoCAD 程序后，用户界面和命令快捷键即恢复到备份时的状态。

山人指路

在完成命令快捷键和用户界面按钮自定义后应及时备份“Support”文件夹。

作　业

1．单选题

（1）文本窗口与图形编辑窗口的快速切换的功能键是（　　）。

A．【F2】　　B．【F7】　　C．【F6】　　D．【F8】

（2）AutoCAD 软件的基本图形格式为（　　）。

A．*.map　　B．*.lin　　C．*.lsp　　D．*.dwg

（3）下面不可以拖动的是（　　）。

A．命令行　　B．工具栏　　C．工具选项板　　D．菜单

（4）下面四种点的坐标表示方法中，（　　）是绝对直角坐标的正确表示。

A．25；32　　B．25 32　　C．@25，32　　D．25，32

（5）更改绘图区、命令行等的颜色以及命令行的字体，可以（　　）。

A．通过“选项”对话框的“显示”选项卡　B．通过“格式”菜单中的“颜色”

C．通过“视图”菜单中的“渲染”　　D．通过“视图”菜单中的“着色”

（6）刚刚绘制了一圆弧，然后单击“直线”按钮，直接回车或单击右键，结果是（　　）。

A．以圆弧端点为起点绘制直线，且过圆心

B．以直线端点为起点绘制直线

C．以圆弧端点为起点绘制直线，且与圆弧相切

D．以圆心为起点绘制直线

（7）在提示“指定下一点”时开启“动态输入”，输入 43，然后按【Tab】键，则下面输入的数值是（　　）。

A．X 坐标值　　B．Y 坐标值　　C．Z 坐标值　　D．角度值

（8）关于状态栏说法错误的是（　　）。

A．状态栏中的功能按钮是不可以增删的

B．状态栏会显示光标坐标系信息

C．可以通过状态栏右侧“状态行菜单”控制功能按钮的增删

D．状态栏右侧有“通讯中心”和“工具栏/窗口位置锁定开关”工具

（9）在命令的执行过程中，需要“帮助”时可以（　　）实现。

A．按功能键【F1】　　B．按功能键【F10】

C．按功能键【F2】　　D．按功能键【F12】

（10）窗口底部状态栏中的坐标显示可通过下列（　　）来打开或关闭。

A.【F5】　　B.【F6】　　C.【F12】　　D.【F11】

（11）（　　）命令设置 AutoCAD 图形边界。

A．GRID　　B．SNAP 和 GRID

C．LIMITS　　D．OPTIONS

（12）若要中断任何正在执行的命令可以按（　　）。

A．回车键　　B．空格键

C．【Esc】　　D．鼠标右键

（13）“打开”和“保存”按钮是在（　　）工具栏上。

A．“CAD 标准”工具栏　　B．“标准”工具栏

C．“布局”工具栏　　D．“UCS”工具栏

（14）刚刚绘制了一个圆，想撤销该图形，下面（　　）操作不可以撤销。

A．按【Esc】键

B．单击“放弃（UNDO）”或按【Ctrl+Z】

C．通过命令行输入命令 U 或 UNDO

D．单击“标准”工具栏的“撤销”按钮

（15）AutoCAD 保存的备份文件的扩展名为（　　）。

A．*.ac$　　B．*.bak　　C．*.dwl　　D．*.sav

（16）系统默认的角度是以（　　）方向定义正方向。

A．逆时针　　B．顺时针

C．由用户定义的方向　　D．以上都正确

（17）在 AutoCAD 中，系统提供了 30 个已命名的工具栏，可以通过（　　）来选择。

A．图形界限（DRAWINGS LIMITS）（菜单为：“格式”→“图形界限”）

B．在工具栏按钮上单击右键，在快捷菜单中选择

C．选项（OPTIONS）（菜单为：“工具”→“选项”）

D．直线（LINE）（菜单为：“绘图”→“直线”）

（18）相对直角坐标指相对前一点的直角坐标值，表达式是在绝对坐标表达式前加（　　）号。

A．@　　B．△　　C．+　　D．X

（19）打开正交命令的快捷方式是（　　）。

A．【F11】　　B．【F9】　　C．【F3】　　D．【F8】

（20）下面是用绝对坐标绘制的点是（　　）。

A．20,20　　B．@20,20　　C．@20<80　　D．@20,80

2．多选题

（1）当命令行中显示为“命令：”时，可以对图形对象进行（　　）。

A．矩形选框　　B．交叉选框　　C．框选　　D．栏选

（2）下列各个选项中，不能够用作透明命令执行的是（　　）。

A．DIST　　B．AREA　　C．ARC　　D．LIST

（3）可以新建图形文件的命令有（　　）。

A．命令行：NEW↙　　B．【Ctrl+N】

C．下拉菜单：“文件”→“新建”　　D．【Ctrl+回车】

（4）在 AutoCAD 中，可以通过以下（　　）方法激活一个命令。

A．在命令行输入命令名　　B．单击命令对应的工具栏图标

C．从下拉菜单中选择命令　　D．单击右键，从快捷菜单中选择命令

（5）AutoCAD 的选择方式有（　　）。

A．窗口方式　　B．交叉方式

C．点选方式　　D．以上都不对

（6）坐标输入的方式主要有（　　）。

A．绝对坐标　　B．相对坐标

C．极坐标　　D．球坐标

（7）AutoCAD 的操作界面主要由标题栏、菜单栏和（　　）几部分组成。

A．状态栏　　B．工具栏　　C．命令窗口　　D．绘图窗口

（8）在 AutoCAD 中，系统提供了（　　）坐标系统。

A．笛卡儿坐标系　　B．世界坐标系

C．用户坐标系　　D．球坐标系

（9）用移动（MOVE）命令把一个对象向 X 轴正方向移动 8 个单位，向 Y 轴正方向移

动 5 个单位，应该输入（　　　）。

A．第一点：0,0；第二点：8,5　　　　B．第一点：任意；第二点：@8,5

C．第一点：(0,0)；第二点：(8,5)　　　　D．第一点：0<180；第二点：8,5

（10）AutoCAD 的坐标可分为（　　　）。

A．直角坐标　　　　B．极坐标

C．二维坐标　　　　D．三维坐标

（11）AutoCAD 中执行一个命令通常可以使用以下的方式（　　　）。

A．命令方式　　　　B．工具栏方式

C．菜单方式　　　　D．热键方式

（12）正交模式打开的三种方法（　　　）。

A．命令行：ORTHO↙　　　　B．左键单击状态栏中的“正交”

C．【F8】　　　　D．【F9】

3．上机练习

（1）图形界限与界面选项的设置。

1）启动 AutoCAD 2006 程序，将默认图形文件“Drawing1.dwg”另存至 E 盘根目录下的新建文件夹中，重命名为“上机练习 1”。

2）设置图形界限为 420×297（A3 大小）。

3）打开界面选项对话框，设置光标大小为 100，设置自动保存分钟数为 10，设置圆弧和圆的平滑度为 2000，设置文件保存为“AutoCAD 2000/LT2000 图形（*.dwg)”，设置取消勾选“绘图区域中使用快捷菜单”复选框。

（2）命令快捷键的修改。

打开文本文件“acad.pgp”，参照 P195～196/附录 A“AutoCAD 2006 常用命令快捷键与参考设置”，结合个人习惯设置常用命令快捷键。

（3）工具栏的调用与自定义。

1）调出工具栏“标注”“对象捕捉”和“样式”。

2）练习“清理（PURGE）”按钮、“线型比例因子（LTSCALE）”按钮和页面“设置管理器”按钮（下拉菜单：“文件”→“页面设置管理器”）的自定义。

3）在 Windows 资源管理器中逐级打开找到“Support”文件夹，备份至 E 盘根目录下，并重命名为“Support 2006”。

（4）以动态输入法完成 P8/例题 1-1 的矩形绘制。

（5）练习 P10/例题 1-3 的坐标系相互切换方法。

第2章 基本绘图命令与精确绘图辅助工具

学习要点

知识点

- 基础知识：基本绘图命令的功能与操作步骤。
- 重点知识：基本绘图命令的快捷键操作和精确绘图辅助工具的应用。

技能要求

- 熟记常用绘图命令的快捷键或自定义的快捷键。
- 熟练运用基本绘图命令进行图形对象的绘制。
- 能灵活运用辅助工具进行图形对象的精确绘制。

任何图形，不论复杂与否，都是由基本图形对象（包括点、直线和曲线等）组成的。因此，掌握各种基本图形对象的绘制与修改方法是使用 AutoCAD 的基本要求。AutoCAD 提供了较全面的绘图与修改命令，用于图形对象的绘制与编辑。这些命令大多可通过单击“绘图”或“修改”工具栏上的相应命令按钮激活。用户也可以自定义常用命令的快捷键。

2.1 基本绘图命令

AutoCAD 的基本绘图命令见表 2-1。用户可参照 P195～196/附录 A“AutoCAD 2006 常用命令快捷键与参考设置”进行命令快捷键的设置。

表 2-1　基本绘图命令

序号	图标	命令全称	默认快捷键	功能	备　注
1		LINE	L	绘制直线	1．连续绘制直线后，各段直线为独立对象 2．任何非连续直线的疏密显示可通过线型比例因子（LTSCALE）命令进行调整
2		XLINE	XL	绘制构造线	常用于绘制辅助线
3		PLINE	PL	绘制多段线	连续绘制的对象（直线或圆弧等）具有整体性。与 LINE 命令相比，更方便对象的选择
4		POLYGON	POL	绘制正多边形	
5		RECTANG	REC	绘制矩形	指定矩形任意对角线上的两个角点进行绘制
6		ARC	A	绘制圆弧	掌握三点绘制圆弧法
7		CIRCLE	C	绘制圆	掌握圆心+半径、切点 1+切点 2+半径的绘制方法
8		REVCLOUD		修订云线	常用于图形校审时的圈点，其线宽由多段线最后一次设置的宽度值决定

（续）

序号	图标	命令全称	默认快捷键	功能	备　注
9		SPLINE	SPL	样条曲线	可用于生成地形图中的地形线、绘制对象轮廓曲线或局部剖面的分界线等
10		ELLIPSE	EL	绘制椭圆	
11		ELLIPSE	EL	绘制椭圆弧	椭圆弧是椭圆的一部分，绘制方法与椭圆类似
12		POINT	PO	绘制点	点的样式与大小可设置
13		BHATCH HATCH	BH H	图案填充	1. 用于生成图案填充，在使用前需设置填充样式 2. 填充边线一定要密闭
14		DONUT	DO	绘制圆环	需要指定内、外圆半径。设置内圆半径为 0 时，即可绘制实心圆
15		MLINE	ML	绘制多线	可用于规则道路、建筑墙体的绘制

以下介绍市政工程设计中常用的一些绘图命令。

2.1.1 直线（LINE）

直线（严格地说应该是长度有限的直线段）是图形中的基本单元。AutoCAD 中采用“两点确定一条直线”的方式绘制直线。在绘图区域指定两个点，AutoCAD 将即时生成一条以这两点为端点的直线段。

点的输入一般有鼠标输入和坐标输入两种方法。鼠标输入法需要用鼠标左键单击的方式在绘图区域确定点的位置，坐标输入法需要在命令行输入点的坐标值。

命令的调用方式如下：

- 命令行：L↙。
- 工具栏：单击“绘图”工具栏上的 按钮。
- 下拉菜单：“绘图”→“直线”。

山人指路

1. AutoCAD 允许用户在“acad.pgp”文件中自定义命令的快捷键。
2. 本书所述的“指定……点”，均指采用鼠标输入或坐标输入方式确定点位。

启动命令后，命令行提示如下：

命令：_line 指定第一点：（指定直线的起点）

指定下一点或[放弃(U)]：[指定直线的终点；或输入 U（UNDO）并确认，取消刚绘制的上一条直线]

指定下一点或[放弃(U)]：（若已完成直线绘制，可直接单击右键确认，退出命令。若要继续绘制直线，则继续指定直线终点）

指定下一点或[闭合(C)/放弃(U)]：[继续指定直线终点；或输入 C（CLOSE）并确认，使最后一个端点与起始点形成一个封闭的多边形；或输入 U 并确认，取消刚绘制的上一条直线]

默认设置下，在直线绘制命令操作过程中，单击右键会弹出快捷菜单（图 2-1）。该快捷菜单可分为 5 部分：①常规操作，包括确认、取消和最近的输入（点坐标）；②命令选项，包括闭合和放弃；③捕捉替代，指 AutoCAD 提供的辅助捕捉功能，如捕捉圆心、垂足、交点等；④屏幕缩放，包括平移（PAN）和缩放（ZOOM）；⑤快速计算器，指 AutoCAD 提供的计算器功能。

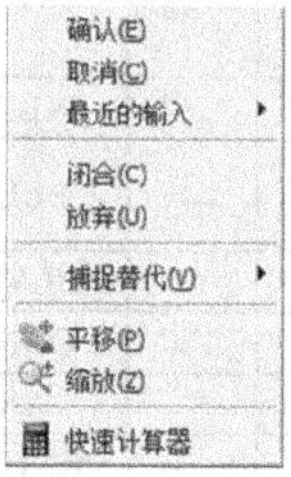

图 2-1　右键快捷菜单

本书默认取消勾选“绘图区域中使用快捷菜单”复选框（见 P17/

图 1-20 相关设置)。单击右键相当于回车键，起到了“确认”或“重复上一个命令”的作用。

山人指路

启动直线（LINE）命令后，若在命令行“指定第一点:”的提示下不指定点，而是单击右键，则 AutoCAD 自动将最近一次绘制的直线、圆弧或多段线等的终点指定为直线起点。

例题2-1 利用直线绘制命令完成图 2-2 所示图形。

操作步骤如下：

启动命令后，命令行提示如下：

命令：_line 指定第一点：(用光标在绘图窗口任意位置指定点 A)

指定下一点或[放弃(U)]：@0, -20↙（指定点 B）

指定下一点或[放弃(U)]：@35, 0↙（指定点 C）

指定下一点或[闭合(C)/放弃(U)]：@0, 15↙（指定点 D）

指定下一点或[闭合(C)/放弃(U)]：C↙（闭合图形，完成绘制）

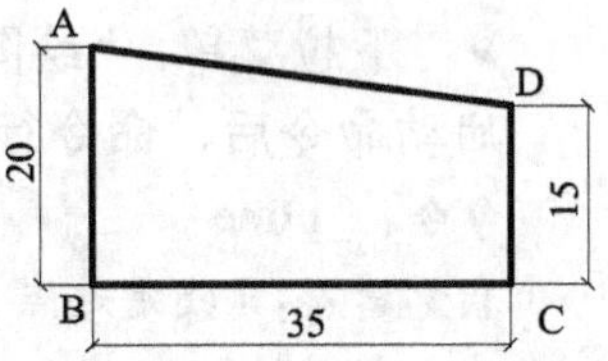

图 2-2　直线绘制例图

2.1.2　构造线（XLINE）

构造线实际上是一条两端无限长的直线。命令的调用方式如下：

➢ 工具栏：单击“绘图”工具栏上的⟋按钮。

➢ 命令行：XL↙。

➢ 下拉菜单：“绘图”→“构造线”。

启动命令后，命令行提示如下：

命令：_xline 指定点或[水平(H)/垂直(V)/角度(A)/二等分(B)/偏移(O)]：(指定所有构造线共同通过的一个点)

指定通过点：(指定第二个通过点，生成第一条构造线)

指定通过点：(指定第三个通过点，生成第二条构造线；若已完成构造线绘制，可直接单击右键确认，退出命令)

其他各选项含义如下：

● 水平（H）：指定一个通过点，将生成一条水平构造线。

● 垂直（V）：指定一个通过点，将生成一条竖直构造线。

● 角度（A）：执行该选项后，命令行提示“输入构造线的角度(0)或[参照(R)]：”，用户可输入构造线相对于起始方向的角度值，或相对于参照直线（或构造线）的角度值来确定构造线。

● 二等分（B）：可对任意角度进行二等分，即生成角平分线。

● 偏移（O）：可生成一条与指定直线（或构造线）平行的构造线。此时，相当于偏移（OFFSET）功能。

山人指路

1. 在绘图过程中，构造线一般作为辅助线使用，其重要用途在于：能生成水平和竖直直线，结合偏移（OFFSET）命令可进行尺寸定位；可生成角平分线，用于均分角度。

2. 本书中对带英文字母的选项，如“水平（H）”进行的操作，均指“在命令行提示下，输入选项英文字母并确认”。之后，用户可结合命令行或绘图窗口提示进行相应操作。

2.1.3 多段线（PLINE）

多段线又称为多义线，由若干连续的直线或圆弧连接而成。

多段线的特点有三个：一是多段线的各组成部分（直线和圆弧）线宽可以不同；二是各组成部分的起端和终端线宽可以不同；三是这些直线和圆弧属于一个整体，可以进行统一选择与编辑。

命令的调用方式如下：

➢ 工具栏：单击“绘图”工具栏上的按钮。

➢ 命令行：PL↙。

➢ 下拉菜单：“绘图”→“多段线”。

启动命令后，命令行提示如下：

命令：_pline

指定起点：（指定起点）

当前线宽为 0.0000（显示当前线宽值）

指定下一个点或[圆弧(A)/半宽(H)/长度(L)/放弃(U)/宽度(W)]：（指定下一点）

指定下一点或[圆弧(A)/闭合(C)/半宽(H)/长度(L)/放弃(U)/宽度(W)]：A↙（切换到圆弧绘制）

指定圆弧的端点或[角度(A)/圆心(CE)/闭合(CL)/方向(D)/半宽(H)/直线(L)/半径(R)/第二个点(S)/放弃(U)/宽度(W)]：

命令行提示说明如下：

（1）在“指定下一点或[圆弧(A)/闭合(C)/半宽(H)/长度(L)/放弃(U)/宽度(W)]：”提示下，默认选项是指定直线的另一个端点。其他各选项含义如下：

- 圆弧（A）：切换到圆弧绘制。
- 闭合（C）：连接当前位置与多段线起点，绘制一条直线使多段线闭合。
- 半宽（H）：指定下一条直线的半宽值。线宽包括起点线宽和终点线宽，最小值为0。绘制的直线线宽值为半宽值的两倍。当起点线宽和终点线宽不同时，可绘制锥形直线。
- 长度（L）：沿上一条直线（或圆弧的切线）方向继续画一条指定长度的直线段。
- 放弃（U）：放弃上一次操作绘制的直线或圆弧。
- 宽度（W）：指定下一条直线的线宽值。

（2）在“指定圆弧的端点或[角度(A)/圆心(CE)/闭合(CL)/方向(D)/半宽(H)/直线(L)/半径(R)/第二个点(S)/放弃(U)/宽度(W)]：”提示下，默认选项是指定一点作为圆弧的终点。其他各选项含义如下：

- 角度（A）：指定下一条圆弧的圆心角。正值时逆时针绘制圆弧，负值时顺时针绘制圆弧。
- 圆心（CE）：指定下一条圆弧的圆心。
- 闭合（CL）：绘制一段圆弧并闭合多段线。该圆弧与上一直线或圆弧相切。
- 方向（D）：指定下一条圆弧的起点切线方向。
- 半宽（H）：指定下一条圆弧的半宽值。
- 直线（L）：切换回直线绘制。
- 半径（R）：指定下一条圆弧的半径。

- 第二个点（S）：用指定三点的方式绘制圆弧。
- 放弃（U）：放弃上一次操作绘制的直线或圆弧。
- 宽度（W）：指定下一条圆弧的线宽。

山人指路

1. 多段线线宽为 0 时，不受图形缩放影响。

2. 利用直线（LINE）命令连续绘制的多条（闭合或不闭合）直线，不能构成一个整体。而利用多段线（PLINE）命令绘制的多条（闭合或不闭合）直线或圆弧，必定是一个整体。因此，在复杂图形中进行图形选择时，多段线命令绘制的图形无疑更方便。用户只需选中其中任一直线或圆弧就可以选中整条多段线。

3. 市政工程设计中，常常利用多段线的整体性来绘制规划范围线、设计范围线和雨污水汇水范围线等，以方便范围线的选择与编辑。

2.1.4 正多边形（POLYGON）

该命令用于绘制指定边数（3～1024）的正多边形。命令的调用方式如下：

➢ 工具栏：单击“绘图”工具栏上的⬠按钮。

➢ 命令行：POL↙。

➢ 下拉菜单：“绘图”→“正多边形”。

启动命令后，命令行提示如下：

命令：_polygon 输入边的数目<4>：（输入多边形的边数，当前边数值为 4）

指定正多边形的中心点或[边(E)]：（指定一点以确定多边形中心；或输入 E 并按回车键确认）

（1）若指定一点作为正多边形中心点，命令行将提示：

输入选项[内接于圆(I)/外切于圆(C)]<I>：（直接按右键确认相当于输入 I 并按回车键确认；否则输入 C 并按回车键确认）

指定圆的半径：（输入多边形外接圆或内切圆的半径）

选项 I 和 C 分别表示通过指定外切圆和内接圆半径方式绘制正多边形（图 2-3a、b）。

（2）若输入 E 并按回车键确认，表示以指定多边形一条边的两个端点方式绘制正多边形。命令行将提示：

指定边的第一个端点：（指定第一个端点）

指定边的第二个端点：（指定第二个端点）

系统将以指定边为第一条边，并按逆时针方向绘制正多边形（图 2-3c）。

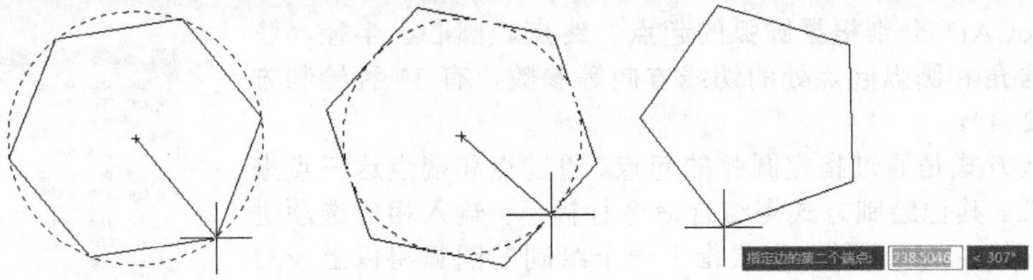

图 2-3 正多边形的不同绘制方法

☞山人指路

在指定圆的半径时，若直接输入半径值，则正多边形底边将水平放置；若采用光标在绘图窗口拾取点的方式指定圆半径，则可以改变正多边形放置位置与角度。

2.1.5 矩形（RECTANG）

该命令绘制的矩形是一个整体，不同于用直线（LINE）命令绘制四条首尾相连的直线。命令的调用方式如下：

- 工具栏：单击“绘图”工具栏上的▭按钮。
- 命令行：REC↙。
- 下拉菜单：“绘图”→“矩形”。

启动命令后，命令行提示如下：

命令：_rectang

指定第一个角点或[倒角(C)/标高(E)/圆角(F)/厚度(T)/宽度(W)]：（指定第一个角点）

指定另一个角点或[面积(A)/尺寸(D)/旋转(R)]：（指定第二个角点）

默认方式为指定矩形的任意两个角点来绘制图形。所绘矩形的边分别平行于坐标系的X、Y轴。其他各选项含义如下：

- 倒角（C）：指定矩形两个方向的倒角距离，以绘制带倒角的矩形。
- 标高（E）：在三维绘图中指定矩形标高。
- 圆角（F）：指定矩形的圆角半径，以绘制带圆角的矩形。
- 厚度（T）：在三维绘图中指定矩形厚度。
- 宽度（W）：指定矩形边线的宽度。
- 面积（A）：指定矩形的面积及其长宽值以绘制矩形。
- 尺寸（D）：指定矩形的长宽值以绘制矩形。
- 旋转（R）：指定矩形的旋转角度，以绘制任意角度的矩形。

2.1.6 圆弧（ARC）

圆弧是圆的一部分，其绘制方法与圆类似。命令的调用方式如下：

- 命令行：A↙。
- 工具栏：单击“绘图”工具栏上的◜按钮。
- 下拉菜单：“绘图”→“圆弧”。

启动命令后，命令行提示如下：

命令：_arc 指定圆弧的起点或[圆心(C)]：

AutoCAD分别根据圆弧的起点、终点、圆心、半径、弦长、包含角和圆弧起点处的切线方向等参数，有11种绘制方式（图2-4）。

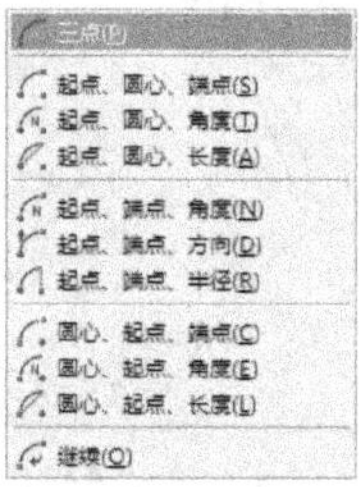

图2-4 “圆弧”子菜单

默认方式是通过指定圆弧的起点、通过点和端点这三点来绘制圆弧。其他绘制方式需结合命令行提示，输入相应选项进行操作。其中的“继续”方式指下一个绘制的圆弧将以上一对象（如刚绘制的直线或圆弧等）的终点为起点，并与上一对象相切。

2.1.7 圆（CIRCLE）

圆是一种常见的基本图形，命令的调用方式如下：

➢ 命令行：C↙。

➢ 工具栏：单击“绘图”工具栏上的⊙按钮。

➢ 下拉菜单：“绘图”→“圆”。

启动命令后，命令行提示如下：

命令：_circle 指定圆的圆心或[三点(3P)/两点(2P)/相切、相切、半径(T)]：（指定圆心位置）

指定圆的半径或[直径(D)]<12.0000>：（默认输入圆的半径数值，可在命令行输入圆的半径数值，或通过拖动鼠标的方式，指定圆的半径；上次绘制的圆半径为 12.0000，若仍要绘制该大小的圆，可直接单击右键确认；若在命令行输入 D 并确认，则通过输入圆的直径数值来确定圆）（图 2-5a、b）

其他各选项含义如下：

● 三点（3P）：在给定任意三个不在同一直线上的点后，绘制一个圆（图 2-5c）。

● 两点（2P）：在指定圆的任一直径两个端点后，通过这两个端点绘制一个圆（图 2-5d）。

● 相切、相切、半径（T）：又称为 TTR 方式。可结合对象捕捉命令[见 P36/2.2.1“对象捕捉（【F3】）”]指定圆的两个切点与半径后绘制一个圆（图 2-5e）。

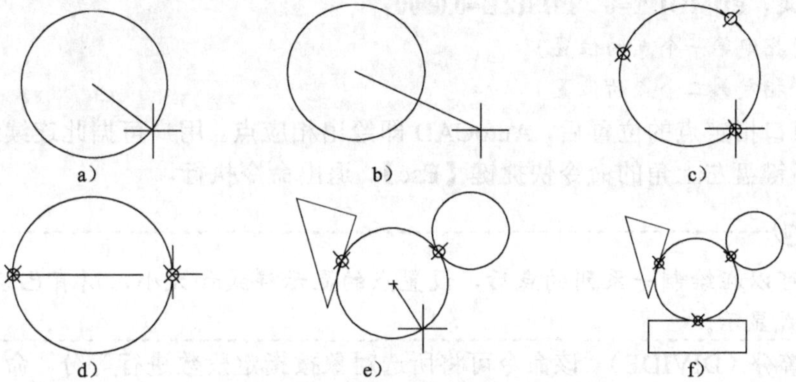

图 2-5 圆的不同绘制方法

☞山人指路

在绘制与三个指定对象相切的圆时，可采用“相切、相切、相切”（又称为“TTT”）方式进行（图 2-5f）。具体操作：命令行提示下，输入 3P 并确认，输入 TAN 并再次确认，按提示捕捉三个与圆相切的对象。该方式实际上是“三点（3P）”画圆的特例。

2.1.8 点（POINT）

点是组成图形的基本实体之一。在创建点之前，推荐预先设置点的显示样式和大小。此外，点的绘制命令还有两个较为特殊而有用的辅助作图功能，即定数等分和定距等分。被等分对象可以是直线、圆弧、圆或多段线等，等分的标记可以是点或块。对象被等分后仍是一个整体，不会被分割。

1．点的显示样式和大小设置 命令的调用方式如下：

➢ 下拉菜单：“格式”→“点样式”。

➢ 命令行：DDPTYPE↙。

之后激活“点样式”对话框（图 2-6）。该对话框列出了20 种点的样式，用户可根据实际需要进行选择。单击选中某一样式后，方框底色会变黑。

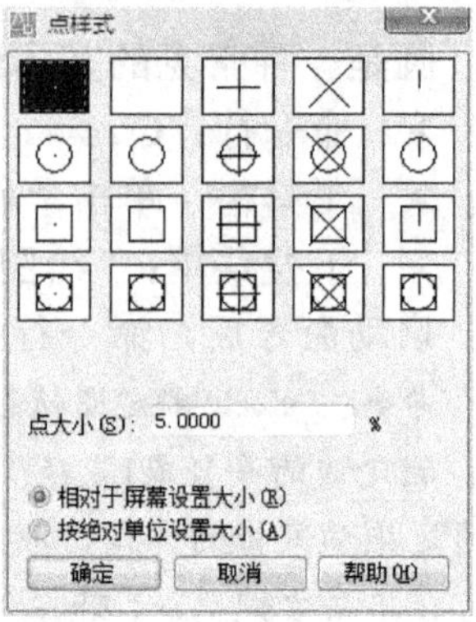

图 2-6 “点样式”对话框

在“点大小”文本框中，用户可以设置点的大小比例值。

在该文本框下面，有两个选项“相对于屏幕设置大小”和“按绝对单位设置大小”。前者指点的大小是相对于当前绘图窗口的百分比，它会随绘图窗口缩放而改变。后者指点的大小按绝对绘图单位设置，不受绘图窗口缩放影响。

2．**点的绘制**　命令的调用方式如下：

➢ 工具栏：单击“绘图”工具栏上的按钮。

➢ 下拉菜单：“绘图” → “点”。

➢ 命令行：PO↙。

启动命令后，命令行提示如下：

命令：_point

当前点模式：PDMODE=0　PDSIZE=0.0000

指定点：（指定第一个点的位置）

指定点：（指定第二个点的位置）

在绘图窗口指定点的位置后，AutoCAD 即绘出相应点。用户可据此连续绘制一系列的点，直到按下键盘左上角的命令快捷键【Esc】，退出命令执行。

山人指路

用户也可以在绘制一系列的点后，设置点的显示样式和大小，所有已绘制的点将以新设置的样式显示。

3．**定数等分**（DIVIDE）　该命令可将所选对象按指定段数进行等分。命令的调用方式如下：

➢ 下拉菜单：“绘图” → “点” → “定数等分”。

➢ 命令行：DIVIDE↙。

启动命令后，命令行提示如下：

命令：_divide

选择要定数等分的对象：（选择等分对象）

输入线段数目或[块(B)]：（输入段数如 4，或输入 B，按回车键确认）

默认选项为输入段数，以将所选对象平均分割为几段（图 2-7a）。若执行选项“块（B）”，则插入块作为等分标记。块的相关操作见 P135/7.1 节“图块”。

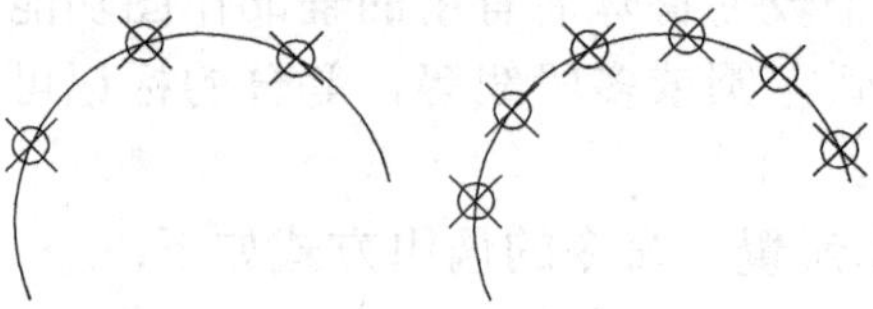

a）　　　　b）

图 2-7　定数等分与定距等分

4. 定距等分（MEASURE） 该命令可将所选对象按指定长度进行等分。当剩余长度不能被“指定线段长度”整除时，其最后一段小于指定线段长度（图 2-7b）。命令的调用方式如下：

➢ 下拉菜单：“绘图” → “点” → “定距等分”。

➢ 命令行：MEASURE↙。

启动命令后，命令行提示如下：

命令：_measure

选择要定距等分的对象：（选择等分对象）

指定线段长度或[块(B)]：（输入等分长度如 50，或输入 B，按回车键确认）

山人指路

定距等分起始点的确定：非闭合对象如直线、圆弧等，离对象选择点较近的端点为等分起始点；圆，以圆心右侧的象限点为等分起始点逆时针等分；闭合多段线，以绘制时的第一个点为等分起始点逆时针等分。

2.1.9 图案填充（BHATCH）

该命令用于在某个封闭图形区域内填入剖面线和图案等，以表示不同的剖面材料。在进行图案填充之前，需要先进行填充图案的设置和填充边界的指定。命令的调用方式如下：

➢ 工具栏：单击“绘图”工具栏上的▦按钮。

➢ 下拉菜单：“绘图” → “图案填充”。

➢ 命令行：BH（或 H）↙。

之后激活“图案填充和渐变色”对话框（图 2-8）。该对话框有“图案填充”和“渐变色”两个选项卡。本书主要介绍“图案填充”选项卡。

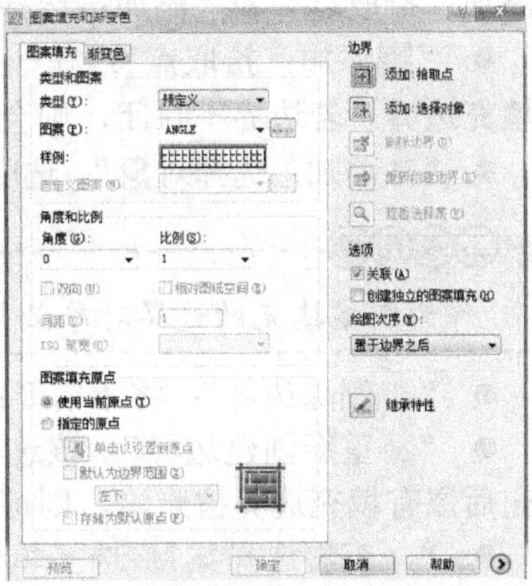

图 2-8 “图案填充和渐变色”对话框（“图案填充”选项卡）

1. 填充图案的设置 填充图案的设置在“类型和图案”“角度和比例”和“图案填充原点”三个选项组进行。

（1）“类型和图案”选项组：该选项组用于设置填充图案的类型，包含了“类型”“图案”“样例”和“自定义图案”四个选项。

● “类型”下拉列表：该下拉列表内包含“预定义”“用户定义”和“自定义”三个选项。“预定义”指系统自带的 80 种已定义图案。“用户定义”指用户临时定义的图案，只能在当时使用一次。该图案由一组平行直线或者相互垂直的两组平行直线组成。“自定义”指选用用户预先定义并保存为“PAT”文件的图案。

● “图案”下拉列表：在“图案”下拉列表或“填充图案选项板”对话框中选择所选类型的可用图案。“图案”下拉列表列出了已选类型的所有可用图案，最后使用的 6 个图案显示在列表顶部，用户可单击相应图案名称进行选择。用户也可以单击“图案”下拉列表框右侧的按钮...，激活“填充图案选项板”对话框（图 2-9）。该选项板提供了预定义的几组填充图案，以方便用户直观地选择合适的填充图案。

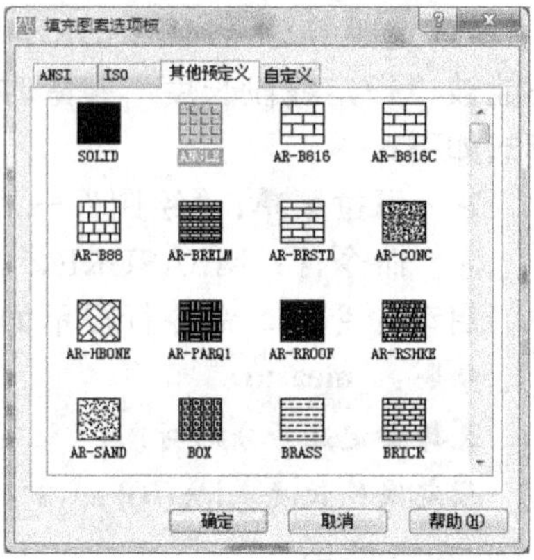

图 2-9 “填充图案选项板”对话框

● “样例”：是填充图案的预览窗口，单击该窗口也可调出“填充图案选项板”对话框。

（2）“角度和比例”选项组：该选项组用于设置填充图案的旋转角度和显示比例等图案特性参数。

● “角度”下拉列表：用于设置填充图案相对于当前 UCS 坐标系 X 轴的旋转角度，默认值为“0”。

● “比例”下拉列表：用于设置填充图案的显示比例，默认值为“1”。比例系数越大，图案越稀疏。

● “双向”复选框和“间距”文本框：只有在使用“用户定义”图案时，才能进行相应设置。

（3）“图案填充原点”选项组：该选项组用于设置图案填充时的起始填充位置。

2. **填充边界的指定** 在进行图案填充之前，需要选定一个或多个封闭的填充边界。填充边界的选择，在“图案填充和渐变色”对话框右侧的“边界”选项组进行。方法有两种：“添加：拾取点”和“添加：选择对象”。

● “添加：拾取点”：在一个或多个封闭区域内部任意位置单击左键，系统自动搜索填充边界。若边界不封闭，则会显示出错信息。

● “添加：选择对象”：选取封闭对象（如矩形、闭合多段线、圆等）以确定填充边界。

山人指路

作为图案填充的边界对象必须是封闭的。

● “删除边界”：将不需要的填充边界从已指定的边界中删除。

● “重新创建边界”：该选项在对图案填充进行编辑时可用。绘图过程中，若图案填充后原有填充边界被删除，则可通过该选项功能，重新建立填充边界。

● “查看选择集”：选择填充边界后，此按钮高亮显示。此时，用户可以单击此按钮，查看当前已指定的填充边界。

3. **图案填充及其效果** 在进行填充图案的设置和填充边界的指定后，即可进行图案填充。填充过程中，用户可单击对话框底部的 预览 按钮，对填充效果进行预览。若不满意，则按下键盘左上角的【Esc】键，返回对话框，根据需要适当调整图案的比例和角度，直至满意，按下 确定 按钮完成图案填充。

图 2-10 是图案样式设置为“预定义”的“BRICK”，对一个矩形区域的填充效果。

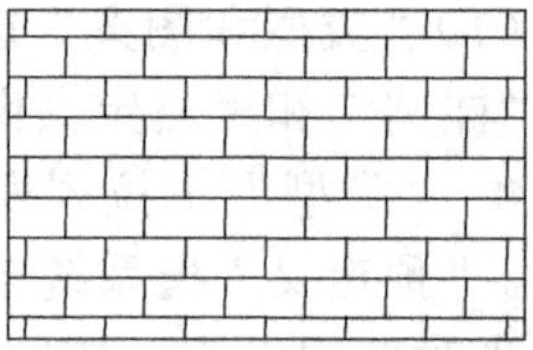

图 2-10 “BRICK”图案填充效果

4. **“选项”选项组**

● “关联”复选框：勾选此项，则填充图案与边界之间建立了关联关系。此时，填充边界改变后，填充图案将自动充满新的边界（图 2-11b）。若不勾选此项，则填充的图案与边界无关联，图案不会随边界的改变而改变（图 2-11c）。

● “创建独立的图案填充”复选框：勾选此项，可使同一次创建的多个填充图案相互独立。方便用户对某个边界内的图案进行单独的选择、编辑或删除。

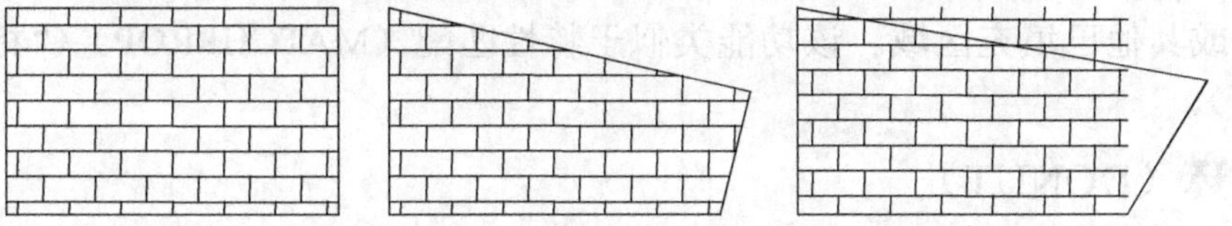

a)　　　　b)　　　　c)

图 2-11　填充图案与边界的关联性及其影响

● “绘图次序”下拉列表：用于设置所填充图案的放置位置，是放置在填充边界之后（下方）还是之前（上方）。默认选项为“置于边界之后”。

5. 孤岛填充形式设置　单击“图案填充和渐变色”对话框右下角的“更多选项”按钮 ⊙，将展开对话框（图 2-12），以进行“孤岛检测”等相关高级设置。

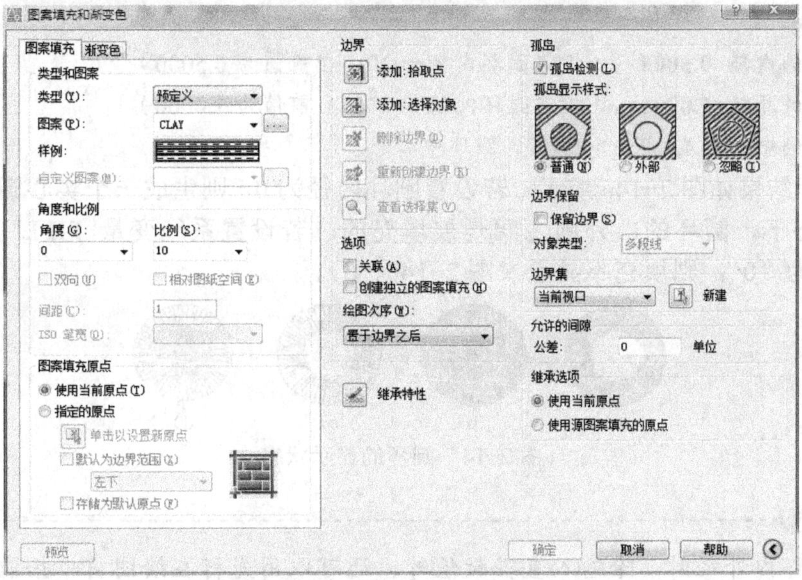

图 2-12　“更多选项”按钮与“孤岛”设置

位于填充区域内的封闭区域（包括字符串）称为孤岛。“孤岛检测”用于控制是否把孤岛作为填充图案的内部边界，系统默认勾选此项。根据对孤岛的不同处理原则，有三种填充方式供用户选择。

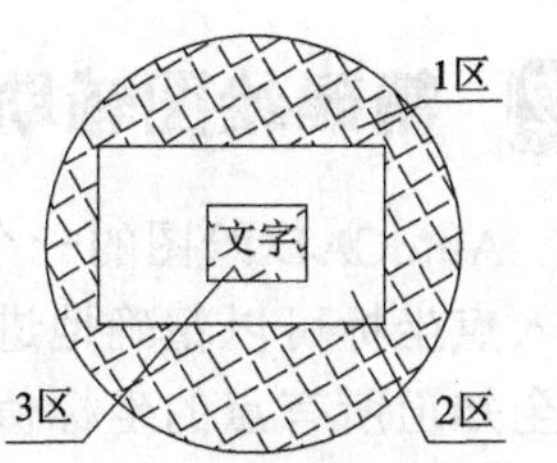

图 2-13　“普通”填充方式

● “普通”：为默认方式。从外层边界开始，向内遇到的奇数区域被填充（图 2-13 中的 1 区和 3 区），偶数区域不被填充（图 2-13 中的 2 区）。

● “外部”：只填充最外层的封闭区域（图 2-13 中的 1 区）。

● “忽略”：忽略所有内部边界，对最外围边界包含的所有区域进行填充。

山人指路

对图 2-13 应用“孤岛检测”时，须以“添加：拾取点”方式点选 1 区空白处，或以“添加：选择对象”方式框选所有填充区域（即同时选择圆、两个矩形和“文字”）。

6.**“继承特性”按钮** 该按钮用于提取已有的填充图案及其设置，并复制给未填充的闭合区域或其他已填充区域。该功能类似于特性匹配（MATCHPROP）（“标准”工具栏命令按钮）。

2.1.10 圆环（DONUT）

该命令用于绘制指定内径和外径（均为直径值）的圆环。当内径为 0 时，所绘圆环即为实心圆。命令的调用方式如下：

- 工具栏：单击“绘图”工具栏上的自定义命令按钮。
- 命令行：DO↙。
- 下拉菜单：“绘图”→“圆环”。

启动命令后，命令行提示如下：

```
命令：_donut
指定圆环的内径<0.5000>：（指定圆环内径如 10；当前值为 0.5000）
指定圆环的外径<1.0000>：（指定圆环外径如 20；当前值为 1.0000）
指定圆环的中心点或<退出>：（指定圆环中心点）
```

命令执行结果如图 2-14a 所示。若设置圆环内径为 0，则生成一个实心圆（图 2-14b）。

默认状态下，圆环的内外圆之间是被填充的。若设置系统变量 FILL 为“OFF”或 FILLMODE 为“0”，则填充不显示（图 2-14c、d）。

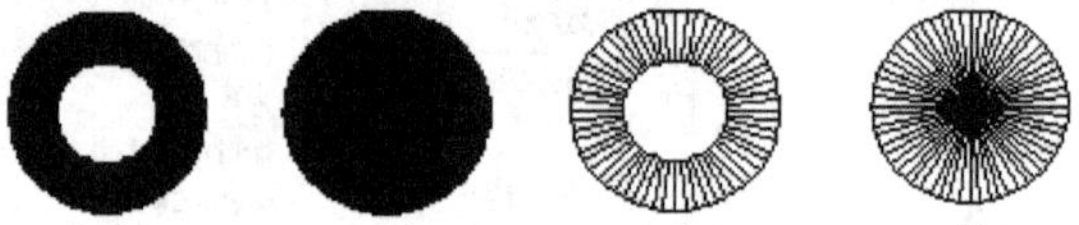

a）　b）　c）　d）

图 2-14　圆环的显示状态

山人指路

指定圆环内外径时，除输入直径数值外，还可以用光标在绘图窗口拾取两个点的方式进行。

2.2 精确绘图辅助工具

AutoCAD 绘图的一个重要特点是精确度高，其关键在于如何精确定位点位。通过键盘输入点坐标可以精确地进行点的定位，但数据输入量较大、易出错，而且很多时候并不能完全知道所有点的坐标值。移动光标定位，可在用户界面左下角即时查看点坐标，但也不能保证精确定位。

为此，AutoCAD 提供了一些实用的精确绘图辅助工具，如对特殊点的捕捉、栅格、正交等。利用这些工具，结合鼠标和键盘操作，用户可迅速、准确地捕捉到特殊点，从而快速地进行精确绘图。

2.2.1 对象捕捉（【F3】）

对一些特殊点（如中点、端点、垂足、交点和圆心等）进行定位时，可借助“对象捕捉”工具栏（图 2-15）或“对象捕捉”快捷菜单（图 2-16）完成。

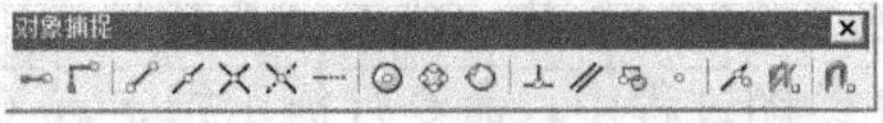

图 2-15 “对象捕捉”工具栏

1. 对象捕捉的模式 AutoCAD 提供了 15 种对象捕捉模式，其中 13 种带有标记符号。

（1）“临时追踪点”：用于确定临时追踪点。

（2）“捕捉自”：以临时指定的某一点来确定另一点。

（3）“捕捉到端点（ENDP）”：用于捕捉直线、圆弧、椭圆弧、多段线、样条曲线和射线等对象最近处的端点。

（4）“捕捉到中点（MID）”：用于捕捉直线、圆弧、椭圆弧、多段线和样条曲线等的中点。

（5）“捕捉到交点（INT）”：用于捕捉直线、圆弧、椭圆弧、多段线、样条曲线和射线等对象之间的实际交叉点。该捕捉方式要求对象在空间内的交叉点必须真实存在。

（6）“捕捉到外观交点（APPINT）”：又称为虚交点，用于捕捉两个对象延伸或投影后的交点。直线、圆弧等对象之间没有直接相交时，系统可自动计算其延长后的交点。

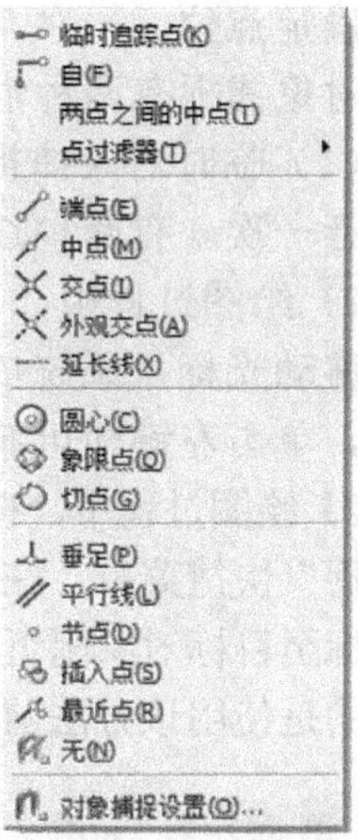

图 2-16 “对象捕捉”快捷菜单

（7）“捕捉到延伸线（EXT）”：在一条已有直线或圆弧的延伸线上捕捉一个符合条件的点。捕捉时，光标应沿对象延伸方向移动。

（8）“捕捉到圆心（CEN）”：用于捕捉圆、圆弧、椭圆弧和圆环等对象的圆心。捕捉时，光标应位于对象轮廓线附近。

（9）“捕捉到象限点（QUA）”：用于捕捉圆、圆弧、椭圆弧和圆环等对象的象限点。象限点指以对象中心点为原点，对象上位于当前坐标系 0°、90°、180° 和 270° 四个方向的点。捕捉时，光标应移动到对象轮廓线附近。

（10）“捕捉到切点（TAN）”：用于捕捉圆、圆弧、椭圆弧和圆环等对象的切点。该切点和上一个输入点的连线与所选对象相切。

（11）“捕捉到垂足（PER）”：用于捕捉从上一个输入点到所选对象作垂线的垂足点。垂足点可位于对象延长线上。

（12）“捕捉到平行线（PAR）”：用于捕捉一个点，该点与上一个输入点的连线平行于所选参照直线。

（13）“捕捉到插入点（INS）”：用于捕捉文本、图块、属性和外部参照引用等的插入点。

（14）“捕捉到节点（NOD）”：用于捕捉点对象、标注的定义点和标注文字等的起点。

（15）“捕捉到最近点（NEA）”：用于捕捉离光标中心最近某个对象上的任意一个点。

山人指路

1. 外观交点捕捉需要连续进行两次捕捉。首先捕捉（或选择）一个对象，然后再将光标移近另外一个对象，此时系统将标示两个对象延长后的相交点。此时，单击左键即可捕捉到外观交点。

2. “贱人工具箱”的“捕捉”设置项，可设置并记忆常用捕捉模式，通过快捷键调用，操作上更为快捷。详见 P124/6.2.2 节“贱人工具箱”。

2. 对象捕捉的使用 在绘图过程中，命令行提示指定点（如圆心、端点等）时，用户均可通过对象捕捉精确确定点位。操作时，在出现相应捕捉点标记符号后，单击左键即可精确确定点位。

对象捕捉有两种情况：临时对象捕捉和自动对象捕捉。

（1）临时对象捕捉。指在命令执行过程中，对某个特征点进行的一次性定位捕捉，只能执行一次。有两种途径实现：

1）绘图过程中，单击“对象捕捉”工具栏上的相应捕捉按钮（如“捕捉到端点”）一次。移动光标，系统依次自动显示相应对象的端点标记符号。当目标点的端点标记符号出现时，单击左键即可精确捕捉该点。

2）绘图过程中，按住键盘上的【Ctrl】键或【Shift】键不放并单击右键，系统将弹出“对象捕捉”快捷菜单。在该菜单中选择所要捕捉的特征点（如端点），系统将返回绘图窗口。移动光标至目标对象附近，当目标点的端点标记符号出现时，单击左键即可精确捕捉该点。需要注意的是使用该方法前应勾选“绘图区域中使用快捷菜单”复选框。

例题2-2 如图 2-17a 所示，已知点 A、直线 BC 和 DE，要求绘制直线 AF，其中 F 点为直线 BC、DE 的虚交点。

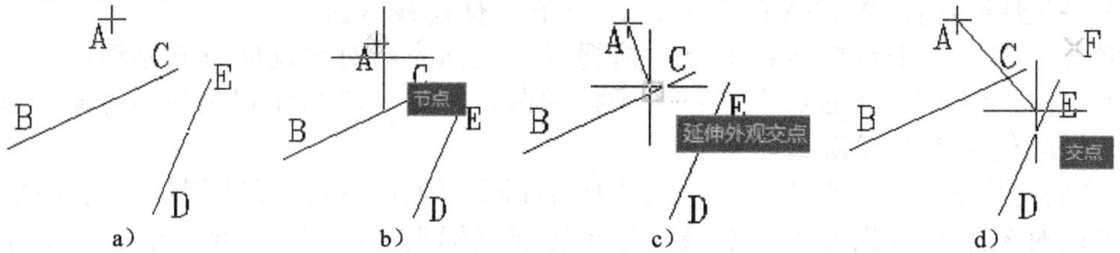

图 2-17 虚交点捕捉例图

操作步骤如下：

启动直线绘制命令后，命令行提示如下：

命令：_line 指定第一点：_nod 于（单击“对象捕捉”工具栏上的“捕捉到节点”按钮，移动光标至 A 点附近，当出现图 2-17b 所示标记符号时，单击左键拾取点 A）

指定下一点或[放弃(U)]：_appint 于（单击“捕捉到外观交点”按钮，移动光标至直线 BC 附近，当出现图 2-17c 所示标记符号时，单击左键；移动光标至直线 DE 附近，当出现图 2-17d 所示标记符号时，单击左键拾取虚交点 F，完成直线绘制）

指定下一点或[放弃(U)]：（单击右键完成操作，退出命令）

例题 2-3 如图 2-18a 所示，已知圆 A 和直线 BC，绘制过圆心和直线 BC 中点的直线。

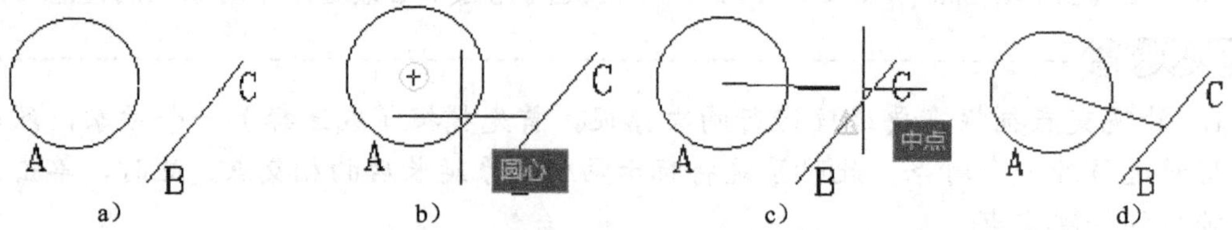

图 2-18 圆心与中点捕捉例图

操作步骤如下：

启动直线绘制命令后，命令行提示如下：

命令：_line 指定第一点：_cen 于（单击“捕捉到圆心”按钮◎，移动光标至圆 A 的轮廓线附近，当出现图 2-18b 所示标记符号时，单击左键拾取圆心点）

指定下一点或[放弃(U)]：_mid 于（单击“捕捉到中点”按钮，移动光标至直线 BC 附近，当出现图 2-18c 所示标记符号时，单击左键拾取直线 BC 中点，完成直线绘制）

指定下一点或[放弃(U)]：（单击右键完成操作，退出命令。结果如图 2-18d 所示）

例题2-4 如图 2-19a 所示，已知矩形和直线 BC，绘制过矩形端点 A 且与 BC 平行的直线。

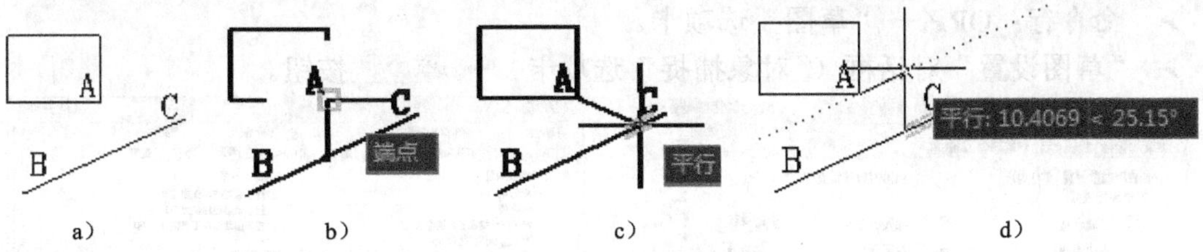

图 2-19　平行线捕捉例图

操作步骤如下：

启动直线绘制命令后，命令行提示如下：

命令：_line 指定第一点：_endp 于（单击“捕捉到端点”按钮，移动光标至点 A 的附近，当出现图 2-19b 所示标记符号时，单击左键拾取点 A）

指定下一点或[放弃(U)]：_par 到（单击“捕捉到平行线”按钮，移动光标至直线 BC 上，当出现图 2-19c 所示标记符号时，移动光标至与直线 BC 大致平行的位置；直至出现图 2-19d 所示标记符号，单击左键拾取平行线的另一个通过点，完成直线绘制）

指定下一点或[放弃(U)]：（单击右键完成操作，退出命令）

（2）自动对象捕捉。在绘图过程中，进行对象捕捉的频率是很高的。使用临时对象捕捉就需要频繁地单击“对象捕捉”工具栏中的按钮或“对象捕捉”快捷菜单。

AutoCAD 提供了自动对象捕捉功能，该功能一旦启用，即长时间有效，直至关闭。用户只需事先设置需要捕捉的多个对象捕捉点，并开启自动对象捕捉功能。在绘图过程中，需要指定点位时，系统就会自动显示所有相关对象的相应特征点标记符号，方便用户捕捉。自动对象捕捉功能的启闭可通过键盘快捷键【F3】实现。

山人指路

自动对象捕捉和临时对象捕捉可以同时使用。即在打开自动对象捕捉的情况下，从“对象捕捉”工具栏上选择相应按钮（如“捕捉到端点”）进行临时捕捉。此时，临时对象捕捉优先执行，图形中只显示相关对象的“端点”这一特征点。

启用自动对象捕捉功能前，宜先在“草图设置”对话框中的“对象捕捉”选项卡里进行相关设置（图 2-20）。选项卡的调用方式如下：

- 工具栏：单击“对象捕捉”工具栏上的命令按钮。
- 状态栏：右键单击对象捕捉按钮→“设置”。
- 下拉菜单：“工具”→“草图设置”。

➢ 命令行：OS↙。

➢ 键盘快捷键：【F3】，之前未设置任何对象捕捉点，按下【F3】也会激活“对象捕捉”选项卡。

之后激活“草图设置”对话框，选择“对象捕捉”选项卡。用户可在此设置所需的自动对象捕捉点。

此外，用户也可以通过“选项”对话框的“草图”选项卡（图 2-21），进行对象捕捉功能的设置。选项卡的调用方式如下：

➢ 命令窗口：右键单击命令窗口→“选项”→“草图”选项卡。

➢ 下拉菜单：“工具”→“选项”→“草图”选项卡。

➢ 命令行：OP↙→“草图”选项卡。

➢ “草图设置”对话框（“对象捕捉”选项卡）→选项(T)...按钮。

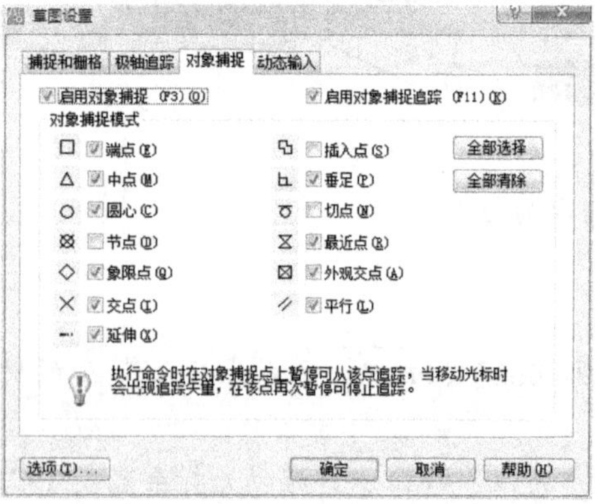

图 2-20 “草图设置”对话框（“对象捕捉”选项卡）

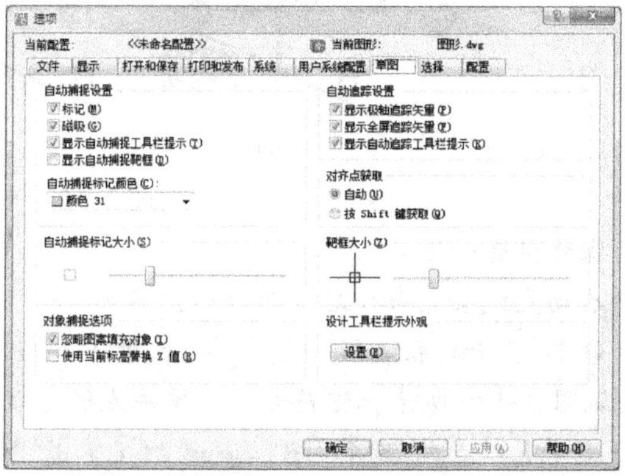

图 2-21 “选项”对话框的“草图”选项卡

2.2.2 正交模式（【F8】）

正交模式下，光标被约束在水平或竖直方向上移动，以方便用户绘制水平或竖直的直线，或将所选对象进行水平或竖直的移动、复制等操作。

启动正交模式的启闭方式如下：

➢ 键盘快捷键：【F8】。

➢ 状态栏：左键单击正交按钮。

山人指路

可用极轴追踪（【F10】）替代正交模式（【F8】）功能。

2.2.3 极轴追踪（【F10】）

极轴追踪的功能比正交模式更强大。在预先设置极轴角的增量角后，随着光标的移动，AutoCAD 自动显示增量角整数倍方向的追踪路线，因此能方便用户快捷地指定这些方向上的新点。

1. 极轴追踪的设置 极轴追踪的设置在“极轴追踪”选项卡中进行。选项卡的调用方式如下：

➢ 工具栏：单击“对象捕捉”工具栏上的命令按钮→“极轴追踪”选项卡。

> 状态栏：右键单击极轴按钮→“极轴追踪”选项卡。
> 下拉菜单：“工具”→“草图设置”→“极轴追踪”选项卡。

之后激活“极轴追踪”选项卡（图 2-22）。

（1）“启用极轴追踪”复选框：勾选该复选框可启用极轴追踪功能，反之则关闭。

（2）“极轴角设置”选项组：用户可以在“增量角”下拉列表中选择所需的增量角度，单位为度（°）。默认增量角为“90”，此时极轴追踪功能即可替代正交模式功能。若选择增量角为“45”，则 AutoCAD 自动在 0°、45°、90°、135°、180°、225°和 270° 这些 45° 增量角的整数倍方向显示追踪路线。此外，用户也可以勾选“附加角”复选框，并单击 新建(N) 按钮增加一个或多个增量角度值。对不再需要的附加角，可在选中后单击 删除 按钮删除。

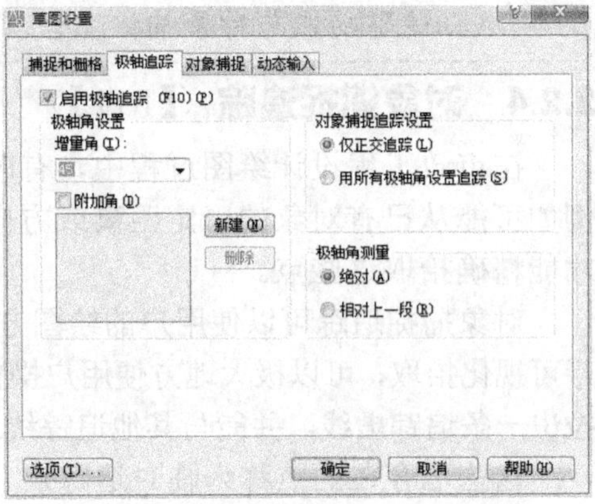

图 2-22 “草图设置”对话框的“极轴追踪”选项卡

（3）“极轴角测量”选项组：用于指定极轴追踪增量是基于当前 UCS 的绝对角度测量，还是基于用户绘制的上一个对象。

2. 极轴追踪使用方法 用户可以在图形绘制、编辑前或编辑过程中，通过键盘快捷键【F10】迅速启闭极轴追踪功能。

例题2-5 如图 2-23a 所示，已知直线 AB 和 CD，绘制长度为 30 的直线 EF，其中 E 为两直线的虚交点，EF 沿绝对角度 150° 方向。

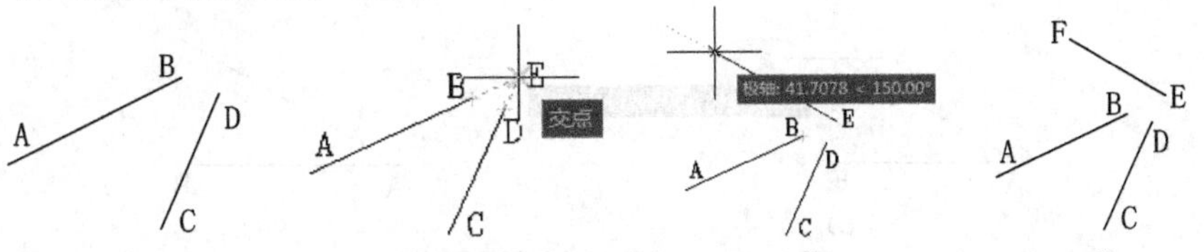

a) b) c) d)

图 2-23 极轴追踪例图

操作步骤如下：

在“极轴追踪”选项卡中设置极轴角的增量角为 30°（也可勾选并设置附加角为 50°），在“对象捕捉”选项卡中勾选“端点”等对象捕捉点，按【F10】开启极轴追踪功能。

启动直线绘制命令后，命令行提示如下：

命令：_line 指定第一点：<对象捕捉开>（按【F3】开启对象捕捉功能。移动光标至 B 点附近，当出现“端点”标记符号“□”时稍候片刻，在 B 点作临时追踪点标记“+”；移动光标至 D 点附近，同样在 D 点作临时追踪点标记“+”。沿两直线的延长虚线方向移动光标至大致交叉位置，直至出现图 2-23b 所示的“交点”标记符号“×”，单击左键拾取点 E）

指定下一点或[放弃(U)]：30（沿左上角方向移动光标，调整方向直至极轴追踪提示的角度为 150.00，如图 2-23c 所示。在命令行输入数值 30 并确认）

指定下一点或[放弃(U)]：（单击右键完成操作，退出命令。结果如图 2-23d 所示）

山人指路

极轴追踪功能与对象捕捉配合，使用效果更佳。

2.2.4 对象捕捉追踪（【F11】）

在市政工程设计绘图过程中，有时需要在相对于已有对象的某个位置上拾取一个点，例如可能从已有对象的一定距离或方向上拾取一个点。若采用常规方式，往往要用辅助线才能精确拾取这些点。

对象捕捉追踪可以使用户的绘图方式发生很大的改变。它提供的基于已知点的追踪线进行可视化拾取，可以极大地方便用户操作，提高绘图效率。开启对象捕捉追踪功能后，会暂时拉出一条追踪虚线，并能与其他追踪线或已有对象产生交点，方便用户拾取到这些点。

这些已存在的点称为临时追踪点（显示标记符号“+”），最多可允许有 7 个。

对象捕捉追踪的启闭可通过键盘快捷键【F11】实现。需要注意的是，在使用该功能时，至少要有一个对象捕捉是激活的。

山人指路

实际应用中，对象捕捉追踪必须与对象捕捉结合使用，通常还要同时启用极轴追踪功能。

例题2-6 如图 2-24a 所示，已知水平直线 AB，要求作绝对角度 30° 的直线 AC，CB 的连线垂直于直线 AB。

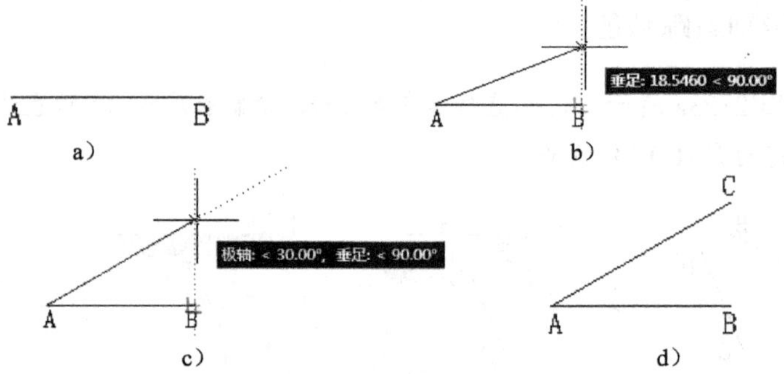

图 2-24　对象捕捉追踪例图一

操作步骤如下：

开启对象捕捉追踪功能（【F11】），在“极轴追踪”选项卡中设置极轴角的增量角为 30° 并开启极轴追踪功能（【F10】），在“对象捕捉”选项卡中勾选“端点”等对象捕捉点，开启对象捕捉功能（【F3】）。

启动直线绘制命令后，命令行提示如下：

命令：_line 第一点：（移动光标至 A 点附近，当出现“端点”标记符号“□”时，单击左键拾取 A 点）

指定下一点或[放弃(U)]：[移动光标至 B 点附近，当出现“端点”标记符号“□”时稍候片刻，在 B 点作临时追踪点标记“+”。沿垂直对齐路径移动光标（图 2-24b），当出现极轴追踪的路径（极轴 30.00，垂直 90.00）时，单击左键拾取 C 点（图 2-24c）]

指定下一点或[放弃(U)]：（单击鼠标右键完成操作，退出命令。结果如图 2-24d 所示）

例题2-7 如图 2-25a 所示，已知矩形 ABCD，要求在矩形的中心点处绘制半径为 5 的圆。

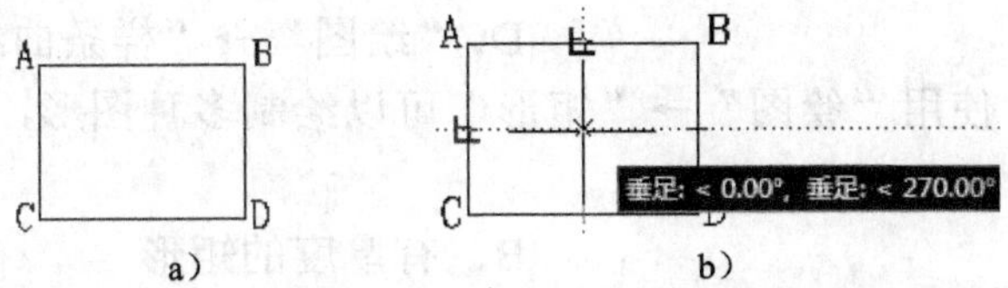

图 2-25　对象捕捉追踪例图二

操作步骤如下：

开启对象捕捉追踪（【F11】）、极轴追踪（【F10】）和对象捕捉（【F3】）功能，在“对象捕捉”选项卡中勾选“中点”等对象捕捉点。

启动圆的绘制命令后，命令行提示如下：

命令：_circle 指定圆的圆心或[三点(3P)/两点(2P)/相切、相切、半径(T)]：（移动光标至直线 AB 中点附近，当出现“中点”标记符号“△”时稍候片刻，在该点作临时追踪点标记“+”；移动光标，在矩形其他三条边的中点处分别作临时追踪点标记。移动光标至矩形中心点大致位置，直至出现图 2-25b 所示的垂足提示，单击左键拾取中心点）

指定圆的半径或[直径(D)]<28.4121>：5（在命令行输入半径数值 5，单击右键完成操作，退出命令。结果如图 2-25c 所示）

2.2.5　动态输入（【F12】）

见 P8/1.5.2 节“动态输入法”。

作　业

1．单选题

（1）在绘制直线时，可以使用快捷命令方式（　　）。

A．C　　B．L　　C．PAN　　D．E

（2）下面（　　）对象不可以使用 PLINE 命令绘制。

A．直线　　B．圆弧　　C．具有宽度的直线　　D．椭圆弧

（3）在 AutoCAD 2006 中，系统提供了（　　）条命令用来绘制圆弧。

A．11　　B．6　　C．8　　D．9

（4）以下说法错误的是（　　）。

A．使用“绘图”→“正多边形”将得到一条多段线

B．可以用命令绘制填充的实心圆

C．打断一条构造线得到两条射线

D．不能用“绘图”→“椭圆”画圆

（5）应用下面（　　）命令可以使直线、样条曲线、多线段绘制的图形闭合。

A．CLOSE　　B．CONNECT　　C．COMPLETE　　D．DONE

（6）常使用“绘图”→“圆”中的（　　）绘制连接弧。

A．“三点”　　B．“相切、相切、半径”

C．“相切、相切、相切”　　D．“圆心、半径”

（7）在绘制二维图形时，要绘制多段线，可以选择（　　）。

A．“绘图”→“3D 多段线”　　B．“绘图”→“多段线”

C.“绘图”→“多线”　　D.“绘图”→“样条曲线”

（8）在 AutoCAD 2006 中，使用“绘图”→“矩形”可以绘制多种图形，以下答案中最恰当的是（　　）。

A．倒角矩形　　B．有厚度的矩形

C．圆角矩形　　D．以上答案全正确

（9）运用“绘图”→“正多边形”绘制的正多边形可以看作是一条（　　）。

A．多段线　　B．构造线　　C．样条曲线　　D．直线

（10）下面（　　）命令可以绘制连续的直线段，且每一部分都是单独的线对象。

A．POLYLINE　　B．LINE　　C．RECTANGLE　　D．POLYGON

（11）应用“相切、相切、相切”方式画圆时，（　　）。

A．相切的对象必须是直线

B．不需要指定圆的半径和圆心

C．只能从下拉菜单激活画圆命令

D．不需要指定圆心但要输入圆的半径。

（12）图案填充操作中（　　）。

A．只能单击填充区域中任意一点来确定填充区域

B．所有的填充样式都可以调整比例和角度

C．图案填充可以和原来轮廓线关联或者不关联

D．图案填充只能一次生成，不可以编辑修改

（13）精确绘图的特点是（　　）。

A．精确的颜色　　B．精确的线宽

C．精确的几何数量关系　　D．精确的文字大小

2．多选题

（1）可以利用以下的（　　）方法来调用命令。

A．在命令提示区输入命令英文　　B．单击相应工具栏上的按钮

C．选择下拉菜单中的菜单项　　D．在图形窗口单击鼠标左键

（2）在执行交点捕捉模式时，可捕捉到（　　）。

A．三维对象的边或角点

B．面域的边

C．曲线的边

D．圆弧、圆、椭圆、椭圆弧、直线、多线、多段线、射线、样条曲线和构造线等对象之间的交点

（3）下面（　　）命令可以用于矩形绘制。

A．LINE　　B．PLINE　　C．RECTANG　　D．POLYGON

（4）使用圆心（CEN）捕捉类型可以捕捉到以下（　　）图形的圆心位置。

A．圆　　B．圆弧　　C．椭圆　　D．椭圆弧

（5）图案填充有下面（　　）类型供用户选择。

A．预定义　　B．用户定义　　C．自定义　　D．历史记录

（6）扩展的绘图命令有（　　）。

A. COPY　　B. MIRROR　　C. ARRAY　　D. SNAP

（7）在 AutoCAD 2006 中，点命令主要包括（　　）等。

A. POINT　　B. DIVIDE　　C. SCALE　　D. MEASURE

3．上机练习

（1）绘制图 2-26 所示图形（不包括尺寸标注）。线宽为 0.35，外圆直径为 70，圆和内部圆弧的线型为 Continuous，中心线线型为 CENTERX2。

提示：点（POINT）命令下用定数等分进行内部圆弧端点的定位；可临时勾选“绘图区域中使用快捷菜单”复选框（P17/图 1-20“用户系统配置”选项卡），并用“两点（2P）”方法绘制圆。

（2）绘制图 2-27 所示图形（不包括尺寸标注）。线宽为 0.35，外圆直径为 70，圆和内部对象的线型为 Continuous，中心线的线型为 CENTERX2。

提示：用内接法绘制正六边形；利用极轴追踪命令（45°）或动态输入绘制内部小正方形的对角线，以此为辅助线绘制小正方形。

（3）绘制图 2-28 所示图形（不包括文字和尺寸标注），其中 D 为 BC 边的中点。线宽为 0.35，线型为 Continuous。

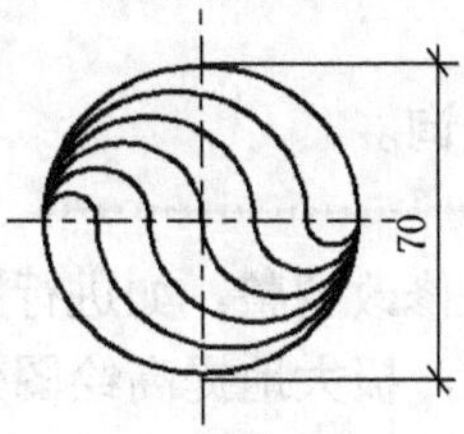

图 2-26　上机练习一

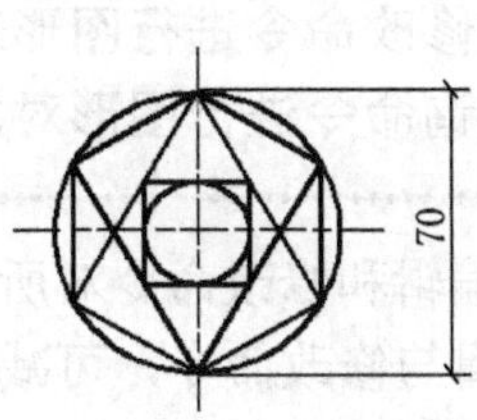

图 2-27　上机练习二

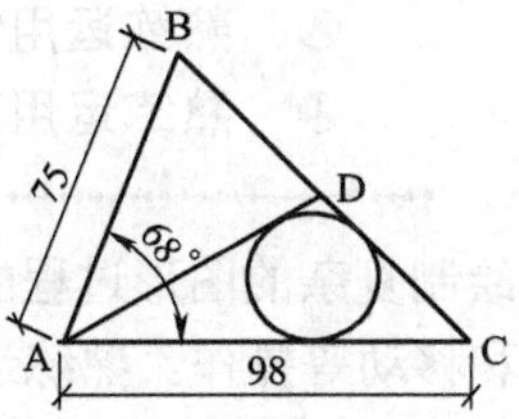

图 2-28　上机练习三

提示：绘制直线时可结合极轴追踪命令或动态输入进行；圆的绘制可采用“相切、相切、相切”（TTT）方式进行。

（4）绘制图 2-29 所示丁交叉口平面图（不包括尺寸标注），粗线线宽为 0.35。

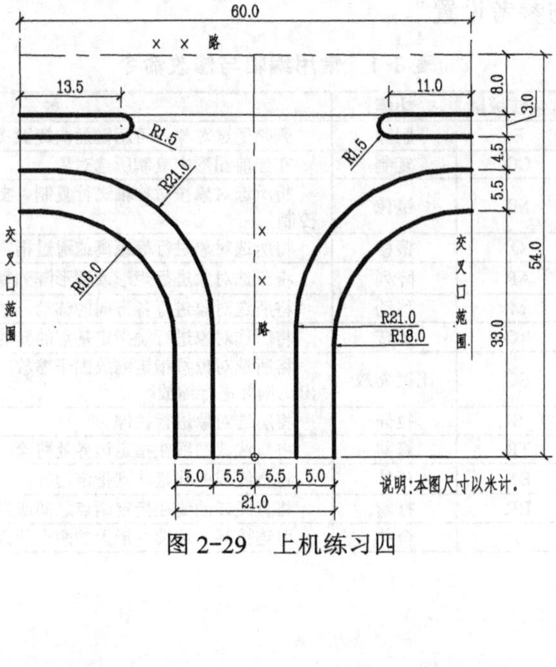

图 2-29　上机练习四

第3章 编辑与修改命令

学习要点

知识点

- 基础知识：常用编辑与修改命令的功能与操作步骤、夹点编辑功能和视图缩放与图形显示命令。
- 重点知识：常用编辑与修改命令的快捷键操作、对象信息查询命令。

技能要求

- 熟记常用编辑与修改命令的快捷键或自定义的快捷键。
- 熟练运用常用编辑与修改命令进行图形对象的修改。
- 熟练运用对象信息查询命令进行图形对象的信息查询。

绘制复杂的图形过程中，需要用编辑和修改命令对所绘图形进行修改调整，如进行删除、复制和移动等操作。熟练运用常用编辑与修改命令，可减少冗余操作，极大地提高绘图效率。

3.1 常用编辑与修改命令

AutoCAD 的常用编辑与修改命令见表 3-1。用户可参照 P195～196/附录 A“AutoCAD 2006 常用命令快捷键与参考设置”。

表 3-1 常用编辑与修改命令

序号	图标	命令全称	默认快捷键	功能	备　注
1		ERASE	E	删除	删除所选对象，可用键盘快捷键【Delete】替代
2		COPY	CO	复制	在当前图形中复制所选对象
3		MIRROR	MI	镜像	将所选对象按对称轴进行复制。文字镜像后的方向由参数 Mirrtext 控制
4		OFFSET	O	偏移	将所选对象进行等距离或通过指定点复制
5		ARRAY	AR	阵列	将所选对象进行矩形或环形阵列复制
6		MOVE	M	移动	将所选对象进行各方向的移动，结合对象捕捉可实现精确移动
7		ROTATE	RO	旋转	将所选对象进行绕指定基点的转动
8		SCALE	SC	比例缩放	将所选对象按指定缩放因子缩放；也可将对象按参照长度自动计算出比例并进行缩放
9		STRETCH	S	拉伸	将所选对象进行拉伸
10		TRIM	TR	修剪	将直线或曲线在指定边界处剪除；一次可以修剪多条直线或曲线
11		EXTEND	EX	延伸	将直线或曲线延伸到指定边界；一次可以延伸多条直线或曲线
12		BREAK	BR	打断	将直线或曲线在指定两点之间或某点处断开
13		JOIN	J	合并	可连接某一连续图形上的两个部分，也可将某段圆弧闭合为完整圆

（续）

序号	图标	命令全称	默认快捷键	功能	备　注
14		CHAMFER	CHA	倒角	参数为0时两不相交直线可延伸相交
15		FILLET	F	圆角	参数为0时两不相交直线可延伸相交
16		EXPLODE	X	分解	将合成的整体对象分解为独立分离的多个对象
17		PEDIT		编辑多段线	进行多段线的闭合、合并和线宽设置等操作
18		HATCHEDIT		图案填充编辑	用于已填充图案的编辑
19		MATCHPROP		特性匹配	把源对象的指定特性复制到所选对象
20		PROPERTIES		对象特性	用于查看和修改图形对象的特性与参数

3.1.1　操作对象的选择方法

通常，在编辑与修改命令激活后，命令行都会出现“选择对象:”的提示。用户可根据提示选择单个或多个对象（又称为选择集），被选中的对象均以虚线形式显示。

下面以复制（COPY）命令为例介绍一些常用的对象选择方法。激活命令后，命令行提示“选择对象:”，此时光标变为拾取框符号“□”，可通过下列方式选择对象。

1．**拾取框逐个选择**　移动鼠标使拾取框覆盖在被选对象上（图3-1a），单击左键，被选中的对象直线AB以虚线形式显示（图3-1b）。该方式一次只能选中一个对象，当被选择对象不多且比较分散时，可采用此方法。

2．**实线窗口选择**　在绘图窗口空白处单击左键（图3-1中点1的位置），拖动鼠标至右下角（图3-1c中点2的位置）后再次单击左键，实线窗口范围内所有完整包含的对象（文字“A”“B”和直线AB）均被选中（图3-1d）。使用该方法时应注意，鼠标拖动一定是从左到右（左上到右下或左下到右上）；被选对象一定要被实线窗口完全包含，否则不被选中（图3-1c中的直线AC）。

3．**虚线窗口选择**　该方法与“实线窗口选择”类似，也是用鼠标拖动出一个矩形窗口来选择对象。不同的是鼠标拖动的方向是从右到左（右下到左上或右上到左下，图3-1e点2→点1），拖动出来的是虚线窗口，所有与虚线相交的对象（文字“A”“B”和直线AC）和被虚线窗口完全包含的对象（直线AB）均被选中（图3-1f）。

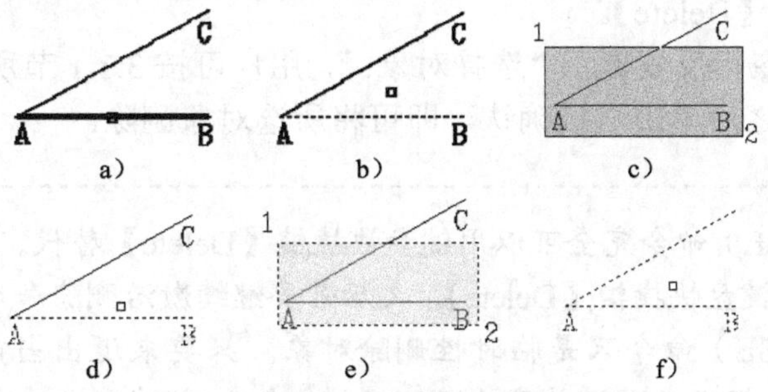

图3-1　不同的对象选择方法

4．**选择全部对象**　在命令行输入ALL并确认，将选中图形中的所有对象（被锁定和被冻结的对象除外）。

5．**栏选**（FENCE）　在命令行输入F并确认，通过绘制一条虚折线，将所有与虚折线相交的对象选中（被锁定和被冻结的对象除外）。虚折线绘制时，不必闭合且可以彼此相交。

6．**剔除已选对象**　选择多个对象后，按住键盘【Shift】键不放，同时按上述方法选择不需要的一个或多个对象，即可将对象剔除出选择集。需要注意的是，该方法须保证“用Shift键添加到选择集”复选框为默认不勾选状态（图3-2）。

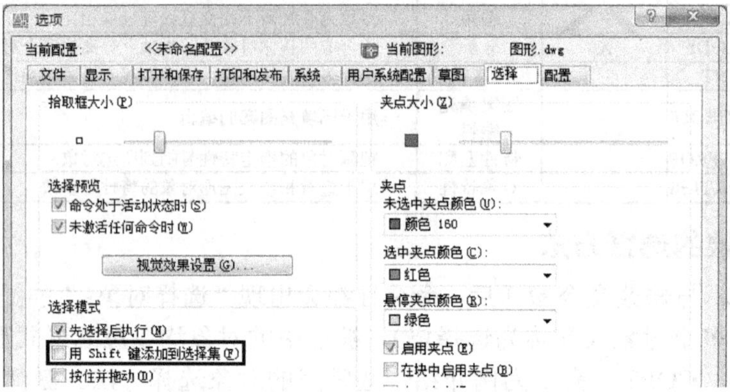

图3-2　按住【Shift】键方式剔除已选对象的默认设置

7. **快速选择**（QSELECT）　通过“过滤器”的快速过滤，选择具有共同特性的某类对象，用于下一步操作。具体操作见P66/3.1.21节“对象特性（PROPERTIES）”中的“快速选择”按钮。

山人指路

用户可先激活命令再选取对象，也可以先用十字光标参照上述方法1～3直接选取对象后再激活命令。

3.1.2　删除（ERASE）

该命令用于去除错画的或无用的（如辅助线等）对象。命令的调用方式如下：

➢ 命令行：E↙。
➢ 工具栏：单击“修改”工具栏上的按钮。
➢ 下拉菜单：“修改”→“删除”。
➢ 键盘快捷键：【Delete】。

启动命令后，命令行反复提示“选择对象:”，用户可按3.1.1节所述对象选择方法，选择一个或多个对象，之后单击右键确认，即可将所选对象删除。

山人指路

1. 删除（ERASE）命令完全可以用键盘快捷键【Delete】替代。使用时须先选择欲删除的对象，然后按下键盘快捷键【Delete】。之后若要继续激活删除命令，可直接单击右键。

2. 删除（ERASE）命令只是临时性删除对象。只要未退出当前图形文件，无论文件是否被保存，用户都可以通过放弃（UNDO）命令（“标准”工具栏“放弃”按钮）逐步恢复已被删除的对象。具体操作见P6/1.4.2节“命令的重复、放弃、重做和终止”。

3.1.3　复制（COPY）

该命令可将所选对象复制至指定位置。命令执行后不会对原有对象产生任何影响，复制的对象与源对象的特性（包括大小、方向、颜色和线宽等）完全相同且相互独立。命令的调用方式如下：

- ➢ 命令行：CO 或 CP↙。
- ➢ 工具栏：单击“修改”工具栏上的按钮。
- ➢ 下拉菜单：“修改”→“复制”。

启动命令后，命令行提示如下：

命令：_copy
选择对象：指定对角点：找到 1 个（选择需要复制的对象。当前已选择 1 个对象）
选择对象：指定对角点：找到 3 个，总计 4 个（继续选择对象。当前已选择 3 个，共选择了 4 个对象）
选择对象：（可继续选择对象，若选择完毕则单击右键确认）
指定基点或[位移(D)]<位移>：指定第二个点或<使用第一个点作为位移>：（复制所选对象至指定位置）
指定第二个点或[退出(E)/放弃(U)]<退出>：（再次复制所选对象至指定位置，或单击右键退出）

各选项含义如下：

- 指定基点：为默认选项，可通过单击左键依次指定基点和第二个点来复制对象。复制位移量为基点与第二个点的距离。基点是复制的参考点，通常选择对象上的某个特征点。若结合对象捕捉命令，可实现复制后对象的精确定位。
- 使用第一个点作为位移：指定基点位置后，输入坐标值（X，Y，Z）以确定复制后基点（即第二个点）的绝对坐标位置。指定基点位置后，系统同时会提示“指定第二个点或<使用第一个点作为位移>：”。此时，直接在命令行输入坐标值并确认即可。该选项的位移量是相对于坐标原点（0，0，0）而言的，市政工程设计中可忽略 Z 坐标值。如输入坐标值“100，200”，则复制后对象基点的新位置坐标值为（100，200）。
- 位移（D）：通过输入坐标值（X，Y，Z）来确定复制的位移量，该位移量是相对于源对象而言的，不需指定基点。命令行提示下，直接输入 D 并确认，再输入坐标值即可。市政工程设计中，可忽略 Z 坐标值。如输入坐标值为“100，–200”，则复制后的对象相对于源对象在 X 轴正方向（向右）移动了 100 个单位，在 Y 轴负方向（向下）移动了 200 个单位。

山人指路

1. 复制（COPY）命令的操作只能在当前图形文件中进行；复制（【Ctrl+C】）命令配合粘贴（【Ctrl+V】）命令，则可在图形文件之间或图形文件与 Office 文件之间进行图形对象的复制与粘贴。
2. AutoCAD 2006 默认进行多重复制，即命令激活后可对所选对象进行多次复制。

3.1.4 镜像（MIRROR）

该命令可将所选对象按指定的对称轴（镜像轴）对称复制。源对象可保留也可删除。命令的调用方式如下：

- ➢ 命令行：MI↙。
- ➢ 工具栏：单击“修改”工具栏上的按钮。
- ➢ 下拉菜单：“修改”→“镜像”。

启动命令后，命令行提示如下：

命令：_mirror
选择对象：指定对角点：找到 4 个（选择需要镜像的对象。当前已选择 4 个对象）
选择对象：（可继续选择对象，若选择完毕则单击右键确认）

指定镜像线的第一点：（指定第一点）

指定镜像线的第二点：（指定第二点）

要删除源对象吗？[是(Y)/否(N)]<N>：（用于确定镜像后源对象是否保留。默认选项为 N，即保留源对象；输入 Y 并确认，则删除源对象）

例题3-1 根据图 3-3a 所示图形，利用镜像命令完成图 3-3b 所示道路横断面图。

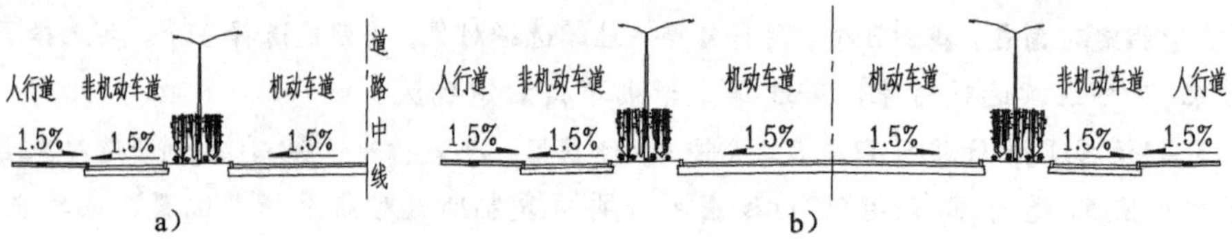

图 3-3 道路横断面的镜像复制

操作步骤如下：

启动命令后，命令行提示如下：

命令：mirror

选择对象：指定对角点：找到 91 个（以实线或虚线窗口方式选择图 3-3a 中的全部图形对象）

选择对象：（选择完毕，单击右键确认）

指定镜像线的第一点：（利用对象捕捉拾取图 3-3a 所示的点画线即设计道路中心线的上端点）

指定镜像线的第二点：（利用对象捕捉拾取点画线的下端点）

要删除源对象吗？[是(Y)/否(N)]<N>：（单击右键确认，保留源对象。完成命令操作）

山人指路

1. 需要注意的是，镜像（MIRROR）命令默认翻转所有对象（包括文字）。文字的镜像效果受系统参数 MIRRTEXT 控制，当参数值设置为 0 时，镜像后文字不翻转（图 3-3b）；参数值为 1 时，镜像后文字翻转（图 3-4）。

2. MIRRTEXT 的参数值设置对“块”中的文字无效。

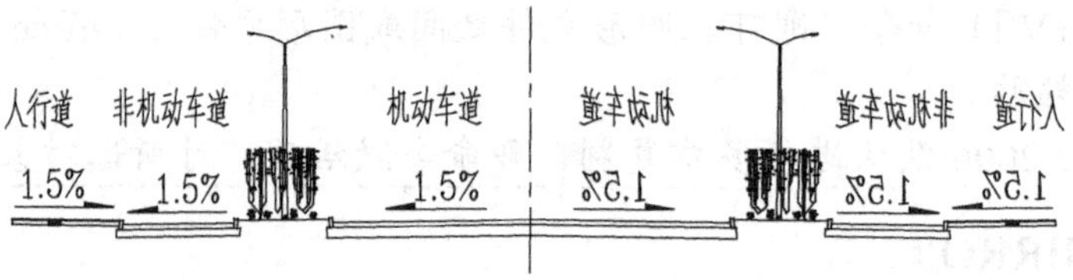

图 3-4 MIRRTEXT 参数值为 1 时的文本镜像效果

3.1.5 偏移（OFFSET）

该命令可将所选对象进行等距离复制，生成平行于源对象的新对象。操作时，需指定偏移距离或新对象通过的点。偏移效果如图 3-5 所示。

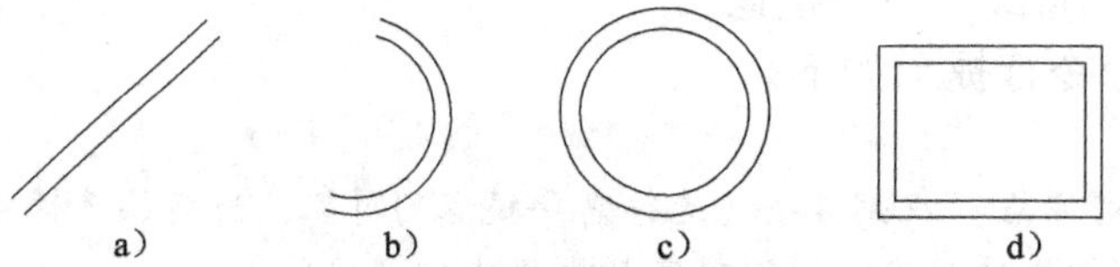

图 3-5 对象的偏移复制效果

命令的调用方式如下：

➢ 命令行：O↙。

➢ 工具栏：单击“修改”工具栏上的按钮。

➢ 下拉菜单：“修改”→“偏移”。

启动命令后，命令行提示如下：

命令：_offset

当前设置：删除源=否　图层=源　OFFSETGAPTYPE=0

指定偏移距离或[通过(T)/删除(E)/图层(L)]<10.0000>：（默认选项为输入偏移距离值。当前值为 10.0000）

各选项含义如下：

● 指定偏移距离：为默认选项，输入偏移距离并确认，执行该选项后，命令行提示如下：

选择要偏移的对象，或[退出(E)/放弃(U)]<退出>：（拾取框选择需要偏移的对象）

指定要偏移的那一侧上的点，或[退出(E)/多个(M)/放弃(U)]<退出>：（在偏移一侧任意位置单击左键）

选择要偏移的对象，或[退出(E)/放弃(U)]<退出>：（继续选择偏移对象，或单击右键退出）

● 通过（T）：该选项可使偏移后的对象（或其延长线）通过指定的某点。执行该选项后，命令行提示如下：

指定偏移距离或[通过(T)/删除(E)/图层(L)]<10.0000>：T↙

选择要偏移的对象，或[退出(E)/放弃(U)]<退出>：（拾取框选择需要偏移的对象）

指定通过点或[退出(E)/多个(M)/放弃(U)]<退出>：（指定一点，偏移后的对象或其延长线将通过该点）

选择要偏移的对象，或[退出(E)/放弃(U)]<退出>：（继续选择偏移对象，或单击右键退出）

● 删除（E）：该选项用于设置偏移后是否删除源对象。默认选项为否，即不删除源对象。

● 图层（L）：该选项用于设置偏移后对象的图层归属。默认选项为与源对象在同一图层。

山人指路

1. 市政排水纵断面图设计中，常通过指定距离（管径）的偏移，绘制出排水管道双线图[详见 P221～222/附录 E“××路排水施工图（部分）”的雨水纵断面图（二）和污水纵断面图（二）]。

2. 市政给水纵断面图设计中，可通过对设计地面线的偏移复制，得到指定距离（管顶覆土）的给水管道单线；对该单线再次进行指定距离（管径）的偏移，即可绘制出给水管道双线图；之后进行交叉位置给水管道的修改[详见 P228/附录 F“××路给水施工图（部分）”的给水纵断面图（二）]。

3.1.6 阵列（ARRAY）

该命令可将所选对象按矩形或环形模式复制。命令的调用方式如下：

➢ 工具栏：单击“修改”工具栏上的按钮。

➢ 命令行：AR↙。

➢ 下拉菜单：“修改”→“阵列”。

之后激活“阵列”对话框（图 3-6）。该对话框包含了矩形与环形两种阵列模式。

1. **矩形阵列**　选中“矩形阵列”选项，可将所选对象按矩形阵列模式复制。用户可对相关参数，如行数、列数、行偏移（行间距）、列偏移（列间距）和阵列角度进行设置。之后单击右上角的“选择对象”按钮进行阵列对象选择。右侧的预览区域显示了矩形阵列命令执行后的效果（图 3-6）。

山人指路

偏移行间距、列间距和阵列角度数值的正负将影响阵列复制的方向。行间距为正时，阵列向上（Y 轴正方向）复制；为负时阵列向下（Y 轴负方向）复制。列间距为正时，阵列向右（X 轴正方向）复制；为负时阵列向左（X 轴负方向）复制。阵列角度为正时，沿逆时针方向复制；为负时沿顺时针方向复制。

2. **环形阵列**　选中“环形阵列”选项，可将所选对象按环形阵列模式复制（图 3-7）。

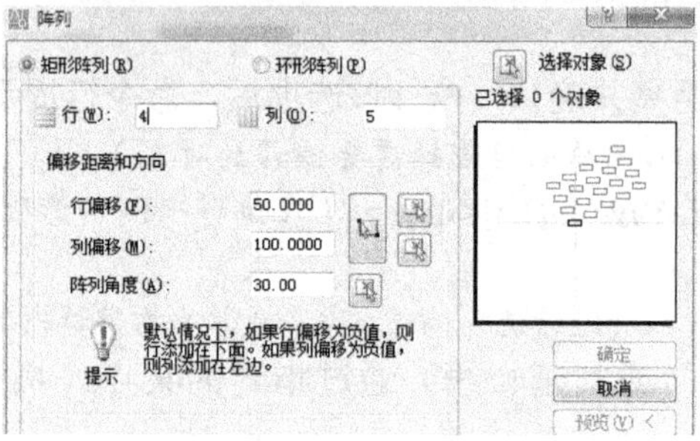

图 3-6 “阵列”对话框（矩形阵列模式）

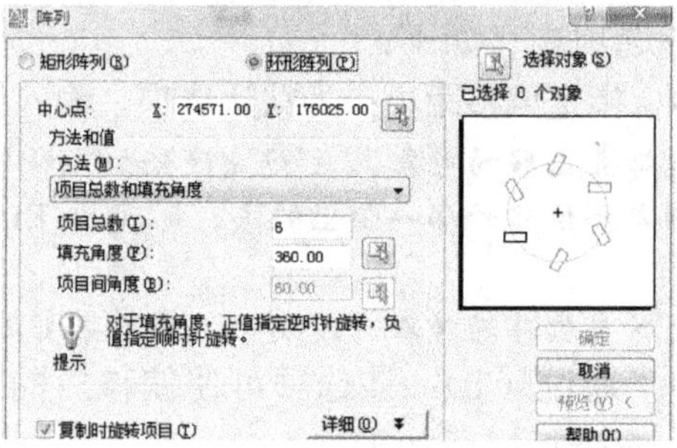

图 3-7 “阵列”对话框（环形阵列模式）

用户可对相关参数，如环形阵列的中心点、阵列方法、项目总数、填充角度和项目间角度等进行设置。之后单击右上角的“选择对象”按钮进行阵列对象选择。右侧的预览区域显示了环形阵列命令执行后的效果（图 3-7）。

山人指路

填充角度为正时，沿逆时针方向复制；为负时则沿顺时针方向复制。

此外，对话框左下角的“复制时旋转项目”复选框，用于控制环形阵列时对象是否旋转。图 3-8a 为不勾选“复制时旋转项目”复选框的阵列效果，图 3-8b 为勾选“复制时旋转项目”复选框的阵列效果。

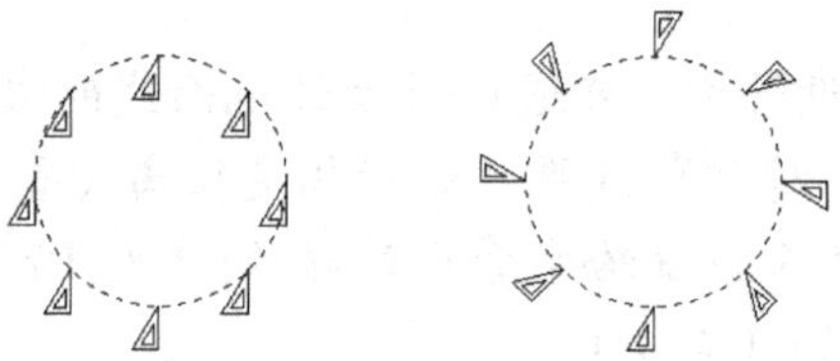

a)　　　b)

图 3-8 不勾选和勾选“复制时旋转项目”复选框的不同阵列效果

3.1.7 移动（MOVE）

该命令可将所选对象平移至指定位置，而不改变对象的大小和方向。具体操作与复制（COPY）命令相似，只是移动后源对象不复存在。命令的调用方式如下：

- 命令行：M↙。
- 工具栏：单击“修改”工具栏上的按钮。
- 下拉菜单：“修改”→“移动”。

启动命令后，命令行提示如下：

命令：_move
选择对象：指定对角点：找到 2 个（选择需要移动的对象。当前已选择 2 个对象）
选择对象：（可继续选择对象，若选择完毕则单击右键确认）
指定基点或[位移(D)]<位移>：指定第二个点或<使用第一个点作为位移>：

各选项含义如下：

● 指定基点：为默认选项，可通过单击左键依次指定基点和第二个点来平移对象。平移位移量为基点与第二个点的距离。基点是平移的参考点，通常选择对象上的某个特征点。若结合对象捕捉命令，可实现平移后对象的精确定位。

● 使用第一个点作为位移：指定基点位置后，输入坐标值（X，Y，Z）以确定平移后基点（即第二个点）的绝对坐标位置。具体操作与 P48/复制（COPY）命令相似。

● 位移（D)：通过输入坐标值（X，Y，Z）来确定平移的位移量，该位移量是相对于源对象而言的，不需要指定基点。具体操作与 P48/复制（COPY）命令相似。

3.1.8 旋转（ROTATE）

该命令可将所选对象按指定角度进行旋转。操作时需指定旋转基点和旋转角度等。命令的调用方式如下：

➢ 命令行：RO↙。
➢ 工具栏：单击“修改”工具栏上的按钮。
➢ 下拉菜单：“修改”→“旋转”。

启动命令后，命令行提示如下：

命令：_rotate
UCS 当前的正角方向：ANGDIR=逆时针　ANGBASE=0.00
选择对象：指定对角点：找到 3 个（选择需要旋转的对象。当前已选择 3 个对象）
选择对象：（可继续选择对象，若选择完毕则单击右键确认）
指定基点：（指定旋转围绕的中心点）
指定旋转角度，或[复制(C)/参照(R)]<0.00>：

各选项含义如下：

● 指定旋转角度：为默认选项。用户可在命令行输入角度数值（如 30）后单击右键确认；或直接在绘图窗口移动光标，以基点与光标所在点的连线指定旋转角度，之后单击左键确认。

山人指路

旋转角度为正时，对象沿逆时针方向旋转；为负时则沿顺时针方向旋转。

● 复制（C)：该选项用于旋转后保留源对象，即先复制后旋转。

山人指路

“贱人工具箱”中有专用的复制旋转命令，详见 P124/6.2.2 节“贱人工具箱”。

● 参照（R)：该选项以新角度与参照角的差值作为旋转角度进行旋转。执行该选项后，命令行提示如下：

指定旋转角度，或[复制(C)/参照(R)]<319.30>：R↙
指定参照角<0.00>：指定第二点：（指定一个参照角）

指定新角度或[点(P)]<0.00>：（指定新的旋转角度）

例题3-2 已知矩形和直线CD（图3-9a），要求旋转矩形使AB落在直线CD上（图3-9e）。

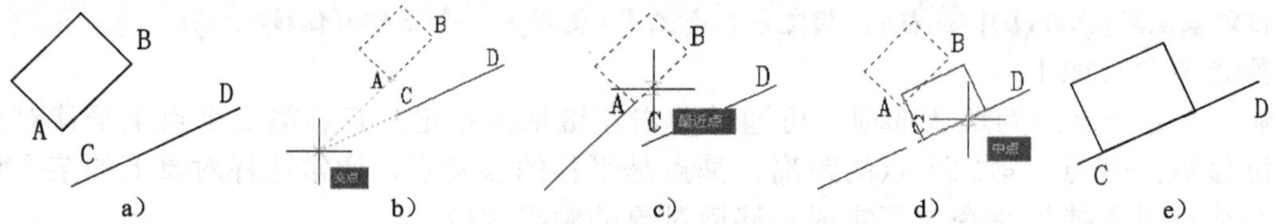

图3-9 参照选项下的旋转命令操作

操作步骤如下：

设置并开启对象捕捉（【F3】）、开启对象捕捉追踪（【F11】）。启动旋转命令后，命令行提示如下：

命令：_rotate

UCS当前的正角方向：ANGDIR=逆时针 ANGBASE=0.00

选择对象：找到1个（选择矩形）

选择对象：（选择完毕，单击右键确认）

指定基点：（利用对象捕捉追踪和对象捕捉功能，捕捉直线BA和DC的虚交点，如图3-9b所示）

指定旋转角度，或[复制(C)/参照(R)]<340.15>：R↙（输入R并确认，以参照方式旋转对象）

指定参照角<45.00>：指定第二点：（再次捕捉直线BA和DC的虚交点，作为参考角的第一点；在直线AB上捕捉任意一点，作为参考角的第二点，如图3-9c所示）

指定新角度或[点(P)]<25.15>：（移动光标并捕捉直线CD上的任意一点，如图3-9d所示；单击左键确认完成操作，结果如图3-9e所示）

山人指路

例题3-2若要求直线AB∥CD，则可选择点A为旋转基点。“指定新角度或[点(P)]”时结合对象捕捉的平行捕捉模式，使新角度平行于直线CD。

3.1.9 比例缩放（SCALE）

该命令可将所选对象按统一的比例缩小或放大。源对象可保留也可删除。命令的调用方式如下：

- 命令行：SC↙。
- 工具栏：单击“修改”工具栏上的按钮。
- 下拉菜单：“修改”→“缩放”。

启动命令后，命令行提示如下：

命令：_scale

选择对象：指定对角点：找到1个（选择需要缩放的对象。当前已选择1个对象）

选择对象：（可继续选择对象，若选择完毕则单击右键确认）

指定基点：（指定缩放的基准点）

指定比例因子或[复制(C)/参照(R)]<1.0000>：

各选项含义如下：

- 指定比例因子：为默认选项。用户可在命令行输入大于0的缩放比例值。该数值大于 1 时对象被放大，小于 1 时对象被缩小。输入比例因子后单击右键确认即可。

- 复制（C）：该选项用于缩放后保留源对象，即先复制后缩放。
- 参照（R）：该选项以参照方式进行比例缩放操作。缩放比例为新长度与参照长度的比值。因此，当缩放比例不清楚的情况下使用该选项较方便。执行该选项后，命令行提示如下：

指定比例因子或[复制(C)/参照(R)]<4.0000>：R↙
指定参照长度<1.0000>：指定第二点：（选择参照长度的两个端点）
指定新的长度或[点(P)]<1.0000>：（选择新长度的两个端点）

例题3-3　已知两个矩形（图 3-10a），要求缩放小矩形，使其短边 AB 的长度等于大矩形长边 CD 大小（图 3-10d）。

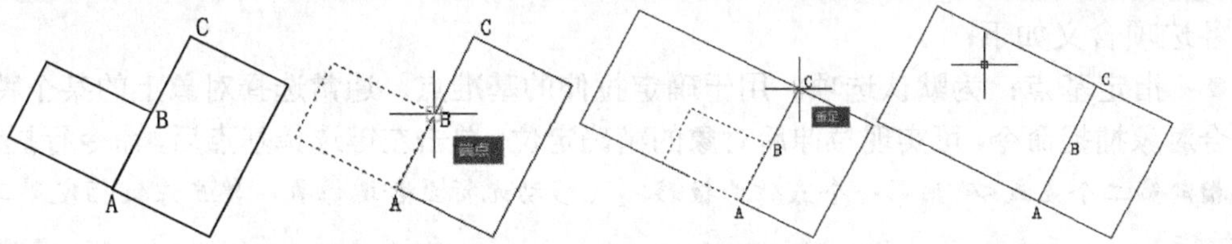

a)　b)　c)　d)

图 3-10　参照选项下的比例缩放命令操作

操作步骤如下：

设置并开启对象捕捉（【F3】）。启动比例缩放命令后，命令行提示如下：

命令：_scale
选择对象：指定对角点：找到 1 个（选择矩形）
选择对象：（选择完毕，单击右键确认）
指定基点：（利用对象捕捉功能，捕捉点 A 作为缩放基准点）
指定比例因子或[复制(C)/参照(R)]<2.0485>：R↙（输入 R 并确认，以参照方式缩放对象）
指定参照长度<29.2353>：指定第二点：（以直线 AB 的长度为参照长度，依次捕捉点 A 和点 B，如图 3-10b 所示）
指定新的长度或[点(P)]<59.8885>：（以直线 AC 的长度为参照长度，移动光标并捕捉点 C，如图 3-10c 所示；单击左键确认完成操作，结果如图 3-10d 所示）

山人指路

旋转（ROTATE）和比例缩放（SCALE）这两个命令，执行过程中若选择了“参照（R）”选项，则“指定参照长度”均从所选对象上选取，“指定新的长度或[点(P)]”均从目标对象上选取。

3.1.10　拉伸（STRETCH）

该命令可将所选对象（圆除外）进行拉伸、压缩或变形，同时又与源对象未动部分保持连接。选择对象时应注意必须以虚线窗口选择对象，窗口内的对象将被平移（图 3-11 中的小圆和小矩形），与窗口相交的部分将被拉伸（图 3-11 中的大矩形）。

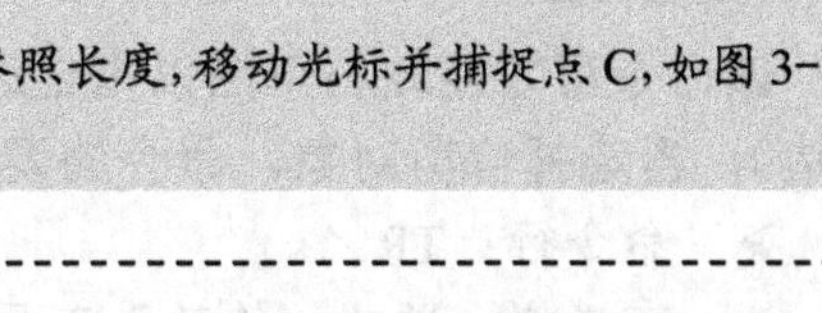

a)　b)

图 3-11　拉伸命令操作示例

命令的调用方式如下：

➢ 命令行：S↙。

➢ 工具栏：单击“修改”工具栏上的按钮。

➢ 下拉菜单：“修改”→“拉伸”。

启动命令后，命令行提示如下：

命令：_stretch

以交叉窗口或交叉多边形选择要拉伸的对象...

选择对象：指定对角点：找到 4 个（以虚线窗口选择需要拉伸的对象。当前已选择 4 个对象）

选择对象：（可继续选择对象，若选择完毕则单击右键确认）

指定基点或[位移(D)]<位移>：（单击左键选择基点，或输入 D 并确认）

各选项含义如下：

● 指定基点：为默认选项。用于确定拉伸的基准点，通常选择对象上的某个特征点。若结合对象捕捉命令，可实现拉伸后对象的精确定位。单击左键选择基点后，命令行提示如下：

指定第二个点或<使用第一个点作为位移>：（移动光标至合适位置，单击左键指定第二个点，完成操作）

● 使用第一个点作为位移：指定基点位置后，输入坐标值（X，Y，Z）以确定平移后基点（即第二个点）的绝对坐标位置。具体操作与 P48/复制（COPY）命令相似。

● 位移（D）：通过输入坐标值（X，Y，Z）来确定复制的位移量，该位移量是相对于源对象而言的，不需要指定基点。具体操作与 P48/复制（COPY）命令相似。

山人指路

使用拉伸（STRETCH）命令时，虚线窗口范围内的对象将被平移。与虚线窗口相交的对象则有多种情况：直线、多段线、圆弧等对象，窗口外的端点不动，窗口内的端点平移，圆弧的弦高不变；圆的圆心、块的定义点等在窗口内，则对象平移，否则对象不动。

3.1.11 修剪（TRIM）

该命令可方便地将草图以指定边界剪切为所需图形。执行过程中需先选择剪刀口（剪切边），再选择修剪对象。命令的调用方式如下：

➢ 命令行：TR↙。

➢ 工具栏：单击“修改”工具栏上的按钮。

➢ 下拉菜单：“修改”→“修剪”。

启动命令后，命令行提示如下：

命令：_trim

当前设置：投影=UCS，边=无

选择剪切边...

选择对象或<全部选择>：找到 1 个（选择一个或多个对象作为剪刀口。当前已选择 1 个对象）

选择对象：（可继续选择对象，若选择完毕则单击右键确认）

选择要修剪的对象，或按住 Shift 键选择要延伸的对象，或[栏选(F)/窗交(C)/投影(P)/边(E)/删除(R)/放弃(U)]：

部分选项含义如下：

- 选择要修剪的对象：为默认选项。用户可用拾取框或虚线窗口选择被修剪对象，单击左键后被切对象的拾取部分被剪切。
- 按住 Shift 键选择要延伸的对象：为延伸模式，即相当于延伸（EXTEND）命令功能。按住键盘【Shift】键的同时选择（被修剪）对象，对象将延伸到剪切边。
- 栏选（F）、窗交（C）：这两个选项指分别用栏选（FENCE）或窗口相交（注意：不是包含！）的方式进行被修剪对象的选择（见 P47/3.1.1 节“操作对象的选择方法”）。

山人指路

1. 选择剪刀口（剪切边）时，可以用拾取框逐个拾取，也可以用虚线窗口相交的方式一次选择多个对象。此外，剪切边可同时作为被剪切对象。

2. “贱人工具箱”的超级修剪命令，剪切时无需指定剪刀口；方框删除命令可将指定方框内或外的所有对象删除，可用于检查井内连接线的修剪。详见 P124/6.2.2 节“贱人工具箱”。

若要将图 3-12a 所示的图形修剪为图 3-12d 所示的图形，可有两种操作方法：

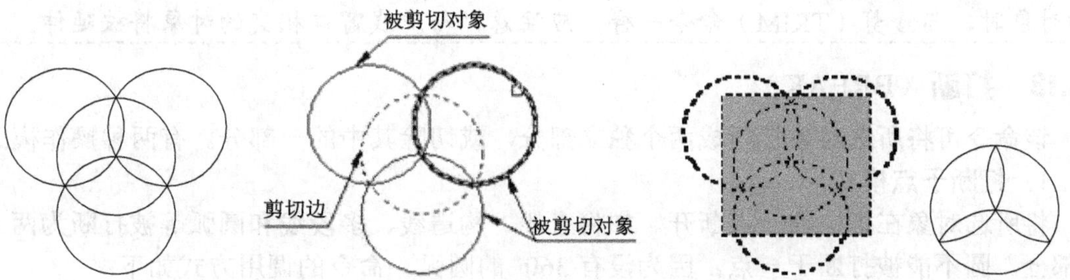

图 3-12　修剪命令操作示例

方法一：拾取框或窗口选择中间的圆作为剪刀口，被选中的圆以虚线形式显示；再以拾取框逐个选取被剪切的三个圆（图 3-12b）。结果如图 3-12d 所示。

方法二：以虚线窗口同时选择四个圆作为剪刀口，所有的圆以虚线形式显示；再次以虚线窗口选择四个圆（图 3-12c）。结果如图 3-12d 所示。在用窗口方式选择被剪切对象时，需注意“与虚线窗口相交的对象将被修剪”。因此，中间的圆必须被窗口完全包含，而不能与虚线窗口相交；其他三个圆必须与窗口相交，而不能被窗口完全包含。

3.1.12 延伸（EXTEND）

该命令可延长指定对象至选定的边界。执行过程中需先选择边界，再选择需延长的对象。其选项含义及具体操作与修剪（TRIM）相似。命令的调用方式如下：

- 命令行：EX↙。
- 工具栏：单击“修改”工具栏上的 按钮。
- 下拉菜单：“修改”→“延伸”。

启动命令后，命令行提示如下：

```
命令：_extend
当前设置：(投影=UCS，边=无)
选择边界的边...
```

选择对象或<全部选择>：指定对角点：找到 3 个（选择一个或多个对象作为边界。当前已选择 3 个对象）

选择对象：（可继续选择边界对象，若选择完毕则单击右键确认）

选择要延伸的对象，或按住 Shift 键选择要修剪的对象，或[栏选(F)/窗交(C)/投影(P)/边(E)/放弃(U)]：指定对角点：

部分选项含义如下：

● 选择要延伸的对象：为默认选项。用户可用拾取框或虚线窗口选择被延伸的对象，单击左键后延伸至所选边界。

● 按住 Shift 键选择要修剪的对象：为修剪模式，相当于修剪（TRIM）命令功能。

其他选项的含义同修剪（TRIM）命令。

山人指路

1．可被延伸的对象包括直线、多段线和圆弧等。离拾取点近的一端将被延伸。

2．选择延伸边界时，可以用拾取框或虚线窗口方式一次选择多个对象。选择被延伸对象时，与修剪（TRIM）命令一样，应注意“与虚线窗口相交的对象将被延伸。

3.1.13 打断（BREAK）

该命令可将所选对象打断成两个独立部分，或切除其中的一部分。有两种操作模式。

1．打断于点模式

将所选对象在指定的一点断开。如将直线、构造线、多段线和圆弧等被打断为两个独立部分。圆不能被打断于一点，因为没有 360° 的圆弧。命令的调用方式如下：

➢ 工具栏：单击“修改”工具栏上的□按钮。

启动命令后，命令行提示如下：

命令：_break 选择对象：（用拾取框选择需要打断的对象）

指定第二个打断点或[第一点(F)]：_f

指定第一个打断点：（可结合对象捕捉命令，在对象上选择一个打断点）

指定第二个打断点：@（命令行提示自动结束。完成操作，所选对象被打断成两部分）

2．打断模式

切除所选对象的一部分，或将其打断成两个独立部分。命令的调用方式如下：

➢ 命令行：BR↙。

➢ 工具栏：单击“修改”工具栏上的□按钮。

➢ 下拉菜单：“修改”→“打断”。

启动命令后，命令行提示如下：

命令：_break 选择对象：（用拾取框选择需要打断的对象，拾取框的拾取位置为第一个打断点。之后拾取框变为十字光标）

指定第二个打断点或[第一点(F)]：

各选项含义如下：

● 指定第二个打断点：为默认选项。移动十字光标选择第二个打断点，所选对象在拾取点和第二点之间的部分被切除。第二点可选在对象上，也可选在对象外。

● 第一点（F）：选择该选项后，拾取框的拾取位置不作为第一个打断点，用户在命令行提示下重新选择第一点和第二点。若结合对象捕捉，可精确切除对象的局部。

山人指路

打断模式下，若所选的第二点与第一点重合，则相当于打断于点模式。

3.1.14 合并（JOIN）

该命令用于将多个同类对象合并为一个对象。如将位于同一直线方向上的多条直线段（无论是否首尾相连）合并为一条直线段；将圆心重合、半径相等的多个圆弧合并为一段圆弧或圆；将与多段线相接的直线、圆弧或其他多段线合并为一条多段线。

执行过程中需先选择源对象，再选择其他被合并的对象。命令的调用方式如下：

➢ 命令行：J↙。

➢ 工具栏：单击“修改”工具栏上的按钮。

➢ 下拉菜单：“修改”→“合并”。

启动命令后，对不同的源对象会有不同的命令行提示。下面以一条多段线为源对象，合并首尾相连的一段圆弧和一条直线段为例，介绍命令行提示与操作过程。

例题3-4 如图 3-13a 所示，直线、圆弧和一定线宽的多段线首尾相连，要求以多段线为源对象，将三者合并为一个对象。

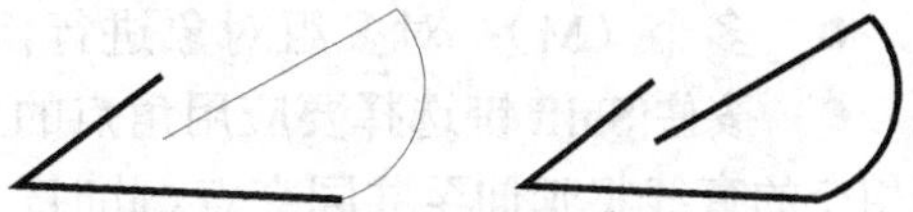

图 3-13 合并命令操作示例

操作步骤如下：

启动合并命令后，命令行提示如下：

命令：_join 选择源对象：（拾取框拾取多段线）

选择要合并到源的对象：指定对角点：找到 2 个（以拾取框或虚线窗口方式选取圆弧与直线）

选择要合并到源的对象：（选择完毕，单击右键确认。随即 3 个对象合并，线宽统一，操作完成，如图 3-13b 所示）

2 条线段已添加到多段线（命令行提示合并结果的相关信息）

3.1.15 倒角（CHAMFER）

该命令可将两个非平行（可以不相交）的线型以倒角方式连接。这些对象可以是直线、构造线或多段线等。

执行过程中需先设置两个倒角距离值，再选择倒角对象。命令的调用方式如下：

➢ 命令行：CHA↙。

➢ 工具栏：单击“修改”工具栏上的按钮。

➢ 下拉菜单：“修改”→“倒角”。

启动命令后，命令行提示如下：

命令：_chamfer

（“修剪”模式）当前倒角距离 1=0.0000，距离 2=0.0000

选择第一条直线或[放弃(U)/多段线(P)/距离(D)/角度(A)/修剪(T)/方式(E)/多个(M)]：D↙（命令行输入 D 并确认，一般都要先设置倒角的两个距离值）

指定第一个倒角距离<0.0000>：10↙（输入第一条直线的倒角值，如 10）

指定第二个倒角距离<10.0000>：20↙（输入第二条直线的倒角值，如 20）

选择第一条直线或[放弃(U)/多段线(P)/距离(D)/角度(A)/修剪(T)/方式(E)/多个(M)]：（拾取框拾取第一条直线）

选择第二条直线，或按住 Shift 键选择要应用角点的直线：（拾取框拾取第二条直线，完成操作）

其他各选项含义如下：

- 放弃（U）：放弃上一次操作。
- 多段线（P）：在多段线的每个顶点（不包括端点）处进行倒角操作。
- 角度（A）：用第一条直线的倒角距离和指定角度进行倒角操作。
- 修剪（T）：用于控制倒角后是否删除源对象（实际）交点处的多余线段（图 3-14）。默认选项为删除。

图 3-14　修剪倒角与不修剪倒角操作后的不同结果

- 方式（E）：用于控制倒角的模式是距离（D）还是角度（A）。
- 多个（M）：对多组对象进行倒角操作。
- 按住 Shift 键选择要应用角点的直线：若按住键盘【shift】键再选择第二条直线，两条不相交的直线将延伸至共同交点。此时，已设置的非 0 倒角值不起作用，倒角值均以 0 值取代。

3.1.16　圆角（FILLET）

该命令可将两个对象用给定半径的圆弧平滑地连接。这些对象可以是直线、构造线或多段线等。市政道路设计中常用于道路交叉口转弯圆弧等的绘制与修改。

执行过程中需先设置圆弧的半径值，再选择圆角对象。命令的调用方式如下：

➢ 命令行：F↙。

➢ 工具栏：单击“修改”工具栏上的⌈按钮。

➢ 下拉菜单：“修改”→“圆角”。

启动命令后，命令行提示如下：

命令：_fillet

当前设置：模式=修剪，半径=0.0000

选择第一个对象或[放弃(U)/多段线(P)/半径(R)/修剪(T)/多个(M)]：R↙（输入 R 并确认，一般应先设置圆弧半径值）

指定圆角半径<0.0000>：30（输入半径值，如 30）

选择第一个对象或[放弃(U)/多段线(P)/半径(R)/修剪(T)/多个(M)]：（拾取框拾取第一条直线）

选择第二个对象，或按住 Shift 键选择要应用角点的对象：（拾取框拾取第二条直线，完成操作）

其他各选项含义与倒角（CHAMFER）类似。

山人指路

1. 设定圆弧半径为 0 时，两条不相交的对象将延伸至共同交点。
2. 两条平行线进行圆角操作时，圆弧半径自动为平行线距离的一半。

3.1.17 分解（EXPLODE）

该命令俗称为“炸开”，可将块、关联尺寸、填充图案和多段线等对象分解为独立的组成成分，以方便分别对各部分进行编辑与修改操作。命令的调用方式如下：

➢ 命令行：X↙。

➢ 工具栏：单击“修改”工具栏上的按钮。

➢ 下拉菜单：“修改”→“分解”。

启动命令后，命令行提示如下：

命令：_explode

选择对象：找到 1 个（选择需要分解的对象。当前已选择 1 个对象）

选择对象：（可继续选择对象，若选择完毕则单击右键确认以完成操作）

山人指路

1．线宽不为 0 的多段线，被分解后其线宽将变为 0；矩形分解后变为四条独立的直线段；多行文字分解后变为单行文字，单行文字不可被分解。

2．多重嵌套定义的图块或集合体，需要多次分解后才能还原为独立对象。

3.1.18 编辑多段线（PEDIT）

该命令主要用于修改多段线，可进行多段线的闭合、合并和线宽设置等。当选择的圆弧或直线不是多段线时，提示进行转换，以方便这些对象合并到多段线中。命令的调用方式如下：

➢ 工具栏：单击“修改Ⅱ”工具栏上的按钮。

➢ 下拉菜单：“修改”→“对象”→“多段线”。

启动命令后，命令行提示如下：

命令：_pedit 选择多段线或[多条(M)]：（选择要编辑的多段线）

根据命令行提示，有两种选择方式：选择一条多段线或多条多段线。

（1）选择多段线：选择一条多段线，选择后命令行继续提示：

选定的对象不是多段线

是否将其转换为多段线?<Y>（所选对象不是多段线时，提示转换为多段线；单击右键确认进行转换）

输入选项[闭合(C)/合并(J)/宽度(W)/编辑顶点(E)/拟合(F)/样条曲线(S)/非曲线化(D)/线型生成(L)/放弃(U)]：（当所选对象为多段线时，直接出现该行提示）

各选项含义如下：

● 闭合（C）：用于闭合多段线（仅由一条直线组成的多段线除外）。执行该选项后，命令行提示如下：

输入选项[打开(O)/合并(J)/宽度(W)/编辑顶点(E)/拟合(F)/样条曲线(S)/非曲线化(D)/线型生成(L)/放弃(U)]：

该提示仅把选项“闭合（C）”换成了“打开（O）”。若执行“打开（O）”选项，则可把刚闭合的多段线重新打开，恢复到闭合前的状态。命令行提示中的选项“打开（O）”换成“闭合（C）”。

● 合并（J）：将首尾相连的直线、圆弧或多段线等，与选定的非闭合多段线合并成一条多段线。执行该选项后，命令行提示如下：

选择对象：指定对角点：找到 5 个（以拾取框或虚线窗口方式选取对象，包括已选定的多段线共 5 个对象）

选择对象：（可继续选择对象，若选择完毕则单击右键确认以完成操作）

4条线段已添加到多段线（命令行给出提示信息；若操作已完成则再次单击右键确认，退出命令。）

● 宽度（W）：设置所选多段线的新线宽。输入新的线宽数值，单击右键确认即可。

● 编辑顶点（E）：用于多段线顶点的切换、选择与编辑。执行该选项后，命令行提示如下：

输入顶点编辑选项[下一个(N)/上一个(P)/打断(B)/插入(I)/移动(M)/重生成(R)/拉直(S)/切向(T)/宽度(W)/退出(X)]<N>：

此时，在多段线的第一个顶点处显示"×"标记。提示中各选项含义如下：

■ 下一个（N）、上一个（P）：用于切换并选择顶点，"×"标记也会同步切换位置。连续输入N并确认，或连续单击右键可不停地切换至下一个顶点。输入P并确认，可切换至上一个顶点；之后单击右键可继续切换至上一个顶点。切换后的顶点将作为打断的起始点。

■ 打断（B）：用于打断多段线，与P58/打断（BREAK）命令功能相似。执行该选项后，命令行提示如下：

输入选项[下一个(N)/上一个(P)/执行(G)/退出(X)]<N>：（选择下一个顶点，以执行打断操作）

选择下一个顶点后，再选择"执行（G）"选项，该顶点与起始顶点之间的多段线部分将被切除，多段线被分割为独立的两部分，并返回编辑顶点模式。若起始顶点与第二个顶点重合，则多段线在该点被打断。

■ 插入（I）：在标记顶点后面插入新顶点，并在这两个顶点间生成一条新的多段线。新的多段线与原来的多段线仍是一个整体。执行该选项后，命令行提示如下：

指定新顶点的位置：（在绘图窗口合适位置单击左键，以指定新顶点位置）

■ 移动（M）：改变标记顶点的位置，与"夹点编辑"的拉伸功能相似（详见P67/3.2.1节"夹点编辑操作"）。执行该选项后，命令行提示如下：

指定标记顶点的新位置：（在绘图窗口合适位置单击左键，以指定标记顶点的新位置）

■ 重生成（R）：刷新以重生成多段线，但不刷新整个图形，类似于下拉菜单："视图"→"重生成"选项（该命令用于刷新整个图形）。

■ 拉直（S）：拉直位于两选定顶点之间的多条直线段，并以一条直线段替代。执行该选项后，以当前编辑的顶点为替代直线的第一个端点，命令行提示如下：

输入选项[下一个(N)/上一个(P)/执行(G)/退出(X)]<N>：（选择下一个顶点，以执行拉直操作）

选择"下一个（N）"或"上一个（P）"选项确定替代直线的第二个端点，再选择"执行（G）"选项，即可完成拉直操作。

■ 切向（T）：改变当前编辑标记顶点的切线方向，在曲线拟合时使用。

■ 宽度（W）：设置标记顶点后的那一条直线段的宽度。可以分别设置起点宽度和终点宽度，操作方式与多段线线宽设置相同。

■ 退出（X）：退出顶点编辑状态，返回命令主提示。

● 拟合（F）、样条曲线（S）：分别用双圆弧曲线、样条曲线拟合多段线。

● 非曲线化（D）：对样条曲线进行反拟合操作。

● 线型生成（L）：控制非连续线型多段线在各顶点处的画线方式。

● 放弃（U）：放弃上一次操作。

（2）多条（M）：同时编辑多条多段线。执行该选项后，命令行提示如下：

选择对象：（选择要编辑的多条多段线，选择完毕后单击右键确认）

输入选项[闭合(C)/打开(O)/合并(J)/宽度(W)/拟合(F)/样条曲线(S)/非曲线化(D)/线型生成(L)/放弃(U)]：

提示中的各选项，除“合并（J）”外，其余的均与前述同名选项功能相同。“合并（J）”选项可以将几条首尾不相连的多段线合并为一条多段线。执行该选项后，命令行提示如下：

合并类型=延伸（当前合并类型为“延伸”）

输入模糊距离或[合并类型(J)]<0.0000>：（输入一个模糊距离值，或选择合并类型）

各选项含义如下：

- 输入模糊距离：该距离值是一个大于所有端点距离总和的模糊值，应足够大，能包含欲合并的所有端点。
- 合并类型（J）：确定合并类型。执行该选项后，命令行提示如下：

输入合并类型[延伸(E)/添加(A)/两者都(B)]<延伸>：

■ 延伸（E）：以延伸或修剪方式连接端点相近的多段线。

■ 添加（A）：用一条新的直线连接相近的两个多段线端点。

■ 两者都（B）：优先以延伸方式连接相近的两个多段线端点，否则按添加方式连接。

山人指路

1. 编辑多段线（PEDIT）命令适用于直线、圆弧、多段线、矩形和正多边形等对象的编辑修改。

2. 市政工程设计中，常利用主提示下的“合并（J）”选项来生成闭合多段线，以方便范围线的选择与编辑。如规划范围线、设计范围线、雨污水汇水范围线、道路平面图中的中心线和道路纵断面图中的设计路面线等的编辑。

3.1.19 图案填充编辑（HATCHEDIT）

该命令用于已填充图案的编辑，如修改图案的类型、填充角度与比例、孤岛检测样式等各种属性。命令的调用方式如下：

➢ 工具栏：单击“修改Ⅱ”工具栏上的按钮。

➢ 下拉菜单：“修改”→“对象”→“图案填充”。

➢ 命令行：HE↙。

启动命令后，命令行提示如下：

命令：**_hatchedit**

选择图案填充对象：（拾取框拾取需要编辑的填充图案）

之后激活“图案填充编辑”对话框。该对话框的内容与操作方法与“图案填充和渐变色”对话框相同[详见 P33/图 2-8“图案填充和渐变色”对话框（“图案填充”选项卡）]。

山人指路

用十字光标双击已填充的图案，即可激活图案填充编辑（HATCHEDIT）命令。这是启动该命令的最快捷方式。

3.1.20 特性匹配（MATCHPROP）

该命令可以把源对象的指定特性复制到所选对象，还可以复制标注样式、文字样式和填充图案及其特性等。其功能与 Office 中的“格式刷”相似。命令的调用方式如下：

➢ 工具栏：单击“标准”工具栏上的按钮。

➢ 命令行：MA↙。

➢ 下拉菜单：“修改”→“特性匹配”。

启动命令后，命令行提示如下：

命令：_matchprop

选择源对象：（拾取框拾取源对象。之后拾取框右下角出现“格式刷”符号，表示源对象选择完毕）

当前活动设置：颜色 图层 线型 线型比例 线宽 厚度 打印样式 文字 标注 填充图案 多段线 视口 表格（自动显示特性匹配的当前设置情况）

选择目标对象或[设置(S)]：（以拾取框或窗口方式选择目标对象，或进入设置选项）

各选项含义如下：

● 选择目标对象：通过拾取框逐个拾取目标对象，或用窗口方式一次性选择多个目标对象，将源对象的指定特性复制到所选对象。

● 设置（S）：用于设置被复制的源对象的特性类别。执行该选项后，将激活“特性设置”对话框（图 3-15）。

该对话框主要包括“基本特性”和“特殊特性”两个选项组。

“基本特性”选项组的七项特性可在不同类型的对象之间复制，如源对象为圆，目标对象为直线或矩形。在对象的图层特性管理时使用较多（详见 P126/6.3.4 节“图层管理命令与图层设置”）。图 3-16a 所示为一个线宽为 0.7 的虚线椭圆和一个线宽为 0 的实线矩形，复制虚线椭圆的相关特性至实线矩形，最终矩形的线宽和线型都发生了改变（图 3-16b）。

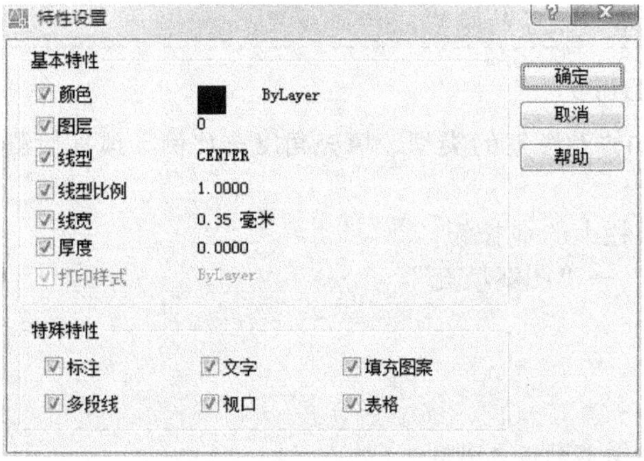

图 3-15 “特性设置”对话框

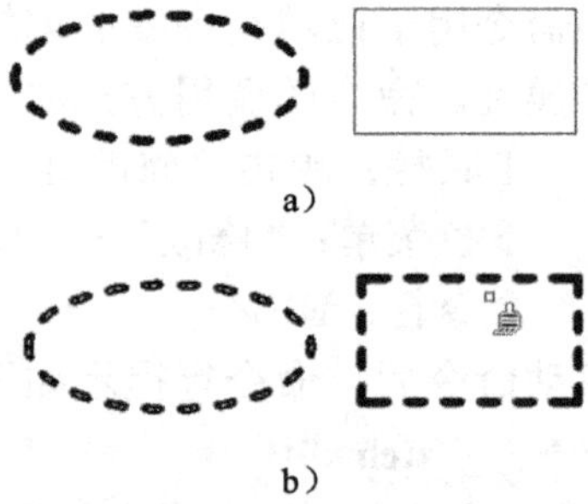

图 3-16 特性匹配操作示例

“特殊特性”选项组的六项特性只能在同类型的对象之间复制，如标注样式的特性只能复制给别的尺寸标注，图案填充的相关特性只能复制给别的填充图案。

在对话框中勾选所需的特性后，单击“确定”按钮退出，返回上一个命令行提示。可继续选取目标对象，进行相应的特性复制。操作完成后，单击右键确认退出。

3.1.21 对象特性（PROPERTIES）

该命令可用于查看和修改图形对象的特性与参数，几乎适用于所有类型的对象。

命令的调用方式如下：

➢ 工具栏：单击“标准”工具栏上的按钮。
➢ 键盘快捷键：【Ctrl+1】。
➢ 命令行：PR↙。
➢ 下拉菜单：“修改”→“特性”。

之后激活“特性”窗口（图 3-17）。可根据需要调整该窗口的位置和大小。右上角的✖按钮用于关闭窗口。

山人指路

1. 用十字光标双击目标对象（文字、图案填充、块和外部参照等除外），可激活“特性”窗口。

2. 查看对象的特性时，可先激活“特性”窗口再选择对象，也可以先选择对象再激活“特性”窗口。

3. “特性”窗口可保持打开状态，方便随时查看对象特性。

4. 右键单击“特性”窗口的蓝底标题栏，从弹出的快捷菜单中可以设置窗口是否“自动隐藏”和“允许固定”等状态。

用户可在该窗口中查看所选对象的特性。未选择对象时，左上角的下拉列表框提示“无选择”，窗口显示整个图形的特性；选择单个对象时，左上角的下拉列表框提示对象类型，如“直线”（图 3-17），窗口显示该对象的全部特性；选择多个对象时，左上角的下拉列表框提示“全部（对象总个数）”，窗口显示对象的共同特性。

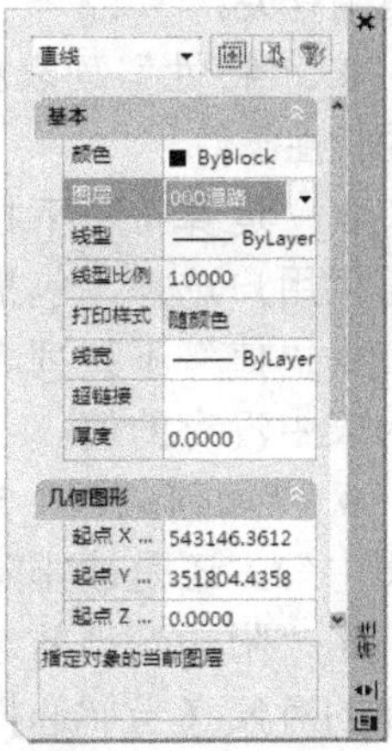

图 3-17 “特性”窗口

当需要修改所选对象的某项特性时，可在“特性”窗口中单击选中相应特性值，然后在编辑框中输入新值，或单击右侧的▾按钮并从弹出的下拉列表中选择合适的新值。

图 3-18a 所示为属性修改前的实线圆。选中该圆，在“特性”窗口中的“线型”下拉列表中选择“ACAD_ISO03W100”线型（图 3-18c），实线圆即被修改成虚线圆（图 3-18b）。

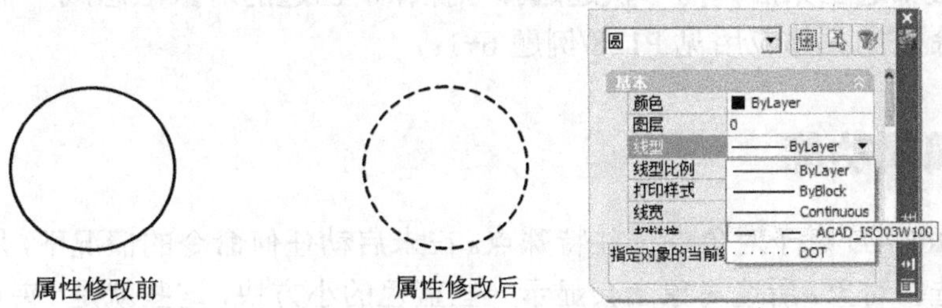

属性修改前　　属性修改后

a）　　b）　　c）

图 3-18 对象特性修改示例

“特性”窗口右上方有三个按钮，分别介绍如下：

1．“切换 PICKADD 系统变量的值”按钮 用于控制后续选择的对象是添加还是替换当前已选对象。按钮图标表示“添加”，图标表示“替换”。

2.**“选择对象”按钮** 单击该按钮，返回绘图窗口继续选择需要查看或编辑的对象。

3.**“快速选择”按钮** 单击该按钮，返回绘图窗口进行指定条件下的筛选操作。该命令主要为下一步操作提供一组选择集，该选择集只能使用一次。它以对象共同的类型或特性为筛选条件，对指定范围内的对象进行筛选。单击该按钮，将激活“快速选择”对话框（图 3-19）。

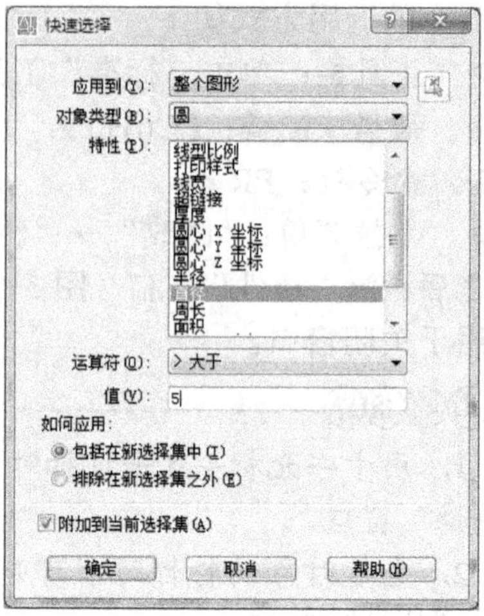

图 3-19 “快速选择”对话框

对话框中的各选项功能如下：

● “应用到”下拉列表：用于确定筛选条件的应用范围。“整个图形”表示在整个图形范围内进行筛选。用户也可以单击右上角的“选择对象”按钮，返回绘图窗口直接选择筛选范围。选择完毕后单击右键确认，返回对话框。此时，下拉列表自动显示为“当前选择”。

● “对象类型”下拉列表：用于确定筛选的对象类型。对象类型显示的种类与确定的筛选范围有关。

● “特性”列表框：用于确定满足前两个选项条件要求的对象特性。可单击左键选取相应的特性条件。

● “运算符”下拉列表：用于确定“特性”条件的筛选范围。在下拉列表中有多种运算符供用户选择，包括“=等于”“<>不等于”、“>大于”、“<小于”和“全部选择”。

● “值”下拉列表：用于确定满足条件的特性参数值。可以从下拉列表中选择，也可输入表中没有的值。

● “如何应用”选项组：用于确定满足上述筛选条件的对象是被选中（“包括在新选择集中”），还是被排除在外（“排除在新选择集之外”）。

● “附加到当前选择集”复选框：用于确定是否将筛选出的对象附加到当前操作前已选择的对象（当前选择集）中去。

综上所述，图 3-19 的“快速选择”对话框表示：在整个图形范围内筛选出直径大于 5 的圆，这些圆被筛选出来后，与“快速选择”操作前已选的对象汇总成一个新的选择集。

快速选择命令的具体应用见 P128/例题 6-1。

3.2 夹点编辑功能

夹点是 AutoCAD 赋予对象的一些特殊点。在未启动任何命令的情况下，用十字光标拾取或窗口方式选择对象，所选对象上会显示一些蓝色的小方块，这些就是“夹点”（图 3-20）。

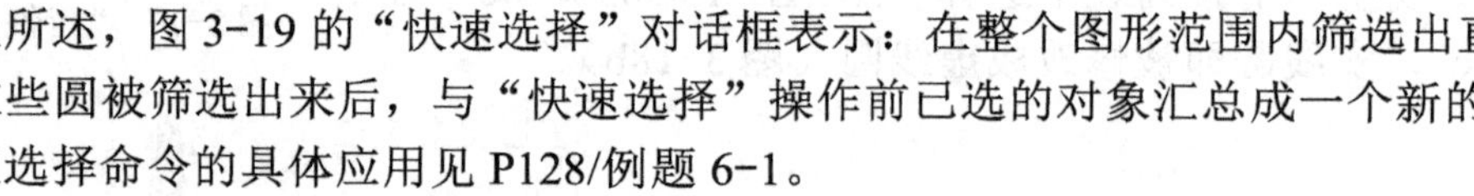
图 3-20 常见对象的夹点位置

夹点标记醒目，显示夹点说明对象已被选中，方便用户判断。此外，某些对象（如尺寸标注）被分解后夹点个数会变化（详见 P99/图 5-2）。

3.2.1 夹点编辑操作

以十字光标⊹选中对象的某些夹点后，夹点颜色会变为红色，此时夹点被激活（称为夹基点），可快速地实现拉伸、移动、旋转、比例缩放或镜像等编辑操作。下面仅对拉伸和移动命令进行简单介绍。

1. 拉伸 选中对象上的某些夹点，移动光标，可实现拉伸操作。若结合对象捕捉命令，可实现拉伸后夹点的精确定位。

直线和圆弧应选中端点处的夹点，圆、椭圆、矩形和正多边形等应选中对象轮廓上的夹点。其中，圆被拉伸后半径会变化，相当于进行了缩放。

2. 移动 直线中点处的夹点、圆弧类（圆、圆弧和椭圆等）对象圆心处的夹点被选中后，移动光标，可实现对象的移动操作。若结合对象捕捉命令，可实现移动后夹点的精确定位。

3.2.2 夹点设置

激活“选项”对话框（激活方法见 P15/1.9.1 节“界面选项的设置”），切换至“选择”选项卡（图 3-21）。在此可以对夹点的标记大小与颜色、是否启用夹点等进行设置。

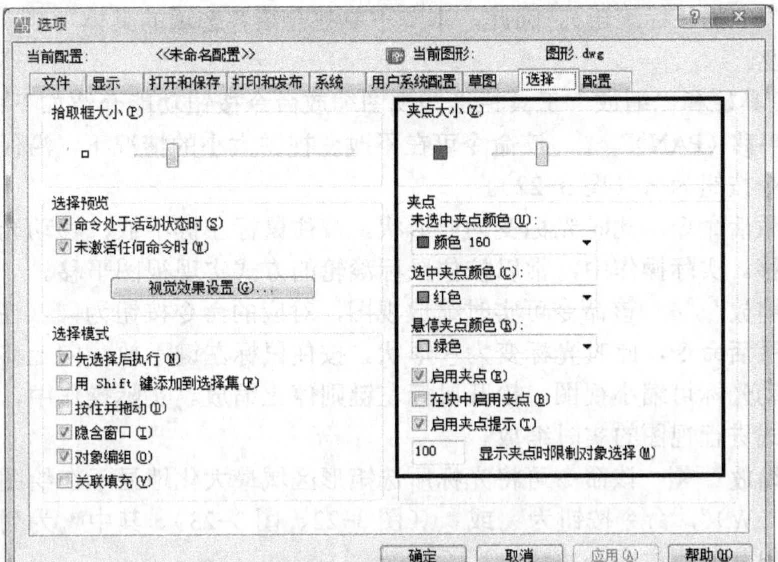

图 3-21 “选项”对话框（“选择”选项卡）

3.3 视图缩放与图形显示命令

由于显示器尺寸有限，用户需要频繁地进行缩放操作，以便准确地查找对象、清晰地查看细部、精确地绘制和编辑修改对象。此外，某些命令连续执行后不能立即显现结果，还需要进行刷新操作。

3.3.1 视图缩放相关命令

数码相机可以通过调节变焦杆以调整取景框中景物的大小。视图缩放（ZOOM）的功能即相当于变焦杆。命令的调用方式如下：

➢ 命令行：Z↙。

➢ 工具栏：单击“标准”工具栏上的相应按钮（图 3-22）。

图 3-22 “标准”工具栏上的默认缩放按钮

➢ 工具栏：单击“缩放”工具栏上的相应按钮（图 3-23）。

图 3-23 “缩放”工具栏

➢ 下拉菜单：“视图”→“缩放”→选择相应选项。

启动命令后，命令行提示如下：

命令：'_zoom

指定窗口的角点，输入比例因子(nX 或 nXP)，或者[全部(A)/中心(C)/动态(D)/范围(E)/上一个(P)/比例(S)/窗口(W)/对象(O)]<实时>：

默认选项为“指定窗口的角点”，即指定一个矩形窗口的两个角点，以确定窗口缩放的范围。相当于窗口缩放命令（按钮）。

市政工程设计实际绘图过程中，鼠标滚轮能替代常用的一些视图缩放命令（详见 P6/1.3 节“鼠标操作”中的鼠标滚轮）。因此，本节不单独介绍各选项的具体功能，仅在介绍命令按钮时顺带提及。

“标准”工具栏和“缩放”工具栏上的视图缩放命令按钮功能介绍如下：

1.**“实时平移（PAN）”** 该命令可在不改变视图大小的情况下，沿任意方向平移图形，对应的命令按钮为（图 3-22）。

单击按钮激活命令，此时光标变为形状。按住鼠标左键不放，移动光标，即可实现视图的实时平移。实际操作中，常以按住鼠标滚轮的方式实现视图平移。

2.**“实时缩放”** 该命令可实时缩放视图，对应的命令按钮为（图 3-22）。

单击按钮激活命令，此时光标变为形状。按住鼠标左键不放，向上移动光标可放大视图，向下移动光标可缩小视图。松开鼠标左键则停止缩放。实际操作中，常以前后拨动鼠标滚轮的方式进行视图的实时缩放。

3.**“窗口缩放”** 该命令可将光标所选矩形区域最大化地显示在绘图窗口。对应的选项为“窗口（W）”，命令按钮为或（图 3-22、图 3-23）。其中为列表按钮，长按该按钮，可弹出其他缩放命令按钮。

单击按钮激活命令，用鼠标左键框选出一个矩形区域，AutoCAD 自动将该区域最大化地显示在绘图窗口。实际操作中，可先移动十字光标至需要缩放的对象上方，再拨动鼠标滚轮进行视图缩放。

4.**“缩放上一个”** 该命令可恢复到前一个视图，但不会恢复其他命令（如绘图、编辑、图层设置等）的操作。对应的选项为“上一个（P）”，命令按钮为（图 3-22）。

单击按钮激活命令，即可恢复到前一个视图。例如，需要在图形细部绘制一条直线，先放大细部并绘制直线，再单击命令按钮即可将视图恢复到直线绘制之前的状态，但此时直线已经存在。

5. **“动态缩放”** 该命令可在临时显示全图范围的基础上，确定新视图的位置与大小。对应的选项为“动态（D）”，命令按钮为（图 3-23）。

单击按钮激活命令，视图临时缩放至全图范围，同时出现一个蓝底的虚线框和一个中心带“×”的实线框。其中虚线框不可移动，实线框可移动。实线框是缩放的“窗口”，单击左键并移动光标可调整“窗口”的大小，调整完毕后单击左键确认。移动该“窗口”至对象上方，单击右键确认即可缩放该“窗口”范围内的图形对象。

6. **“比例缩放”** 该命令可按指定比例缩放视图。对应的选项为“比例（S）”，命令按钮为（图 3-23）。

单击按钮激活命令，在命令行输入比例值并确认，即可实现比例缩放。

比例值为数值（如 2 或 0.5）时，表示相对于图形界限缩放。

比例值为“数值 X”形式（如 2X 或 0.5X）时，表示相对于当前视图（绘图窗口）缩放。如使用“放大”按钮（图 3-23），单击一次相当于 2X；使用“缩小”按钮（图 3-23），单击一次相当于 0.5X。

比例值为“数值 XP”形式（如 2XP 或 0.5XP）时，表示相对于图纸空间缩放。可用于图纸空间的视口比例设置（相关内容见 P180/11.2.2 节“打印比例与视口比例”）。

7. **“中心缩放”** 该命令以指定的点为缩放中心，进行指定比例的缩放。对应的选项为“中心（C）”，命令按钮为（图 3-23）。

单击按钮激活命令，在绘图窗口单击左键指定缩放中心点，然后在命令行输入比例值并确认即可实现中心缩放。

8. **“缩放对象”** 该命令可将所选对象最大化地显示在绘图窗口。对应的选项为“对象（O）”，命令按钮为（图 3-23）。

单击按钮激活命令，以拾取框或窗口方式选择一个或多个对象，单击右键确认即可。

9. **“全部缩放”** 该命令可将图形以图形界限（LIMITS）命令设置的范围显示。当有对象超出界限时，则显示全图。对应的选项为“全部（A）”，命令按钮为（图 3-23）。

单击按钮激活命令，AutoCAD 自动将图形缩放至图形界限范围。

10. **“范围缩放”** 该命令可尽量大地显示全图。对应的选项为“范围（E）”，命令按钮为（图 3-23）。

单击按钮激活命令，AutoCAD 自动将全图尽量大地显示在绘图窗口。实际操作中，常通过双击鼠标滚轮实现范围缩放。

山人指路

1. 拨动鼠标滚轮进行视图缩放，是以十字光标所在位置为缩放中心。因此，实际操作中，应先移动十字光标至需要缩放的对象上方。

2. 用户可将“缩放”工具栏上的常用缩放命令按钮自定义到“标准”工具栏上，与默认的四个缩放相关命令按钮排列在一起（具体操作见 P18/1.9.3 节“自定义工具栏”）。

3.3.2 重生成图形（REGEN）

该命令可使系统从磁盘中调用当前图形的数据并刷新屏幕显示，以便准确地显示图形数据。例如，长时间连续使用某个命令编辑图形，但图形看上去似乎未发生任何变化，就可以考虑使用该命令刷新屏幕显示。此外，有时候圆会显示为正多边形，通过该命令也可以将其刷新为正常光滑的圆。命令的调用方式如下：

- 下拉菜单：“视图”→“重生成”。
- 命令行：RE↙。

3.3.3 显示分辨率设置（VIEWRES）

该命令用于设置圆和圆弧等曲线在绘图窗口显示时的平滑程度，详见P16/图1-17“显示”选项卡中的“显示精度”选项组设置。

3.4 对象信息查询

对象信息查询相关命令能提供对象相关的数据信息、属性等，帮助用户顺利进行绘图、编辑等操作。

常用对象信息查询命令主要包括对象特性命令[详见P64/3.1.21节“对象特性（PROPERTIES）”]和“查询”工具栏上的相关命令按钮（图3-24）。

图3-24 “查询”工具栏

通过“查询”工具栏命令查询出的对象信息可在命令窗口或文本窗口（【F2】）中查看。这两个窗口可用键盘快捷键【F2】切换。下面对“查询”工具栏的相关命令按钮进行介绍。

3.4.1 距离（DIST）

该命令可以查询指定两点间的距离与倾斜角度。命令的调用方式如下：

- 工具栏：单击“查询”工具栏上的按钮。
- 命令行：DI↙。
- 下拉菜单：“工具”→“查询”→“距离”。

启动命令后，命令行提示如下：

```
命令：'_dist
指定第一点：（指定距离查询的第一个点）
指定第二点：（指定距离查询的第二个点）
距离=4475.3871，XY平面中的倾角=78.93，与XY平面的夹角=0.00
X增量=859.3060，Y增量=4392.1160，Z增量=0.0000（在命令窗口显示查询结果）
```

山人指路

“贱人工具箱”的“长度”查询命令，通过拾取框或窗口方式选择对象并进行距离查询，且能查询多个对象的总长度，操作上更为快捷。详见P124/6.2.2节“贱人工具箱”。

3.4.2 面积（AREA）

该命令用于查询区域的面积与周长，还可以进行面积的加减运算。这些区域可以是封闭的，也可以是不封闭的。命令的调用方式如下：

- 工具栏：单击“查询”工具栏上的按钮。
- 命令行：AA↙。

➢ 下拉菜单："工具"→"查询"→"面积"。

启动命令后，命令行提示如下：

命令：_area

指定第一个角点或[对象(O)/加(A)/减(S)]：

各选项含义如下：

● 指定第一个角点：为默认选项，用于查询由指定角点围成的区域的面积与周长。角点至少要有3个。若指定区域不封闭，AutoCAD默认以虚拟直线将第一个角点与最后一个角点连接以闭合区域，并计算所围区域的面积和周长（包括虚拟直线长度）。指定第一个角点后，命令行提示：

指定下一个角点或按ENTER键全选：（指定下一个角点）

……（至少共指定3个角点，选择完毕后单击右键或回车键确认）

面积=2997888.5681，周长=7471.5068（显示区域的面积与周长）

● 对象（O）：该选项用于查询所选对象的面积与周长。这些对象可以是圆、椭圆、矩形和正多边形等封闭体，也可以是由多段线绘制的封闭体，还可以是不封闭的多段线。当对象未封闭时，AutoCAD默认以虚拟直线将首尾两个端点连接以闭合区域，并计算所围区域的面积和周长（不包括虚拟直线长度）。有宽度的多段线按中线计算面积与周长。例如，执行该选项后，所选对象为不闭合的多段线时，命令行提示如下：

选择对象：（拾取框拾取对象）

面积=10705471.8027，长度=10217.1992（显示对象的面积与周长）

面积计算中忽略多段线的宽度。（对象为多段线时显示该信息）

山人指路

"贱人工具箱"的"面积"查询命令，通过拾取框或窗口方式选择对象（直线、圆弧组成的封闭体除外）并进行面积查询，操作上更为快捷。详见P124/6.2.2节"贱人工具箱"。

● 加（A）：以累加求和的方式计算多个区域的总面积。用户可通过指定角点或对象的方式选择计算的区域。例如，执行该选项后，分别以指定角点和指定对象的方式选择两个区域并查询面积时，命令行提示如下：

指定第一个角点或[对象(O)/减(S)]：

指定下一个角点或按ENTER键全选("加"模式)：（指定下一个角点）

……（至少共指定3个角点，选择完毕后单击右键或回车键确认）

面积=1262143.5009，周长=4603.6141（显示第一个区域的面积与周长）

总面积=1262143.5009（显示总面积）

指定第一个角点或[对象(O)/减(S)]：O↙

("加"模式)选择对象：（拾取框拾取对象）

面积=6243004.2280，周长=10099.2476（显示第二个区域的面积与周长）

总面积=7505147.7289（显示总面积）

● 减（S）：以累减的方式计算多个区域的总面积。通常与选项“加（A）”联用，以计算两个区域的面积差值。其操作思路为：先用“加（A）”选项查询第一个区域的面积，再以“减（S）”选项查询第二个区域的面积，AutoCAD 自动计算面积差值。

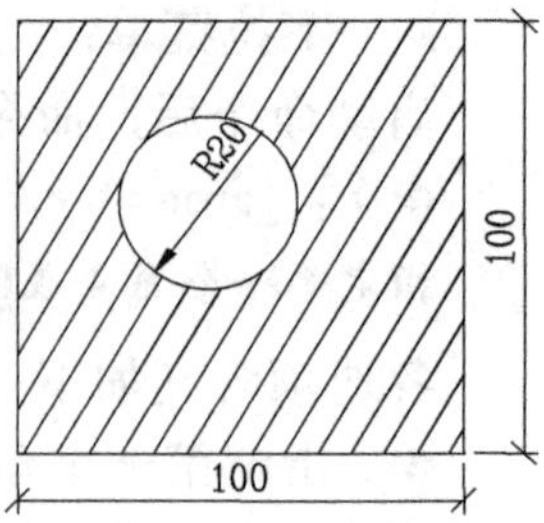

图 3-25　面积查询示例

例题3-5 如图 3-25 所示，已知一个边长为 100 的正方形及其内部半径为 20 的圆，用面积查询命令查询图中阴影线部分面积。

操作步骤如下：

启动面积查询命令后，命令行提示如下：

命令：_area
指定第一个角点或[对象(O)/加(A)/减(S)]：A↙[选择“加（A）”选项]
指定第一个角点或[对象(O)/减(S)]：O↙[选择“对象（O）”选项]
(“加”模式)选择对象：（拾取框选择正方形）
面积=10000.0000，周长=400.0000（显示正方形的面积与周长）
总面积=10000.0000（显示总面积）
(“加”模式)选择对象：（单击右键退出“加”模式）
指定第一个角点或[对象(O)/减(S)]：S↙[选择“减（S）”选项]
指定第一个角点或[对象(O)/加(A)]：O↙[选择“对象（O）”选项]
(“减”模式)选择对象：（拾取框选择圆）
面积=1256.6371，圆周长=125.6637（显示圆的面积与周长）
总面积=8743.3629（显示面积差值，即阴影部分面积）
(“减”模式)选择对象：（按下键盘快捷键【Esc】退出命令，完成操作）

3.4.3　列表（LIST）

该命令以列表形式显示所选对象的特性参数。命令的调用方式如下：

➢ 工具栏：单击“查询”工具栏上的按钮。
➢ 命令行：LI↙。
➢ 下拉菜单：“工具”→“查询”→“列表显示”。

启动命令后，以拾取框或窗口方式选择对象并确认，AutoCAD 自动切换到文本窗口。所选对象的特性参数即列表显示在文本窗口中。

该命令允许以窗口选择的方式同时查询多个对象的信息。图 3-26 为窗口方式同时选择直线、圆和矩形后，文本窗口列表显示的对象信息。

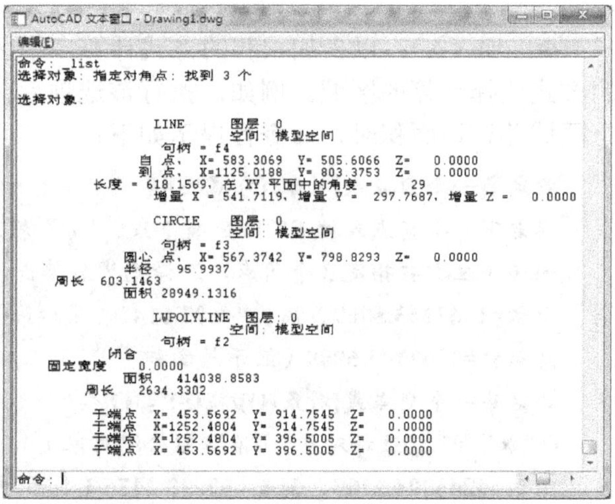

图 3-26　列表命令的文本窗口

3.4.4　点坐标（ID）

该命令用于查询当前坐标系下所选

点的绝对坐标值，可结合对象捕捉命令使用。命令的调用方式如下：

➢ 工具栏：单击“查询”工具栏上的按钮。

➢ 命令行：ID↙。

➢ 下拉菜单：“工具”→“查询”→“点坐标”。

启动命令后，命令行提示如下：

命令：'_id

指定点：X=559118.5561　Y=348512.8305　Z=0.0000（指定一个点位后，命令窗口即显示该点坐标值）

作　业

1. 单选题

（1）在 AutoCAD 2006 中，使用交叉窗口选择对象时，所产生选择集（　　）。

A. 仅为窗口内部的对象

B. 仅为与窗口相交的对象（不包括窗口内部的对象）

C. 同时与窗口四边相交的对象加上窗口内部的对象

D. 以上都不对

（2）按比例改变图形实际大小的命令是（　　）。

A. OFFSET　　B. ZOOM　　C. SCALE　　D. STRETCH

（3）使用 STRETCH 命令时，若所选对象均在交叉窗口内，则拉伸对象等同于（　　）命令。

A. EXTEND　　B. LENGTHEN　　C. MOVE　　D. ROTATE

（4）下面（　　）命令可以将直线、圆、多线段等对象作同心复制，且如果对象是闭合的图形，则执行该命令后的对象将被放大或缩小。

A. OFFSET　　B. SCALE　　C. ZOOM　　D. COPY

（5）当用 MIRROR 命令对文本属性进行镜像操作时，要想让文本具有可读性，应将变量 MIRRTEXT 的值设置为（　　）。

A. 0　　B. 1　　C. 2　　D. 3

（6）下列对移动（MOVE）和实时平移（PAN）命令描述正确的是（　　）。

A. 都是移动命令，效果一样

B. 移动（MOVE）速度快，实时平移（PAN）速度慢

C. 移动（MOVE）的对象是视图，实时平移（PAN）的对象是物体

D. 移动（MOVE）的对象是物体，实时平移（PAN）的对象是视图

（7）改变图形实际位置的命令是（　　）。

A. ZOOM　　B. MOVE　　C. PAN　　D. OFFSET

（8）下面（　　）命令可以对两个对象用圆弧进行连接。

A. FILLET　　B. PEDIT　　C. CHAMFER　　D. ARRAY

（9）下列目标选择方式中，（　　）方式可以快速全选绘图区中所有的对象。

A. Esc　　B. BOX　　C. ALL　　D. ZOOM

（10）下面（　　）命令用于把单个或多个对象从它们的当前位置移至新位置，且不改变对象的尺寸和方位。

A．ARRAY　　B．COPY　　C．MOVE　　D．ROTATE

（11）如果想把直线、弧和多线段的端点延长到指定的边界，则应该使用（　　）命令。

A．EXTEND　　B．PEDIT　　C．FILLET　　D．ARRAY

（12）下列命令中将选定对象的特性应用到其他对象的是（　　）。

A．夹点编辑　　B．特性匹配

C．特性　　D．AutoCAD 设计中心

（13）（　　）命令可自动地将包围指定点的最近区域定义为填充边界。

A．BHATCH　　B．BOUNDARY

C．HATCH　　D．PTHATCH

（14）在对圆弧执行拉伸（STRETCH）命令时，在拉伸过程中不改变的是（　　）。

A．弦高　　B．圆弧　　C．圆心位置　　D．终止角度

（15）修剪（TRIM）命令可以修剪很多对象，但下面的（　　）选项不行。

A．圆弧、圆、椭圆弧　　B．直线、开放的二维和三维多段线

C．射线、构造线和样条曲线　　D．多线（MLINE）

（16）下列对象执行偏移（OFFSET）命令后，大小和形状保持不变的是（　　）。

A．椭圆　　B．圆　　C．圆弧　　D．直线

（17）设置夹点大小及颜色是在“选项”对话框中的（　　）选项卡中。

A．“打开和保存”　　B．“系统”

C．“显示”　　D．“选择”

（18）要快速显示整个图形界限范围内的所有图形，可使用（　　）命令。

A．“视图”→“缩放”→“窗口”　　B．“视图”→“缩放”→“动态”

C．“视图”→“缩放”→“范围”　　D．“视图”→“缩放”→“全部”

（19）在命令行中输入 ZOOM 执行缩放命令，相应提示下输入（　　），图形相对于当前视图缩小一半。

A．–0.5NXP　　B．0.5X　　C．2NXP　　D．2X

（20）缩放（ZOOM）命令在执行过程中改变了（　　）。

A．图形的界限范围大小

B．图形的绝对坐标

C．图形在视图中的位置

D．图形在视图（绘图窗口）中显示的大小

（21）下列（　　）命令可以方便地查询指定两点之间的直线距离及该直线与 X 轴的夹角。

A．点坐标　　B．距离　　C．面积　　D．面域

（22）下列（　　）命令可以用来查询所选对象的类型、所属图层空间等特性参数。

A．距离（DIST）　　B．列表（LIST）

C．时间（TIME）　　D．状态（STATUS）

（23）（　　）功能键可以进入文本窗口。

A．【F1】　　B．【F2】　　C．【F3】　　D．【F4】

2．多选题

（1）阵列命令有（　　　）几种复制形式。

A．矩形阵列　　B．环形阵列　　C．三角阵列　　D．样条阵列

（2）图形的复制命令主要包括（　　　）。

A．直接复制　　B．镜像复制　　C．阵列复制　　D．偏移复制

（3）在 AutoCAD 中，可以创建打断的对象有圆、直线、射线和（　　　）对象。

A．圆弧　　B．构造线　　C．样条曲线　　D．多段线

（4）高级复制主要可分为（　　）几类。

A．夹点复制　　B．连续复制

C．粘贴对象　　D．利用剪贴板复制

（5）对以下对象执行拉伸（STRETCH）命令无效的是（　　　）。

A．多段线宽度　　B．矩形　　C．圆　　D．三维对象

（6）执行特性匹配（MATCHPROP）命令可将（　　　）的颜色修改成源对象的颜色。

A．OLE 对象　　B．长方体对象　　C．圆对象　　D．直线对象

（7）编辑多段线命令可适用于多段线的下列（　　　）。

A．样式　　B．倒角

C．倒圆　　D．增加或删除顶点

（8）修改命令包括（　　　）。

A．TRIM　　B．EXTEND　　C．BREAK　　D．CHAMFER

（9）使用圆心（CEN）捕捉类型可以捕捉到以下（　　　）图形的圆心位置。

A．圆　　B．圆弧　　C．椭圆　　D．椭圆弧

（10）夹点编辑模式可分为（　　）。

A．STRETCH 模式　　B．MOVE 模式

C．ROTATE 模式　　D．MIRROR 模式

（11）在命令行中输入（　　　）可以执行列表命令。

A．LI　　B．LIS　　C．LIST　　D．LS

3．上机练习

（1）绘制图 3-27 所示图形（不包括尺寸标注）。线宽为 0.35，线型为 Continuous，正五边形边长为 30，大圆弧半径为 10，小圆弧半径为 5。

提示：用内接于圆法绘制正五边形；分解正五边形，编辑为五角星；用倒圆角命令生成大、小圆弧。

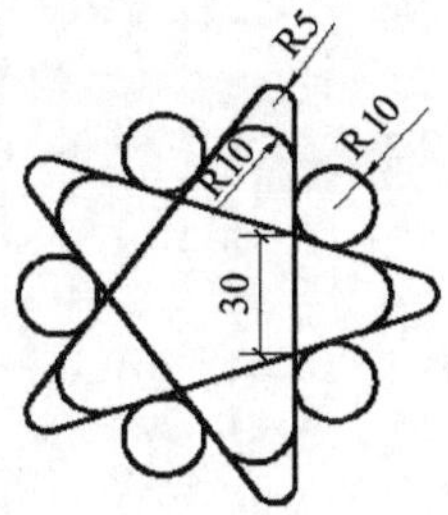

图 3-27　上机练习一

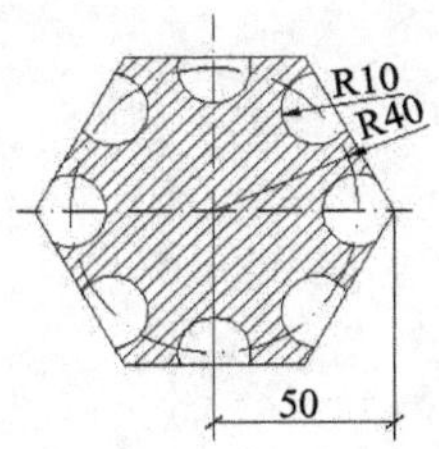

图 3-28　上机练习二

（2）将长度和角度精度设置为小数点后三位，绘制图 3-28 所示图形（不包括尺寸标注），然后求出阴影区域的面积和周长。

提示：用内接于圆法绘制正六边形；用阵列命令排列圆弧；图案填充并以图案为对象量取面积与周长。

（3）完成 P202/附录 C 中的道路标准横断面图的绘制（不包括文字、尺寸标注、行道树和路灯）。

提示：主要用到的编辑命令为偏移、修剪、延伸和镜像等。

（4）绘制图 3-29 所示的立体交叉公路平面图（不包括尺寸标注），尺寸单位为米（m）。

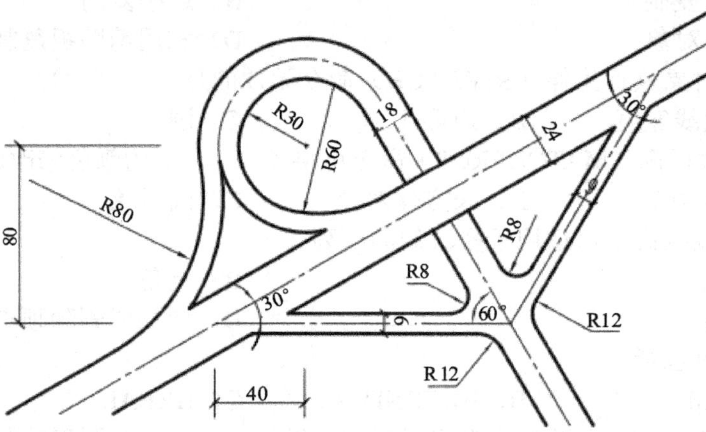

图 3-29　上机练习三

提示：先绘制 R30 的圆；该圆圆心位置结合偏移命令可确定下方 30° 角的角点位置；过该角点作角度为 30° 的直线（24m 道路中心线）；作垂直于该直线且相切于 R30 圆的直线（18m 道路的左下方边线）；以 TTR 命令作相切于 R30 的圆、24m 道路左上边线的 R60 圆；以 TTR 命令作相切于 R48（即 30+18）的圆、24m 道路左上边线的 R80 圆。操作过程用到偏移、剪切、圆角等命令。

第4章 文字与表格

学习要点

知识点

- 基础知识：文字样式创建的操作步骤，常用工程字体组合的设置，文字的编辑、查找和替换。
- 重点知识：字体问题的解决办法、单行与多行文字的添加与编辑、特殊字符的输入和表格样式的设置与创建。

技能要求

- 能结合专业规范要求，正确熟练地设置文字样式。
- 能熟练使用文字和表格命令输入文字、绘制表格。
- 能熟练输入特殊字符，以及进行文字的查找与替换。

工程设计人员最好的语言是图样。在设计阶段，除了运用绘制和编辑修改等命令进行图形表现外，还需要以文字来表达相关信息，以帮助设计者更清楚地表达设计意图。如注释（标高、桩号、管径和尺寸文字等）、说明与材料表、图框标题栏等。文字包括两种：单行文字和多行文字。

与之前版本相比，AutoCAD 2006 的表格功能更为强大，类似于 Word 的表格插入，可以直接进行表格绘制，非常直观与方便。

4.1 文字样式的设置（STYLE）

任何文字都有高度、旋转角度、宽度比例和倾斜角度等多种特性。AutoCAD 默认以当前文字样式的设置参数为新添加文字的特性约束条件。因此，在添加文字之前，要先进行文字样式的设置。命令调用方式如下：

- 工具栏：单击“样式”工具栏上的按钮。
- 工具栏：单击“文字”工具栏上的按钮（图 4-1）。
- 下拉菜单：“格式”→“文字样式”。
- 命令行：ST↙。

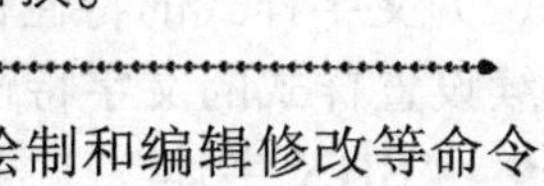

图 4-1 “文字”工具栏

之后激活“文字样式”对话框（图 4-2）。新建 AutoCAD 图形文件的默认样式名为“STANDARD”。

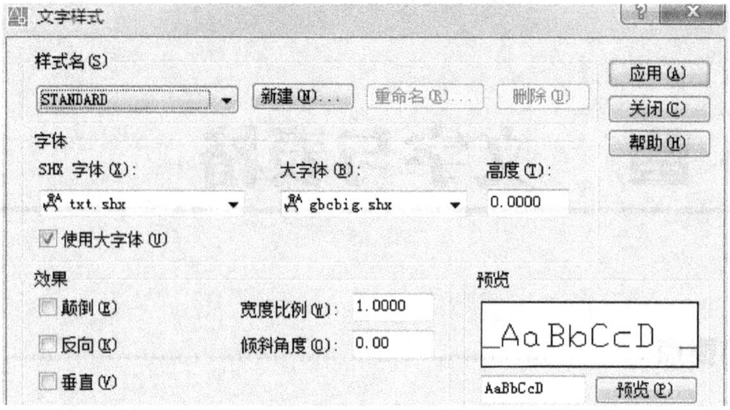

图 4-2 “文字样式”对话框

通过该对话框进行的几种操作及其应用步骤介绍如下：

1. 创建新的文字样式

（1）创建新样式：单击[新建(N)...]按钮，将激活“新建文字样式”对话框（图4-3），用户可输入新样式的名称，单击[确定]按钮返回“文字样式”对话框。样式名可以是英文字母、数字或汉字。需要注意的是，新建样式名不得与已有样式重名，否则无法创建。

图 4-3 “新建文字样式”对话框

（2）文字样式的特性设置：以该样式为当前样式，在“字体”选项组和“效果”选项组继续设置样式的文字特性。

● “SHX 字体”下拉列表：包含了当前 Windows 操作系统和 AutoCAD 2006 已存在的所有字体文件，如 txt、仿宋体、宋体和黑体等，供用户选择。当需要选择带 T 标记的字体（TrueType 字体，即全真字体，所见即所得）时，需取消勾选“使用大字体”复选框。

● “大字体”下拉列表：需勾选“使用大字体”复选框，才能选择带 A 标记的大字体文件。之后，用户可在“大字体”下拉列表选择相应字体，与“SHX 字体”一起组成文字类型特性。

● “高度”文本框：用于设置添加后文字的高度。若取默认值“0”，则字高在添加时指定。若指定一个字高，则所有使用该样式的文字高度被固定。

● “效果”选项组：用于设置文字的书写方向（图 4-4）。

（3）预览效果：文字样式按上述步骤设置完毕后，文字效果自动在“预览”区域显示。用户也可以在底部的“预览”文本框中输入字母、数字或汉字等，然后单击[预览(P)]按钮进行效果预览。

（4）[应用(A)]按钮：用于保存设置完毕的新建文字样式。

（5）[关闭(C)]按钮：用户可以继续创建其他新

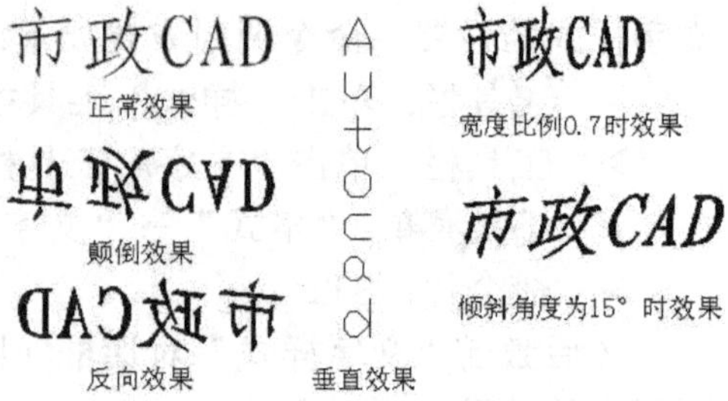

图 4-4 文字效果的不同设置结果

的文字样式并进行相关设置。设置完毕后单击该按钮，关闭对话框，返回绘图窗口。

山人指路

用户也可通过复制（【Ctrl+C】）命令配合粘贴（【Ctrl+V】）命令，从已打开的其他图形文件中复制文字样式为“ljf”的文字，以将文字样式“ljf”添加至当前图形文件。此外，还可以通过设计中心的移植功能实现上述文字样式的添加（具体操作见 P132/6.7.3 节“设计中心的移植功能”）。

2．设置当前文字样式　新文字样式被创建后，AutoCAD 自动将其设置为当前文字样式。用户也可以设置其他已有文字样式为当前文字样式，以便按该样式添加文字。单击“样式名”下拉列表框，在弹出的下拉列表中选择相应的文字样式，单击 关闭(C) 按钮退出即可。

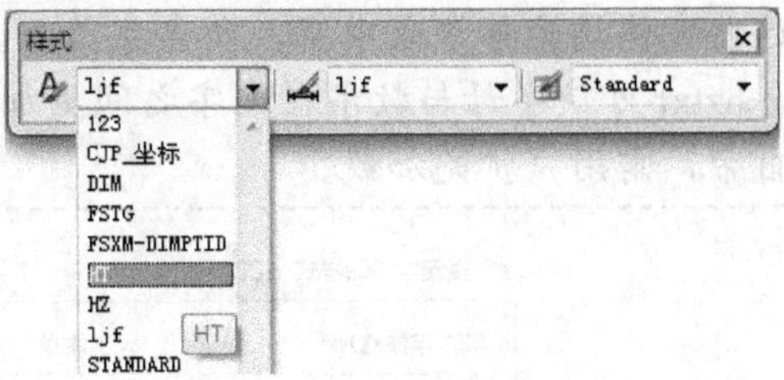

图 4-5　通过“文字样式控制”下拉列表切换当前文字样式

此外，用户也可以通过“样式”工具栏中的“文字样式控制”下拉列表切换当前文字样式（图 4-5）。

3．重命名文字样式　单击“样式名”下拉列表框，在弹出的下拉列表中选择需要重命名的文字样式。单击 重命名(R)... 按钮，在激活的“重命名文字样式”对话框中输入新名称，最后单击 确定 按钮即可。重命名后的样式名不得与已有样式重名，否则重命名操作无效。

4．删除无用的文字样式　单击“样式名”下拉列表框，在弹出的下拉列表中选择需要删除的文字样式，然后单击 删除(D) 按钮，即可将无用的文字样式删除。需要注意的是，默认的 STANDARD 样式和已被使用的文字样式不可删除。此外，也可以通过清理（PURGE）命令或自定义的命令按钮进行无用文字样式的一次性清理（具体操作见 P128/图 6-11“清理”对话框）。

山人指路

1. 打开图形文件时，有时候会弹出“指定字体给样式……”的对话框（图 4-6a），或者图形文件打开后文字出现乱码或问号（图 4-6b）。此时，打开“文字样式”对话框，还会发现“字体”选项组所选字体名称前面没有任何标记符号（图 4-7a、b）。这三种情形都说明用户计算机缺少了原有字体样式设置的字体。在打开其他用户绘制的图形文件时通常会出现此类问题。

2. 当出现乱码或问号的文字不多时，可将正常显示的文字作为源对象，用特性匹配（MATCHPROP）命令匹配不能正常显示的文字，上述问题即可解决。

3. 当出现乱码或问号的文字较多时，用特性匹配（MATCHPROP）命令就会显得比较麻烦。可采用两种解决办法：①在“文字样式”对话框中逐个查看文字“样式名”，将名称前面没有任何标记符号的字体，替换为带标记符号（T 或 A）的字体。依次单击 应用(A) 和 关闭(C) 按钮，AutoCAD 将自动刷新文字。反复调整，直至不出现上述三种情形。②从其他用户或网络收集缺失的字体，以添加“支持文件搜索路径”的方式，扩充

AutoCAD 2006 的字体库（具体操作见 P15/1.9.1 节“界面选项的设置”中的“文件”选项卡相关内容），再重新打开图形文件即可解决问题。

4. 工程设计中常用的实心字体为宋体、仿宋体等汉字。这类字体美观工整，但因为是实心文字，所占字节较大。当文字较多时，会增加图形文件的大小，容易造成文件打开时间延长、图形刷新变慢、实时平移跳跃等问题。当图形较简单、文字不多时可考虑使用。

5. 工程设计常用的非实心字体组合为 romanc+hztxt、romand+hztxt 或 c+hztxt 等。这些字体均为单线或中空，所占字节小，不会大幅增加图形文件大小，推荐使用。其中 c+hztxt 可使字母与数字在汉字之间更加匀称协调地显示。上述字体均非 AutoCAD 默认自带，需用户扩充加载。

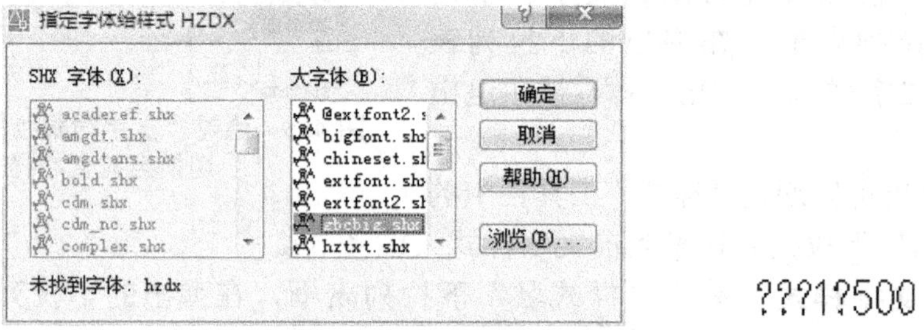

a)　　b)

图 4-6　字体缺失时的情形一、二

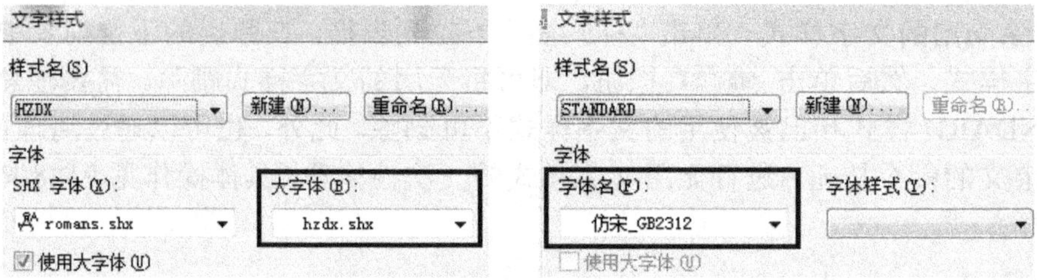

a)　　b)

图 4-7　字体缺失时的情形三

例题 4-1　创建文字样式“ljf”，该样式采用的字体组合为 romanc+hztxt（这两种字体均已扩充加载）。字体高度在文字添加时指定，宽度比例设为 0.8000，其余参数按默认值设置。

操作步骤如下：

第一步：激活“文字样式”对话框。

第二步：新建文字样式“ljf”。 单击 新建(N)... 按钮，在“新建文字样式”对话框中输入样式名“ljf”；单击 确定 按钮返回“文字样式”对话框。此时，“ljf”被自动设置为当前文字样式。

第三步：选择文字样式的字体组成。 勾选“使用大字体”复选框，依次在“SHX 字体”和“大字体”下拉列表中选择字体样式 romanc 与 hztxt（图 4-8）。

第四步：设置宽度比例。 在“效果”选项组的“宽度比例”文本框中输入比例值 0.8000（图 4-8）。文字效果自动在“预览”区域显示。

第五步：依次单击 应用(A) **和** 关闭(C) **按钮，关闭对话框，返回绘图窗口**。当前的文字样式即为“ljf”，此后用户添加的文字均符合该样式的特性。

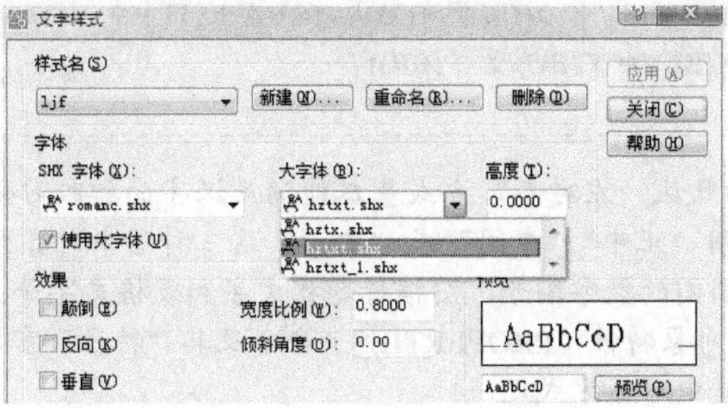

图 4-8　新建文字样式“ljf”及其特性设置

4.2 文字的添加与编辑

4.2.1 单行文字（DTEXT）

该命令用于添加内容简短的文字，如标高、桩号和管径等注释。同一命令下可在多处添加多个单行文字，每个单行文字均为独立对象。命令的调用方式如下：

➢ 工具栏：单击“文字”工具栏上的A按钮。

➢ 命令行：DT↙。

➢ 下拉菜单：“绘图”→“文字”→“单行文字”。

启动命令后，命令行提示如下：

命令：_dtext

当前文字样式：ljf　当前文字高度：35.0000（提示当前文字样式与文字高度）

指定文字的起点或[对正(J)/样式(S)]：

各选项含义如下：

● 指定文字的起点：为默认选项。在绘图窗口以单击左键的方式，选择单行文字第一个字符的基线左下角位置。该点是单行文字的插入点，又称为基点或对齐点。指定点位后，命令行提示如下：

指定高度<35.0000>：1.5↙（在命令行输入文字的高度值）

指定文字的旋转角度<0.00>：（输入旋转角度值。相当于水平文字用旋转命令旋转时输入的角度值）

此时，出现内部带闪烁光标的文字输入框符号Ⅰ，等待用户输入数字、字母或汉字。一行文字输入完毕后，在输入框外任意位置单击左键（或连续两次按下键盘回车键），可完成该行文字的添加。

若一行文字输入完毕后，按键盘回车键一次且不移动鼠标，新输入的一行将置于上一行的正下方。此方法可添加多个左对齐的单行文字，各单行文字相互独立且其文字特性相同。

文字输入过程中，用户可移动光标并对所输内容进行添加或删除，类似于 Word 文档中的文字录入与编辑。

- 对正（J）：用于设置单行文字的对齐方式。执行该选项后，命令行提示如下：

输入选项[对齐(A)/调整(F)/中心(C)/中间(M)/右(R)/左上(TL)/中上(TC)/右上(TR)/左中(ML)/正中(MC)/右中(MR)/左下(BL)/中下(BC)/右下(BR)]：

山人指路

1. 单行文字的默认“左对齐”方式基本能满足汉字的排版习惯要求。当文字有外边框时，可考虑选用“正中”“中间”或“中心”这三种居中对齐方式，以使文字始终居中显示。例如带圆圈的数字编号、图框标题栏文字和表格文字等。

2. 用户可通过对象特性（PROPERTIES）命令及其“特性”窗口，将“左对齐”方式修改为上述三种居中对齐方式之一。

- 样式（S）：用于设置当前文字样式。

4.2.2 多行文字（MTEXT）

单行文字命令可以添加多个单行文字组成多行的文字，但各单行文字相互独立，不利于文字的整体排版与编辑。

多行文字命令弥补了上述不足。通过该命令添加的各行文字为一个整体，可以对其进行整体移动或复制，因此多行文字又称为段落文字。其工作界面相当于将 Word 软件的排版编辑功能移植到 AutoCAD 中，可方便地实现文字的整体排版与编辑。在进行篇幅较大的文字（如设计说明等）输入时，常采用多行文字（MTEXT）命令。命令的调用方式如下：

- 工具栏：单击“文字”工具栏上的 A 按钮。
- 命令行：MT↙。
- 下拉菜单：“绘图”→“文字”→“多行文字”。

启动命令后，命令行提示如下：

命令：_mtext

当前文字样式："ljf" 当前文字高度：1.5000（提示当前文字样式与文字高度）

指定第一角点：（以单击左键的方式指定多行文字文本区域的第一个角点，即图 4-9 左上角点）

指定对角点或[高度(H)/对正(J)/行距(L)/旋转(R)/样式(S)/宽度(W)]：

各选项含义如下：

- 指定对角点：为默认选项。移动鼠标，以单击左键的方式，指定文本区域的第二个角点（图 4-9 右下角点）。文本区域又称为文字输入区域，可确定多行文字的初始边界宽度。

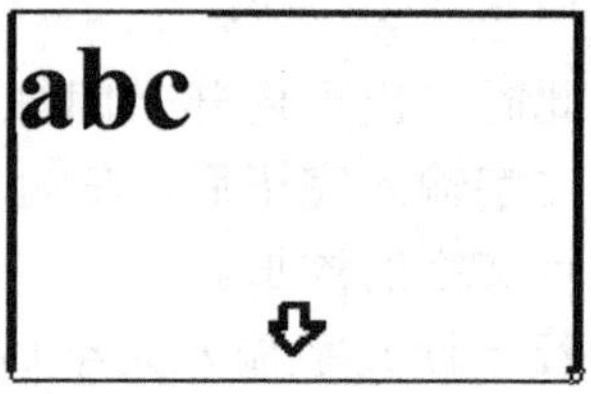

图 4-9 “多行文字”的文本区域

- 高度（H）：用于设置文字的高度。
- 对正（J）：用于设置文字的对齐方式。
- 行距（L）：用于设置文字的行间距。
- 旋转（R）：用于设置文字的倾斜角度。

- 样式（S）：用于设置当前文字样式。
- 宽度（W）：用于设置文本区域的宽度。

山人指路

除默认选项“指定对角点”和“行距（L）”外，其余各选项均可在图 4-10 中找到相应的命令按钮。

按默认选项指定文本区域后，将激活“文字格式”对话框（图 4-10）。该对话框的工作界面和按钮功能与 Word 软件非常相似，用户可参照 Word 软件进行操作。其各部分功能简单介绍如下：

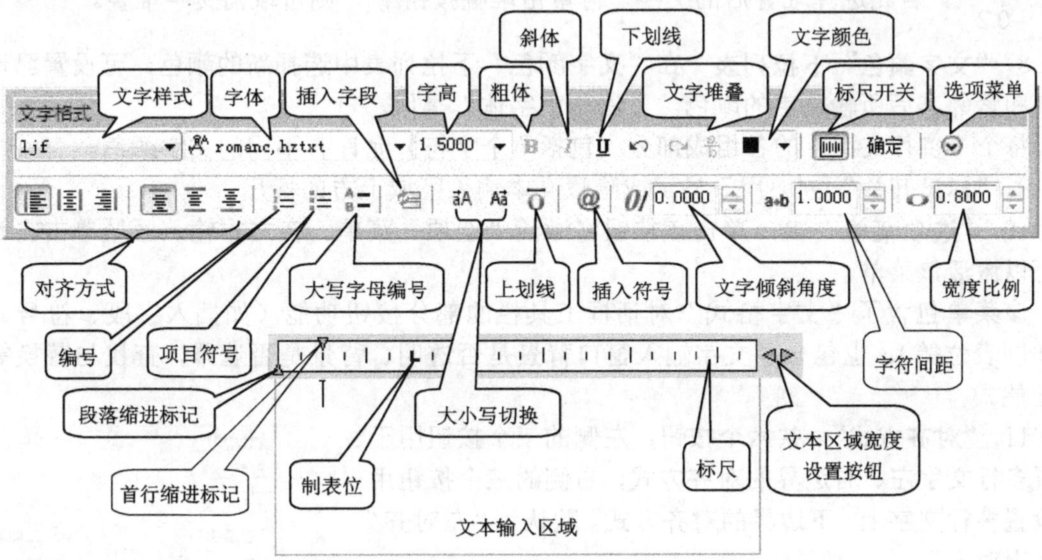

图 4-10 “文字格式”对话框

1．“文字样式”下拉列表 用于设置已输入和待输入文字的样式。更改文字样式后，所有多行文字的字符（包括已输入的和随后输入的），都将采用新文字样式的特性设置（包括字体、效果、宽度比例等）。

每个“多行文字”只能有一个统一的文字样式。

2．“字体”下拉列表 用于设置已选择文字和待输入文字的字体。选择部分文字后，单击“字体”下拉列表选择新的字体，所选文字的字体将被改变。若不选择任何文字，直接单击“字体”下拉列表选择新的字体，则随后输入的文字将采用新的字体。

每个“多行文字”的各组成部分（包括单个字符）允许有不同的字体。

3．“字高”下拉列表 用于设置已选择文字和待输入文字的字高，方法与“字体”类似。该字高值与图形的打印比例相关（详见 P129/6.4 节“1:1 绘图与相关设置”），用户可在文本框中输入字高值或从下拉列表中选择已有值。

每个“多行文字”的各组成部分（包括单个字符）允许有不同的字高。

4．“粗体” B 与“斜体” I 单击相应按钮，可设置已选择文字和待输入文字以粗体或斜体显示，或者取消粗体或斜体显示。仅对带 T 标记的字体（TrueType 字体）有效。

5.**“下划线”与“上划线”** 单击“下划线”按钮，可设置已选择文字和待输入文字的下方是否显示下划线。

单击“上划线”按钮，可设置已选择文字和待输入文字的上方是否显示上划线。

6.**“放弃”与“重做”** 功能与 AutoCAD“标准”工具栏的同名按钮相同。

7.**“文字堆叠”** 用于将所选文字堆叠成分数形式或偏差形式，堆叠后的文字是一个独立整体。堆叠间隔符号可以是“/”“#”或“ ^ ”，输入文字内容的格式如“3/5”“3#5”或“+0.2 ^ −0.2”。

堆叠操作时，先选择上述内容，再单击堆叠按钮，即可得到堆叠文字“$\frac{3}{5}$”“$^{3}/_{5}$”或“$\begin{matrix}+0.2\\-0.2\end{matrix}$”。若先选择堆叠后的文字，再单击堆叠按钮，则可取消文字堆叠。

8.**“文字颜色”下拉列表** 在“文字颜色”下拉列表中选择新的颜色，可设置已选择文字和紧邻其后所输文字的颜色。方法与“字体”类似。

每个“多行文字”的各组成部分（包括单个字符）允许有不同的文字颜色。

9.**“标尺开关”** 用于显示或隐藏文本输入区域上方的标尺。

10.**“选项菜单”** 单击该按钮将激活“选项”菜单。在文本输入区域单击右键，也可以激活该菜单。

该菜单包含了“文字格式”对话框工具栏的部分按钮功能（如插入字段、符号、缩进和制表位等），也包含了文字输入窗口背景是否透明、背景是否遮罩、查找与替换等其他功能。

11.**“对齐方式”** 共六个按钮，左侧的三个按钮用于设置多行文字左、右边界的对齐方式，右侧的三个按钮用于设置多行文字上、下边界的对齐方式。默认为“左对齐”和“上对齐”。

12.**“编号”“项目符号”和“大写字母编号”** 用于设置已选择文字和待输入文字的项目符号格式。“编号”以阿拉伯数字为项目符号；“项目符号”以实心圆点为项目符号；“大写字母编号”以大写英文字母为项目符号。

13.**“插入字段”** 移动光标至某一位置，单击该按钮，将激活“字段”对话框。从中选择要插入的字段，关闭对话框后，该字段即显示在光标所在位置。

14.**“大小写切换”** 用于设置所选文字的大小写状态。

15.**“插入字符”** 单击该按钮，将激活“符号”菜单（图 4-11），所选符号将插入到光标所在位置。

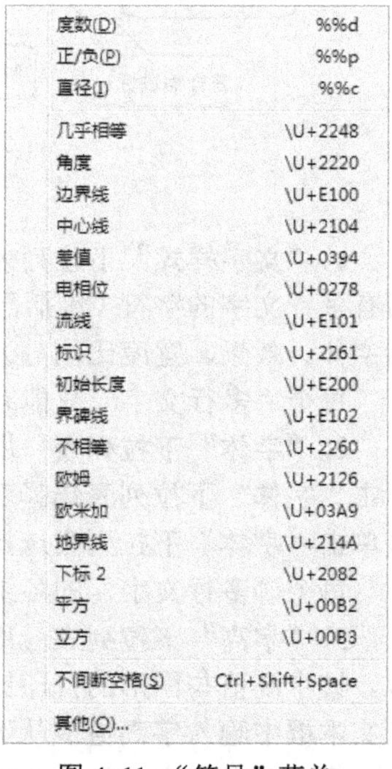

图 4-11 “符号”菜单

单击该菜单最下方的“其他”选项，将激活“字符映射表”对话框。该对话框包含了所有可用字体的字符集。

16.**“文字倾斜角度”** 在该按钮右侧的文本框中输入角度值，可设置文字的倾斜角度。其功能同 P78/图 4-2“文字样式”对话框中的“倾斜角度”。

17. **“字符间距”** a•b 在该按钮右侧的文本框中输入比例因子，可设置所选文字的字符间距。比例因子大小范围为 0.4000～10.0000。为 1.0000 时字符间距正常，小于 1.0000 时减少字符间距，大于 1.0000 时增加字符间距。

18. **“宽度比例”** 在该按钮右侧的文本框中输入比例因子，可设置所选文字的宽度比例。其功能同 P78/图 4-2 “文字样式”对话框中的“宽度比例”。

19. **“段落相关设置”** 拖动双向箭头按钮◁▷可改变文本输入区域（段落）的宽度。

拖动滑块▼或▲，可分别设置所选段落的首行缩进或段落缩进（相当于 Word 中的悬挂缩进）。

制表位指在水平标尺上的位置，用于指定文字的缩进距离或一段文字的开始之处。制表位是段落的属性，对光标所在段落或所选段落起作用。单击标尺即在单击位置出现制表位符号**L**；移动光标至该符号上方，按下左键并拖动可调整位置；将该符号拖出标尺可删除制表位。

20. **“确定”** 单击 确定 按钮，可保存所有的设置项及输入的文字，并关闭“文字格式”对话框。在对话框外单击左键，也可起到 确定 按钮的作用。

按键盘【Esc】键，也可关闭“文字格式”对话框，但不保存修改内容。

山人指路

利用多行文字（MTEXT）命令能方便地进行文字的整体排版与编辑，常用于篇幅较大文字（如设计说明等）的输入。此外，也可将文字内容在 Word 文档中输入并进行排版，再复制至多行文字输入区域。

4.2.3 特殊字符的输入

在市政工程设计绘图过程中，常需要标注一些特殊字符，如度数符号“°”、公差符号“±”、直径符号“ϕ”、上划线、下划线和钢筋符号“Φ、Φ、Φ 和 Φ”等。下面分别介绍这些特殊字符的输入方法。

1. **单行文字中特殊字符的输入** 单行文字输入时，可通过 AutoCAD 提供的控制码来实现特殊字符的输入。控制码由两个百分号和一个字母（或一组数字）组成。常用的特殊字符及其对应控制码见表 4-1。

表 4-1 常用的特殊字符及其对应控制码

序 号	特 殊 字 符	控 制 码	输入形式示例	最 终 结 果	备 注
1	度数符号“°”	%%D	45%%D	45°	1. 控制码输入时字母不区分大小写 2. 一般常用字体均可正常显示这些特殊字符
2	公差符号“±”	%%P	%%P0.000	±0.000	
3	直径符号“ϕ”	%%C	%%C50	ϕ50	
4	文字上划线	%%O	%%O 汉字 ABC	汉字*ABC*	
5	文字下划线	%%U	%%U 汉字 ABC	<u>汉字 ABC</u>	

（续）

序 号	特殊字符	控 制 码	输入形式示例	最终结果	备 注
6	Ⅰ级钢筋符号 Φ	%%130	%%13010	Φ10	为了正常显示特殊符号内容，“文字样式”对话框中，无论是否勾选“使用大字体”复选框，“SHX 字体”均应选择“txt”或“tssdeng”之类的字体；“大字体”选择范围较广，可选常用字体如“hztxt”
7	Ⅱ级钢筋符号 Φ	%%131	%%13112	Φ12	
8	Ⅲ级钢筋符号 Φ	%%132	%%13218	Φ18	
9	Ⅳ级钢筋符号 Φ	%%133	%%13320	Φ20	

注：1.“txt”之类的字体指“txt”“txt1”和“txt……”等字体，“tssdeng”之类的字体指“tssdeng”“tssdeng1”和“tssdeng……”等字体。

2.“txt”字体为系统自带，其余上述字体需用户自行搜集并扩充加载。

2. 多行文字中特殊字符的输入 多行文字输入时，可以通过单击“插入字符”按钮@，并从弹出的“符号”菜单中选择相应特殊字符（表 4-1 中序号 1～3）；选择相应文字后，单击“上划线”按钮ō和“下划线”按钮u，设置上划线和下划线（表 4-1 中序号 4～5）。用户也可以通过控制码的方式，输入表 4-1 序号 1～3 中的特殊字符。

在多行文字中输入钢筋等级的四个符号前，需搜集字体“SJQY”并将其添加到“C:\Windows\Fonts”中。之后重新启动 AutoCAD 2006 程序，激活多行文字的“文字格式”对话框。在不改变该多行文字“文字样式”的前提下，单击“字体”下拉列表选择当前字体为“SJQY”，再分别输入大写字母“A、B、C 或 D”，即可得到相应的钢筋符号“Φ、Φ、Φ 或 Φ”。用户也可以先输入大写字母“A、B、C 或 D”，再选中相应字母后修改其字体为“SJQY”。

3. 利用中文输入法实现特殊字符的输入 利用中文输入法自带的软键盘，可方便地输入希腊字母、标点符号、数序符号和特殊符号等。如图 4-12 所示，度数符号“°”在“C 特殊符号”中、公差符号“±”在“0 数学符号”中、直径符号“ϕ”在“2 希腊字母”中、大小罗马序号在“9 数字序号”中。当然，以该方法输入的特殊字符，在显示效果上与前述控制码或按钮@输入的可能会有所不同。

如图 4-12 所示，右键单击软键盘符号⌨，在弹出的菜单中选择相应类别，即可进入该类别的软键盘界面。用鼠标左键单击所需字符，即可将其输入到单行或多行文本中。

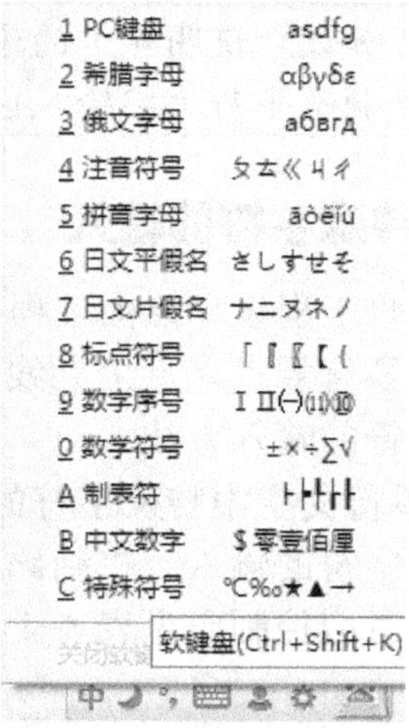

图 4-12 中文输入法软键盘上的各类字符

4.2.4 文字的编辑

可通过图形对象的编辑命令对单行或多行文字的整体进行操作，如移动、复制、旋转、删除、镜像和夹点编辑等。

除此之外，也可以对文字内容和相关特性进行编辑。单行文字和多行文字的此类编辑命令基本相同，主要有两个：编辑文字（DDEDIT）和对象特性（PROPERTIES）。此外，也可以通过“样式”工具栏中的“文字样式控制”下拉列表编辑所选文字的文字样式（图 4-5）。

1．**编辑文字（DDEDIT）命令** 该命令一次只能选择并编辑一个文字对象。命令的调用方式如下：

➢ 在需要编辑的（单行或多行）文字上双击十字光标。

➢ 工具栏：单击“文字”工具栏上的按钮。

➢ 下拉菜单：“修改”→“对象”→“文字”→“编辑”。

通过“文字上双击十字光标”方式启动文字编辑命令的，若对象为单行文字，则所选文字直接进入编辑状态（图 4-13）；若对象为多行文字，则激活多行文字的“文字格式”对话框（图 4-10）。

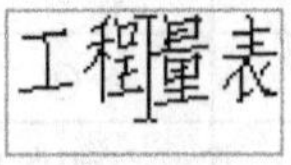

图 4-13　编辑单行文字

通过后两种方式启动命令的，则在命令行提示下，以拾取框拾取单行或多行文字。之后的系统提示与状态同“文字上双击十字光标”方式。

单行文字只能进行文字内容的编辑。多行文字则具有更多的编辑选项，具体同 P82/4.2.2 节“多行文字（MTEXT）”。文字编辑完毕后，均可在编辑框外单击鼠标左键，保存并退出命令。

山人指路

在文字上双击十字光标，是启动文字编辑命令的最快捷方式。

2．**对象特性（PROPERTIES）命令** 该命令一般用于编辑除文字内容外的其他文字特性，一次可选择并编辑多个文字对象。例如对多个文字进行图层、文字样式、对齐方式、字高、旋转角度和宽度比例等的统一修改。当所选对象为多行文字时，还可进行文字行间距的设置。

具体操作可参照 P64/3.1.21 节“对象特性（PROPERTIES）”。

3．**“文字样式控制”下拉列表** 该下拉列表除了可以切换当前文字样式外，还可以修改所选文字对象的文字样式。一次可选择一个或多个文字对象；所选对象可以仅为单行或仅为多行文字，也可以同时选择单行和多行文字。

以十字光标拾取或窗口方式选择对象，再单击“文字样式控制”下拉列表，从中选择修改后的文字样式，所选文字对象的文字样式即被修改。

4.2.5　查找和替换

该命令的功能与 Office 软件（包括 Word、Excel 和 PowerPoint 等）中的同名命令类似。主要用于查找、替换图形中的文字内容，对字符格式和文字特性无效。适用于单行文字、多行文字、块属性值和尺寸标注的注释文字（默认生成的尺寸文字除外）等对象。命令的调用方式如下：

➢ 工具栏：单击工具栏上的自定义命令按钮。

➢ 下拉菜单：“编辑”→“查找”。

➢ 命令行：FIND↙。

之后激活“查找和替换”对话框（图 4-14）。下面介绍其操作方法。

1.“查找”操作

（1）在“查找字符串”下拉列表框中输入字符串（汉字、字母、数字或通配符），或单击下拉列表从查找历史中选择。其中，常用通配符及其功能见表 4-2。

表 4-2　常用通配符及其功能

序　号	通　配　符	功　　能	备　　注
1	#	匹配任意数字字符	
2	@	匹配任意字母字符	
3	.（句点）	匹配任意非字母数字字符	
4	*	匹配任意字符串	可在搜索字符串的任意位置使用
5	?	匹配任意单个字符	?BC 可匹配 ABC、3BC 等
6	~	匹配不包含自身的任意字符串	~*AB*可匹配所有不包含 AB 的字符串
7	[ ]	匹配括号中包含的任意一个字符	[AB]C 可匹配 AC 和 BC

山人指路

“查找”操作时有通配符的概念。当被查找的字符串中含有通配符时（如 φ8@200 中的“@”），只需把通配符放在中括号中（即输入“%%C8[@]200”），系统就将通配符作为普通字符处理。

（2）在“搜索范围”下拉列表中指定查找范围（“当前选择”或“整个图形”）；也可以单击其右侧的“选择对象”按钮，返回绘图窗口直接选择查找范围。

（3）单击 选项(O)... 按钮激活“查找和替换选项”对话框（图 4-15）。在此指定查找的对象类型（6 种）和匹配方式（2 种）。指定完毕后单击 确定(O) 按钮返回主对话框。

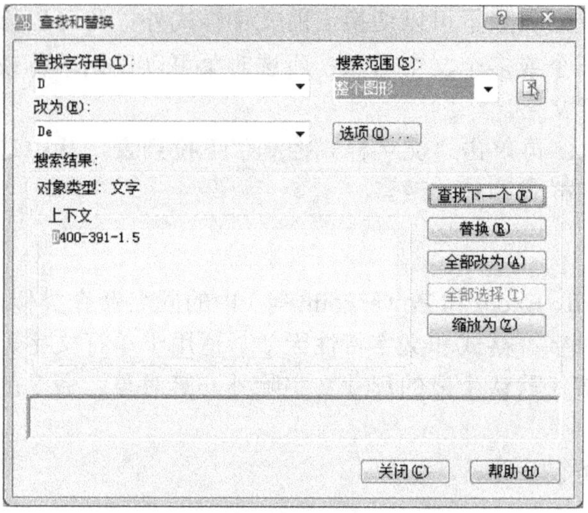

图 4-14　“查找和替换”对话框

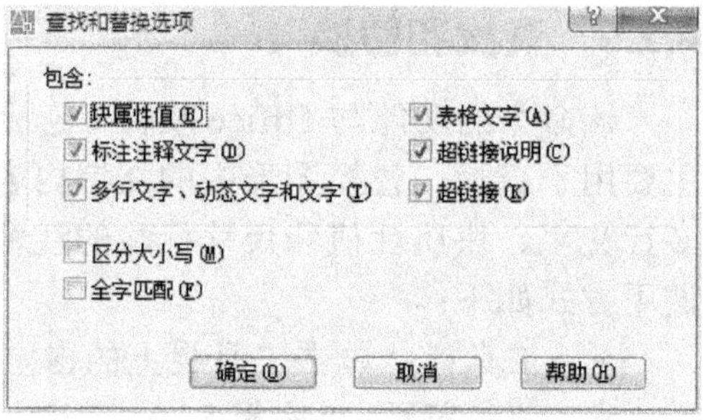

图 4-15　“查找和替换选项”对话框

（4）单击 查找(F) 按钮开始查找，查找到的文字显示在“上下文”框中，此时按钮变为 查找下一个(F)。若无匹配的结果，则对话框底部区域显示“未找到匹配项”提示。

(5) 若单击 全部选择(T) 按钮，则将临时关闭对话框并返回绘图窗口，所有查找结果将被选中，作为当前选择集。此时，命令行提示“FIND AutoCAD 已找到并选择×个包含‘字符串’的对象”。

(6) 若单击 缩放为(Z) 按钮，则将“上下文”框中的查找结果缩放至绘图窗口显示，以方便用户查看。

2. **“替换”操作** 前三个步骤同“查找”操作，之后步骤为：

(1) 在“改为”下拉列表框中输入字符串（汉字、字母或数字），或单击下拉列表从查找历史中选择。

> 山人指路
>
> “替换”操作时没有通配符的概念。例如，要将 φ8@200 全部替换为 φ8@100，则应在“查找字符串”下拉列表框中输入“%%C8[@]200”，在“改为”下拉列表框中输入“%%C8@100”。

(2) 单击 查找(F) 按钮进行查找。

(3) 单击 替换(R) 按钮，可替换“上下文”框中显示的文字对象。若单击 全部改为(A) 按钮，则所有查找到的符合条件的字符串被替换。对话框底部区域显示查找与替换结果。

(4) 操作完毕后，单击 关闭(C) 按钮关闭对话框并退出命令。

4.3 表格

市政工程设计中常以表格提供简洁清晰的信息，如道路线位图、逐桩坐标表和主要设备与材料表图等。在 AutoCAD 2006 中，使用表格功能创建不同类型的表格以满足绘图需要。

需要说明的是，用户也可以预先在 Excel 中完成表格制作，再将其插入至 AutoCAD 并进行相应编辑操作。具体操作详见 P231/问 5“如何将 Excel 表格插入至 AutoCAD”。

4.3.1 表格样式的设置

表格样式用于控制表格的外观，包括表格和各单元格的大小与线宽，以及表格文字的样式、字高、颜色、对齐方式和单元边距等。表格样式的设置主要通过“表格样式”对话框完成。对话框的调用方式如下：

➢ 工具栏：单击工具栏上的自定义命令按钮。

➢ 下拉菜单：“格式”→“表格样式”。

之后激活“表格样式”对话框（图 4-16）。下面介绍其功能。

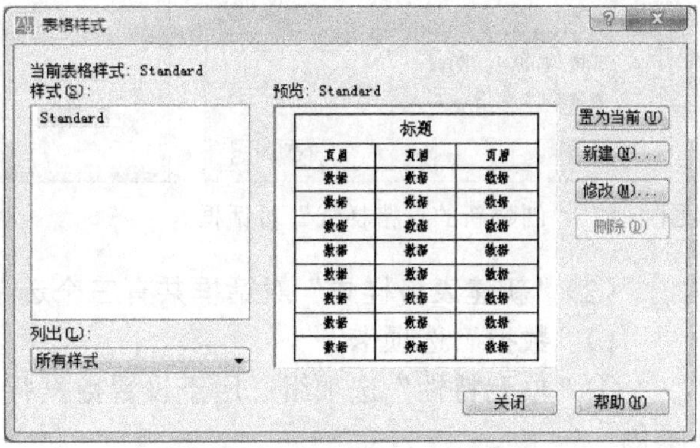

图 4-16 “表格样式”对话框

1.**“样式”列表框** “样式”列表框显示了当前图形文件中已存在的表格样式。系统提供的默认样式为“Standard”。右侧的“预览”区域中显示了当前样式“Standard”的设置效果（图 4-16）。第一行为标题行，第二行为页眉行，之后为数据行。

2.**“列出”下拉列表** 用于设置“样式”列表框的显示条件。

（1）所有样式：显示所有的表格样式，包括已被使用的和设置后未被使用的。

（2）正在使用的样式：只显示当前图形中已被使用过的表格样式，不显示设置后尚未被使用的表格样式。

3. 置为当前(U) **按钮** 用于指定当前表格样式。当“样式”列表框存在两个及以上表格样式时，单击该按钮可以指定用户需要的样式。也可以双击样式名将其设置为当前样式。当前表格样式为“Standard”（图 4-16）。

4. 新建(N)... **按钮** 用于创建新的表格样式，具体操作见后述。

5. 修改(M)... **按钮** 用于修改所选表格样式的相关设置，具体操作与“新建”操作类似。

6. 删除(D) **按钮** 用于删除未被使用过的表格样式。

如图 4-16 示，若用户接受当前样式“Standard”的设置，则单击 关闭 按钮退出对话框，即可以该样式创建表格。若要创建新的表格样式，则需进行如下操作。

（1）单击 新建(N)... 按钮，激活“创建新的表格样式”对话框（图 4-17）。在对话框中输入新样式名（如“材料表”），并选择一个已有样式作为创建基础。之后单击 继续 按钮，激活“新建表格样式”对话框（图 4-18）。

图 4-17 “创建新的表格样式”对话框

图 4-18 “新建表格样式”对话框

（2）“新建表格样式”对话框共有三个选项卡，各自功能与操作如下。

1）“数据”选项卡

①“单元特性”选项组：用于设置数据行文字的样式、高度、颜色、对齐方式和填充颜色。

“文字样式”下拉列表中列出了当前图形已设置的全部文字样式，可从中选取合适的作为表格数据行文字的样式。若要创建新文字样式或修改已创建的文字样式，可单击右侧的□按钮，激活“文字样式”对话框进行相关操作（详见 P78/图 4-2“文字样式”对话框）。

在“文字高度”文本框中输入表格文字的高度值。与单行文字和多行文字一样，该字高值与图形的打印比例相关（详见 P129/6.4 节“1:1 绘图与相关设置”）。

在“文字颜色”下拉列表中设置文字的颜色。一般选择“ByLayer（随层）”或“ByBlock（随块）”。

在“填充颜色”下拉列表中设置表格的背景颜色。默认选项为“无”，即表格背景颜色与 AutoCAD 绘图窗口背景颜色一致（详见 P16/图 1-17“显示”选项卡中“窗口元素”选项组相关操作）。

在“对齐”下拉列表中设置表格单元中文字的对正和对齐方式。一般可以选“正中”。

②“边框特性”选项组：用于设置数据行边框和栅格的相关特性。该选项组参数设置与 Word、Excel 中的表格设置方法一致。五个框线按钮依次表示显示所有边框线、仅显示外边框线、仅显示内边框线、无边框线和仅显示底部边框线。

山人指路

设置边框特性时，应预先设置“栅格线宽”和“栅格颜色”，再进行边框线显示设置。

③“基本”选项组的表格方向：用于设置表格生成的方向。一般选择向“下”生成，此时标题行和页眉（列标题）行位于表格上方。

④“单元边距”选项组：用于设置表格文字与边框的水平、垂直距离。

2）“列标题”选项卡：表格有列标题（页眉）行时，在该选项卡设置其相关特性。各选项组选项含义及设置方法同“数据”选项卡。若表格没有列标题行，则无须设置，取消勾选“包含页眉行”即可。

3）“标题”选项卡：表格有标题行时，在该选项卡设置其相关特性。各选项组选项含义及设置方法同“数据”选项卡。若表格没有标题行，则无须设置，取消勾选“包含标题行”即可。

（3）单击[确定]按钮，返回“表格样式”对话框。“样式”列表框中将显示新创建的表格样式“材料表”。

（4）单击[置为当前(U)]按钮，将“材料表”置为当前表格样式。

（5）单击[关闭]按钮，退出对话框，返回 AutoCAD 绘图窗口。此时，用户可以根据当前表格样式“材料表”的相关设置进行表格的创建。

4.3.2 表格的创建（TABLE）

该命令用于设置表格的各具体参数，并在绘图窗口创建空白表格。调用方式如下：

➢ 工具栏：单击“绘图”工具栏上的▦按钮。

➢ 下拉菜单：“绘图”→“表格”。

➢ 命令行：TABLE↙。

之后激活“插入表格”对话框（图 4-19）。

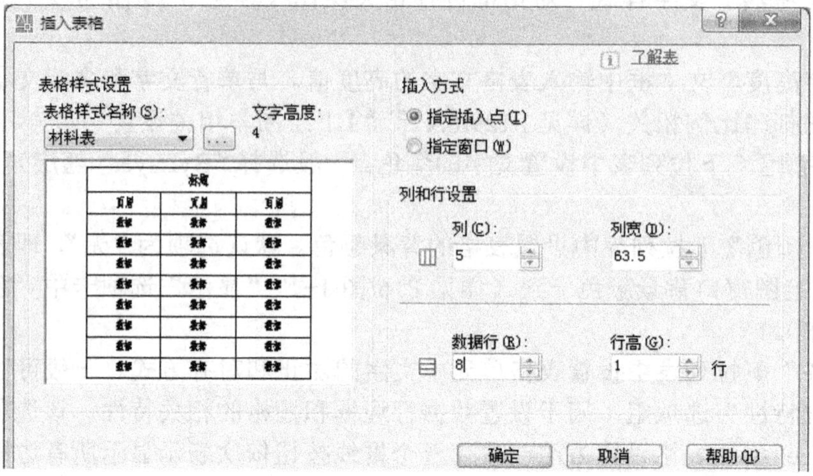

图 4-19 “插入表格”对话框

空白表格的参数设置与创建步骤如下：

（1）设置表格样式。在“表格样式设置”选项组的“表格样式名称”下拉列表中选择表格样式；可单击右侧的 ... 按钮，激活“表格样式”对话框（图 4-16）创建新的表格样式。所选表格样式数据行的文字高度显示在其后，如图 4-19 所示，表格样式“材料表”的数据行文字高度为“4”。

（2）设置表格插入方式。勾选“指定插入点”选项时，若表格向下生成则插入点为表格的左上角；若表格向上生成则插入点为表格的左下角。勾选“指定窗口”选项，则表格在指定的窗口范围内创建。

（3）设置列和行。用于设置表格的列数、列宽和行数、行高，在相应文本框中输入数值即可。其中“数据行”指每个单元格中的数据行数。

（4）单击 确定 按钮，退出对话框，返回 AutoCAD 绘图窗口。

（5）在绘图窗口指定插入点或窗口，完成空白表格的创建。

（6）此时，弹出“文字格式”对话框（其工作界面和按钮功能同 P83/图 4-10），表格的第一个单元格亮显，且有闪烁的光标符号显示。用户可参照多行文字“文字格式”对话框的设置方法进行相应设置，并输入文字。文字输入完毕后，可通过键盘【Tab】键或四个方向箭头进行单元格的切换，且能保持文字的编辑状态；也可以移动鼠标选择别的单元格。

4.3.3 表格的编辑

通过表格创建（TABLE）命令生成的表格，常需要进行各种修改才能最终符合用户的要求。如表格的文字内容、列宽、行高、边框线和栅格线的线宽等。

1. 表格文字的编辑 与单行文字和多行文字的编辑类似，在文字或文字所在单元格上双击十字光标⌖，即可迅速进入文字编辑状态。

2. 通过夹点编辑表格尺寸 在表格的边框线或栅格线上单击十字光标⌖，即可选中整个表格并显示其夹点。各夹点的编辑功能如图 4-20 所示。

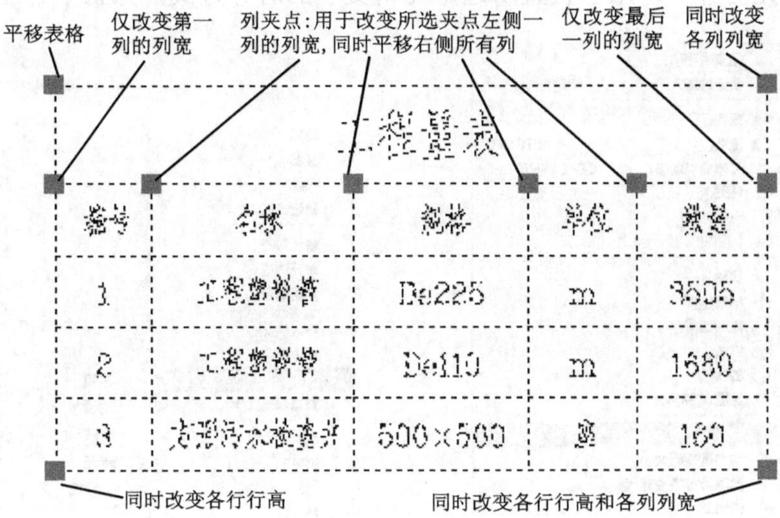

图 4-20　表格的夹点及其功能

山人指路

在对列夹点进行操作时，若同时按住键盘【Ctrl】键，则表格总宽不变，仅调整所选列夹点左右两列的宽度。

在某单元格区域范围内（不包括其栅格线）单击十字光标⌖，即可选中该单元格。其夹点显示在边框的中点，拖动夹点可以改变该单元格的行高和列宽。

山人指路

1. 在表格的边框线或栅格线上单击十字光标⌖，可选中整个表格。
2. 在单元格区域范围内单击十字光标⌖，可选中该单元格。
3. 若要选择多个相邻单元格，可以通过：①以窗口（方向不限）方式进行选择，所有与窗口虚线相交的和被窗口完全包含的单元格均被选中；②单击十字光标⌖选择第一个单元格，按住键盘【Shift】键不放，再选中最后一个单元格，则这两个单元格及中间所有单元被选中。
4. 选中表格或单元格后，也可通过对象特性（PROPERTIES）对象修改相关参数。

3. 通过快捷菜单编辑表格　临时勾选“绘图区域中使用快捷菜单”复选框（P17/图 1-20“用户系统配置”选项卡），再选中表格或单元格后单击右键，可通过弹出的不同快捷菜单进行编辑操作。

选中整个表格，可在弹出的右键快捷菜单（图 4-21a）中对整个表格进行剪切、复制、粘贴、删除、移动和旋转等操作，也可以均匀调整（平均分布）表格的行、列大小。选择“输出”选项时，还可以激活“输出数据”对话框，以“csv”格式输出表格中的数据。

选中单元格，可在弹出的右键快捷菜单（图 4-21b）中对该单元格进行剪切、复制、粘贴等操作，其他主要选项的功能如下：

（1）“单元对齐”：用于设置所选单元格文字的对齐方式，如正中、左中等。

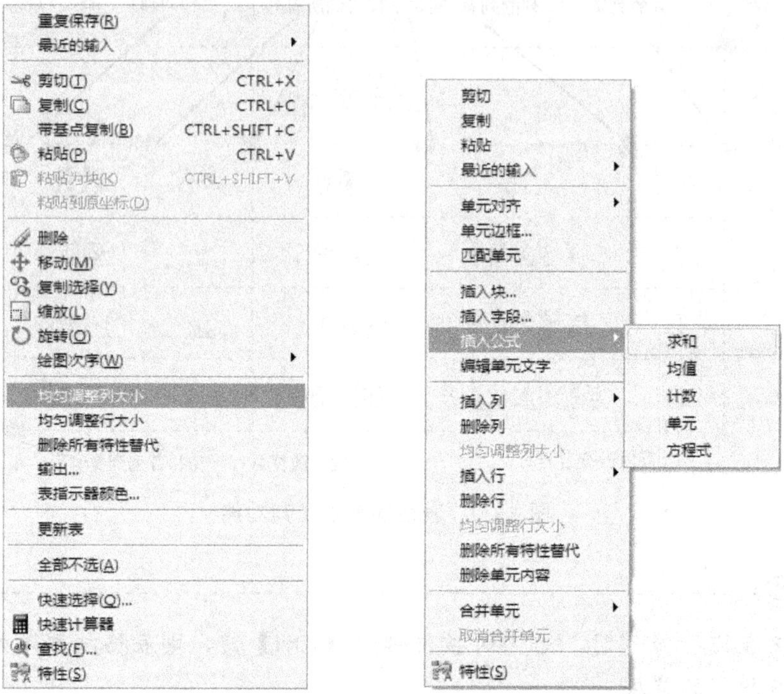

a） b）

图 4-21　表格和单元格的右键快捷菜单

（2）“单元边框”：选择该选项将激活“单元边框特性”对话框（图 4-22）。该对话框用于设置所选单元格的边框线宽和颜色及其应用范围。

（3）“匹配单元”：该选项类似于特性匹配（MATCHPROP）命令。以所选单元格为源对象，匹配其特性至目标单元格。此时鼠标指针变为🖌形状，单击目标单元格即可进行匹配。

（4）“插入块”：该选项用于在所选单元格中插入块。选择该选项时激活“在表格单元中插入块”对话框（图 4-23），在此选择插入到表格中的块名，并设置其在单元格中的对齐方式、缩放比例和旋转角度等特性。“块”的相关内容见 P135/7.1 节“图块”。

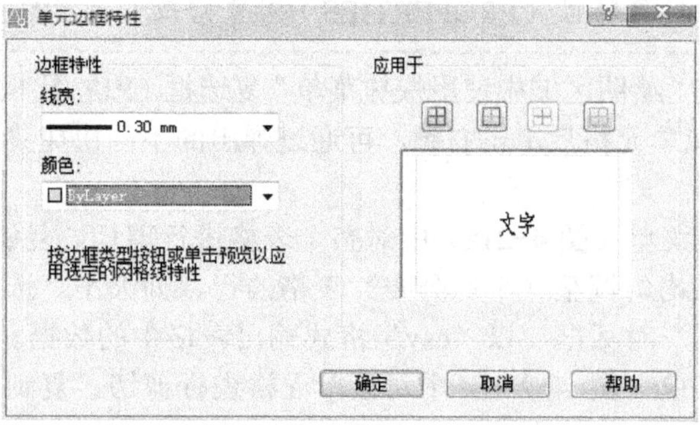

图 4-22　“单元边框特性”对话框

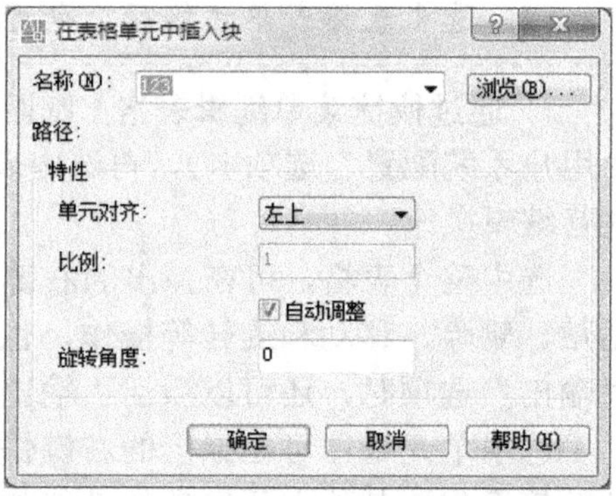

图 4-23　“在表格单元中插入块”对话框

（5）“插入字段”：该选项用于在所选单元格中插入字段。具体操作同 P82/4.2.2 节“多行文字（MTEXT）”中的插入字段命令。

（6）“插入公式”：该选项用于在所选单元格中插入求和、计数等公式。在命令行提示下以窗口方式选择一个或多个单元格即可求得相应公式值。

（7）“删除列（或行）”：选中一个或多个单元格后选择该选项，可整列（或整行）删除已选单元格所在的列（或行）。

（8）“插入列（或行）”：选中一个或多个单元格后选择该选项，可在已选单元格左侧或右侧（上方或下方）插入空白列（或行）。空白列（或行）的数目与所选单元格的列数（或行数）相等。

（9）“均匀调整列（或行）大小”：选中多个单元格后选择该选项，可将所选单元格的列宽（或行高）进行均等调整。

（10）“删除单元内容”：选中一个或多个单元格后选择该选项，可删除所选单元格的文字内容，使之变为空白单元格。

（11）“合并单元”：选中多个单元格后选择该选项，可将所选单元格合并为一个、按行或按列进行合并。合并后仅保留第一个单元格的内容。

例题 4-2 编辑 P93/图 4-20 所示的材料表并计算管道总长（图 4-24）。

分析：图 4-20 所示的材料表，最后一行修改为“合计”相关内容。可先删除该行内容，再进行单元格合并。之后输入相关文字，并在最后一个单元插入求和公式。操作前应保证勾选“绘图区域中使用快捷菜单”复选框。

工程量表				
编号	名称	规格	单位	数量
1	工程塑料管	De225	m	3505
2	工程塑料管	De110	m	1680
合计			m	5185

图 4-24 表格编辑示例

操作步骤如下：

第一步：删除最后一行的文字内容。以窗口方式选择最后一行的所有单元格，单击右键并在弹出的快捷菜单中选择“删除单元内容”选项（图 4-21b）。

第二步：合并最后一行的前三个单元格。以窗口方式选择前三个单元格，单击右键并在弹出的快捷菜单中选择“合并单元”选项的“全部”或“按行”（图 4-21b）。

第三步：输入文字内容。十字光标双击最后一行的第一个单元格，激活“文字格式”对话框，输入文字内容“合计”。按下键盘【Tab】键切换至第二个单元格，输入文字内容“m”。

第四步：插入求和公式。按下键盘【Tab】键切换至最后一个单元格，按下键盘【Esc】键退出“文字格式”对话框（此时单元格被选中且显示夹点）。单击右键并在弹出的快捷菜单中选择“插入公式”选项的“求和”子选项（图 4-21b）。根据命令行提示，以窗口方式选择上方的两个单元格，再次激活“文字格式”对话框，同时空白单元格中显示求和公式“=Sum（E3:E4）”。

第五步：计算管道总长。按下键盘回车键或单击“文字格式”对话框上的 确定 按钮，即可求得管道总长“5185”（图 4-24）。

作　业

1．单选题

（1）下面（　　）字体是中文字体。

A．gbenor.shx　　B．gbeitc.shx

C．gbcbig.shx　　D．txt.shx

（2）下列（　　）是度数符号“°”的控制码。

A．%%C　　B．%%P　　C．%%D　　D．%%O

（3）下列文字特性不能在“多行文字编辑器”对话框的“特性”选项卡中设置的是（　　）。

A．高度　　B．宽度　　C．旋转角度　　D．样式

（4）在文字输入过程中，输入“1/2”，在 AutoCAD 中运用（　　）命令过程中可以把此分数形式改为水平分数形式。

A．单行文字　　B．对正文字　　C．多行文字　　D．文字样式

（5）查找文字内容“ϕ8@100”时，在“查找和替换”对话框中应输入的内容为（　　）。

A．%%C8@100　　B．%%C8[@]100

C．%%C8/@/100　　D．%%C8“@”100

2．多选题

（1）文字堆叠间隔符号可以是下列（　　）。

A．/　　B．#　　C．^　　D．*

（2）创建文字样式可以利用以下（　　）方法。

A．在命令输入窗中输入 STYLE 后按右键确认，在打开的对话框中创建

B．下拉菜单：“格式”→“文字样式”，在打开的对话框中创建

C．直接在文字输入时创建

D．可以随时创建

（3）“多行文字编辑器”对话框包含下列（　　）选项卡。

A．“字符”　　B．“特性”

C．“行距”　　D．“查找 / 替换”

（4）启动下列命令可以文字编辑的是（　　）。

A．在需要编辑的（单行或多行）文字上双击十字光标

B．单击“文字”工具栏上的按钮

C．下拉菜单：“修改”→“对象”→“文字”→“编辑”

D．对象特性（PROPERTIES）命令

（5）可以对表格进行的编辑操作包括（　　）。

A．插入列或行　　B．删除列或行

C．合并所选单元格　　D．删除表格文字

3．上机练习

（1）完成图 4-25 所示的多行文字输入。“工程技术标准”字高为 4.5，字体为仿宋字；其余文字高度为 3，倾斜 10°，中文字体为宋体，英文字体为 Times New Roman。

工程技术标准

（1）道路设计等级：I级城市次干道。

（2）计算行车速度：设计时速为：40km/h。

（3）设计荷载标准：路面设计以BZZ-100为标准轴载。

图 4-25 上机练习一

（2）以表格（TABLE）命令绘制图 4-26 所示的表格。字体组合为 c+hztxt，字高为 4，表格的列宽与行高无具体要求。

工程量表					
编号	名称	规格	单位	数量	备 注
1	工程塑料管	De225	m	3505	硬聚氯乙烯（PVC-U）双壁波纹管
2		De110		1680	出户管按8m/户计
3	方形污水检查井	500×500	座	160	02S515/94、95
4		600×600		140	02S515/96、97

图 4-26 上机练习二

第5章 尺寸标注

学习要点

知识点

- 基础知识：尺寸标注的组成和常用尺寸标注的操作步骤。
- 重点知识：尺寸标注样式的设置与修改。

技能要求

- 能结合专业规范要求，正确标注专业图样中的尺寸。
- 能熟练设置标注变量参数，使尺寸标注满足规范和出图要求。
- 模型空间中，对多种比例并存的同一图纸，能熟练设置不同的标注样式进行尺寸标注。

尺寸标注是市政工程图中的重要内容。用户在清楚地表达道路、桥梁或给排水等设计图中各对象的形状与相互关系后，必须通过尺寸标注来显示图形对象的测量值、距离和角度等设计信息。

AutoCAD 提供了完善的尺寸标注功能，方便用户快速标注出图中不同类型、不同方向的尺寸。结合前述的 1:1 精确制图，可实现对图形对象的精确标注。

5.1 尺寸标注的基本知识

5.1.1 尺寸标注的规则

在 AutoCAD 中，对图形进行尺寸标注时，应遵循以下规则：

（1）加工或建造时，物体的真实大小应以图样上所标注的尺寸数值为依据，与图形的大小及绘图的准确度无关。

（2）图样中的尺寸以毫米为单位时，不需要标注计量单位的代号或名称。若采用其他单位，则必须注明相应计量单位的代号或名称，如度、厘米、米等。

（3）物体的每一尺寸一般标注在反映该对象最清晰的图形上，且只标注一次。

5.1.2 尺寸标注的组成

一个完整的尺寸标注由尺寸文字、尺寸线、尺寸箭头和尺寸界线四部分组成，有时还包括圆心标记（图 5-1）。

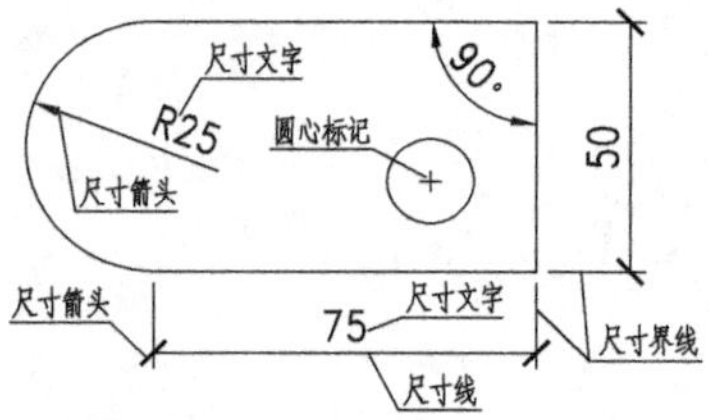

图 5-1　尺寸标注的组成

（1）尺寸文字：用来表明图形的实际测量值。可带前缀（ϕ）、后缀（m）和公差（±）等。

（2）尺寸线：用于指示标注的方向和范围。

（3）尺寸箭头：尺寸箭头显示在尺寸线的两端，用于指出测量的开始和结束位置。

（4）尺寸界线：尺寸界线一般垂直于尺寸线，并从被标注的对象延伸到尺寸线。

5.1.3 尺寸标注的整体性和关联性

AutoCAD 提供的尺寸标注具有整体性，其四个组成部分是一个完整的对象（即为一个图块）。选择时默认选中整个尺寸标注并进行整体处理（如移动、旋转、删除等）。具有整体性的线性标注可用十字光标一次选中，且显示 5 个夹点（图 5-2a）。

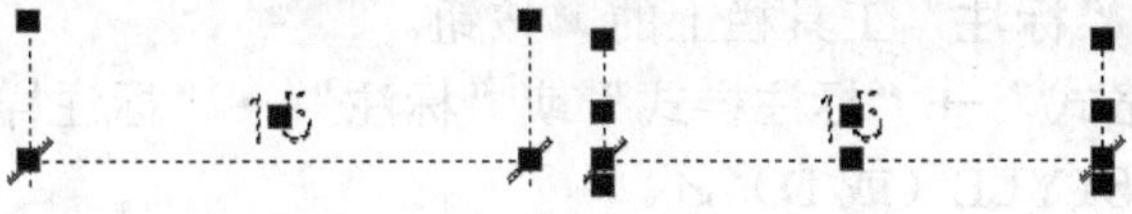

a）　　b）

图 5-2　尺寸标注的夹点个数

若对标注对象进行缩放、拉伸等修改，相应的尺寸标注文本也会随之自动更新（图 5-3a），这样的尺寸标注称为关联性尺寸标注。若单击“对象特性”按钮查询该尺寸，则还会发现“文字替代”一栏为空白（图 5-3b）。

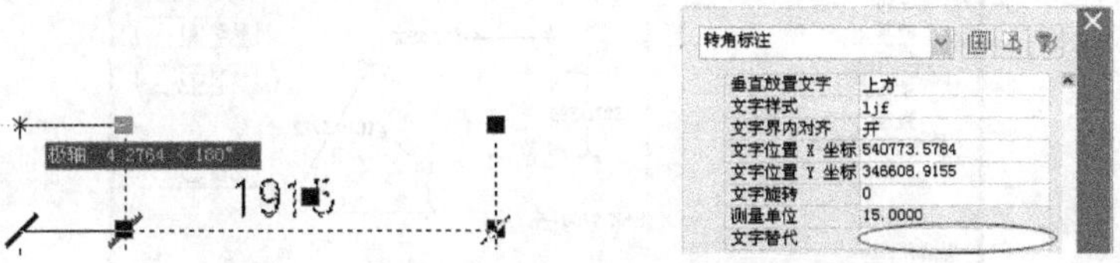

a）　　b）

图 5-3　关联性尺寸特征查询

显然，尺寸标注的关联性可以大大减少图形修改的工作量，进而提高绘图效率。

取消尺寸标注关联性最常用、最简单的命令是分解（EXPLODE）。分解后，尺寸标注的四个组成部分就成为各自独立的对象（图 5-2b，共有 10 个夹点）。对标注对象进行缩放或拉伸，尺寸文字不会自动更新。因此，对有标注对象的尺寸标注，应尽量避免此类操作。

对关联性与非关联性尺寸分别进行缩放和拉伸操作的结果如图 5-4、图 5-5 所示。

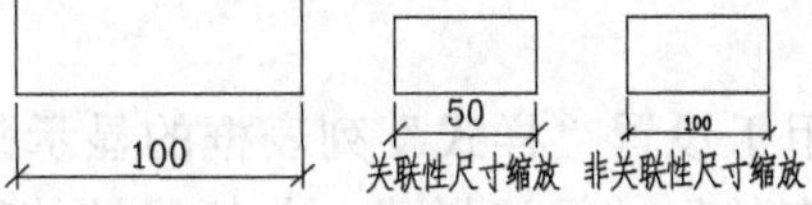

图 5-4　关联性尺寸和非关联性尺寸用比例缩放（SCALE）命令操作后的不同结果

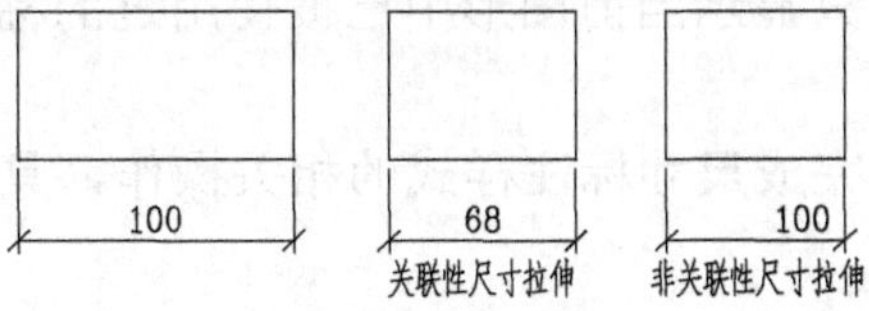

图 5-5　关联性尺寸和非关联性尺寸用拉伸（STRETCH）命令操作后的不同结果

山人指路

保持尺寸标注的关联性，尽量避免用分解（EXPLODE）命令分解尺寸标注。

5.2 尺寸标注样式

尺寸标注的外观，是各尺寸变量参数综合作用的具体体现。根据绘图的需要，可以预设几种尺寸变量参数组合，分别命名后存储为不同的标注样式，方便绘图时按需调用。

尺寸标注样式的相关操作在“标注样式管理器”对话框（图 5-6）中进行，下面对其进行介绍。

5.2.1 启动“标注样式管理器”

启动“标注样式管理器”对话框的常用方式如下：

➢ 工具栏：单击“标注”工具栏上的按钮。

➢ 下拉菜单：“格式”→“标注样式”或“标注”→“标注样式”。

➢ 命令行：DIMSTYLE（或 D）↙。

之后激活“标注样式管理器”对话框（图 5-6），该对话框包含了一些列表框和 7 个命令按钮。

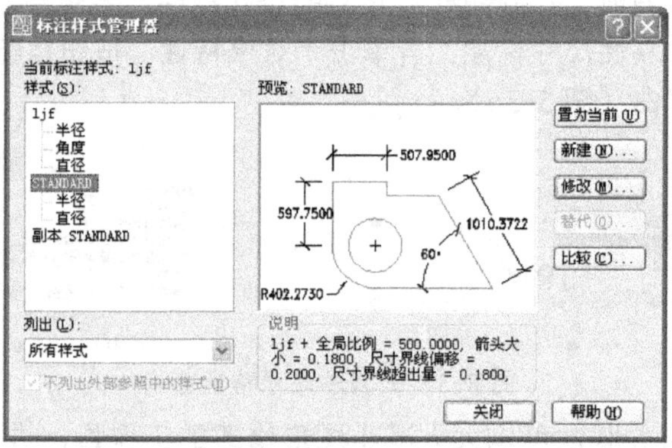

图 5-6 “标注样式管理器”对话框

1．**“样式”列表框与“当前标注样式”** 该列表框显示了当前图形文件中已存在的三种标注样式，其中当前标注样式为“ljf”（图 5-6）。右侧的“预览”区域显示了被选中样式（即列表框中带深底色的）的标注效果，在“说明”区域有相关的文字说明。

如果用户尚未创建任何尺寸标注样式，AutoCAD 将自动创建 STANDARD 样式，并将其设置为当前尺寸标注样式。

2．**“列出”下拉列表** 用于设置“样式”列表框的显示条件。

（1）所有样式：显示所有的尺寸标注样式，包括已被使用的和设置后未被使用的。

（2）正在使用的样式：只显示当前图形中已被使用过的标注样式，不显示设置后尚未被使用的标注样式。

其余 7 个命令按钮用于完成尺寸标注样式的相关操作，具体功能介绍见下面的内容。

5.2.2 创建新标注样式

创建新标注样式的操作主要有四大步骤，各步骤又由若干小步骤组成。下面通过具体实例进行讲解。

例题5-1 创建新标注样式“道路平面标注”，用于某道路施工平面图的路宽标注。

要求以 STANDARD 为基础样式，创建样式。标注尺寸箭头为“倾斜”标记。平面图打印比例为 1:500，绘图单位为米（m）（1 个图形单位=1m），打印后图纸上需要显示的尺寸标注文字字高为 3.5。

操作步骤如下：

第一步：在“标注样式管理器”对话框中单击[新建(N)...]**按钮。**

第二步：在激活的“创建新标注样式”对话框（图 5-7）中按需要进行操作。

“创建新标注样式”对话框中各选项含义如下：

- “新样式名”文本框：用于输入新建样式的名称。本例输入“道路平面标注”。
- “基础样式”下拉列表：用于选择新建样式的基础样式（即参考样板）。可通过右侧的下拉列表按钮选择一个已有的标注样式。本例选择基础样式为“STANDARD”。
- “用于”下拉列表：通过右侧的下拉列表按钮指定新建标注样式适用于哪种标注类型。若选择了“所有标注”，则创建的样式适用于所有标注类型；若选择了其他某种标注类型，则创建的样式仅适用该种标注类型。本例选择默认值“用于‘所有标注’”。
- “继续”按钮：单击后用于激活“新建标注样式”对话框（图 5-8）。

第三步：在激活的“新建标注样式”对话框中进行操作。

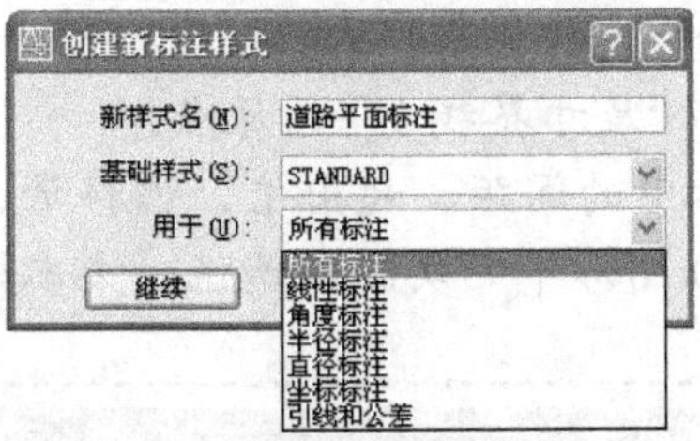

图 5-7 “创建新标注样式”对话框

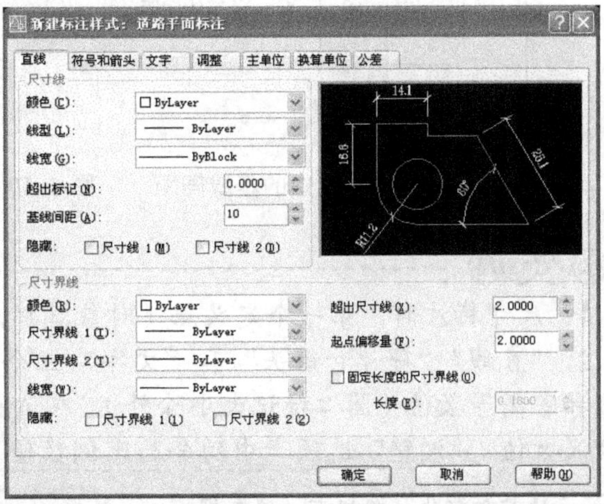

图 5-8 “新建标注样式”对话框（“直线”选项卡）

该对话框有 7 个选项卡，可以通过各选项卡中的相关参数设置来制定新建标注样式的格式与属性（图 5-8）。

1. **“直线”选项卡** 用于设置尺寸线和尺寸界线的格式与属性相关的几何参数。相关参数值可大致参照图 5-8 中的设置。

（1）设置控制“尺寸线”的参数。“尺寸线”选项组用于设置尺寸线的格式，其各项含义如下：

- “颜色”“线型”和“线宽”下拉列表：用于选择尺寸线的颜色、线型和线宽。默认值为“ByBlock（随块）”，若已建立了单独的“标注”相关图层，可选择“ByLayer（随层）”，以方便尺寸标注时颜色、线型和线宽等参数的整体控制。
- “超出标记”文本框：用于设置尺寸线超出尺寸界线的长度。当尺寸箭头使用建筑标记、倾斜、小点、积分或无标记时，需要进行该项设置。
- “基线间距”文本框：用于设置基线标注时尺寸线的间距。该选项仅对基线标注有效，输入值可以根据实际显示效果调整（图 5-9）。
- “隐藏”复选框：用于设置是否省略第一段、第二段尺寸线及相应箭头。一般选默认值，即两条尺寸线均可见。

（2）设置控制“尺寸界线”的参数。“尺寸界线”选项组用于设置尺寸界线的格式，其各项含义如下。

● “颜色”“尺寸界线 1”“尺寸界线 2”和“线宽”下拉列表：用于选择尺寸界线的颜色、线型和线宽。其设置与尺寸线的相应项相同。

● “隐藏”复选框：用于设置是否省略第一段、第二段尺寸界线。一般选默认值，即两条尺寸界线均可见。

● “超出尺寸线”文本框：用于设置尺寸界线超出尺寸线的距离。具体含义见图 5-10。

● “起点偏移量”文本框：用于设置尺寸界线的实际起点（标注完成后的尺寸界线起点）相对于其定义点（标注时的对象捕捉点）的偏移距离。具体含义见图 5-10。

● “固定长度的尺寸界线”复选框：勾选此框，并在“长度”文本框中输入设定的尺寸界线值，可使标注的连续尺寸外观整齐。

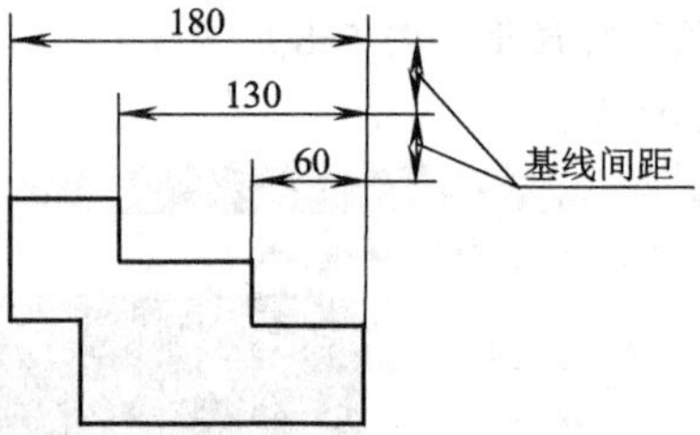

图 5-9　基线标注中的基线间距

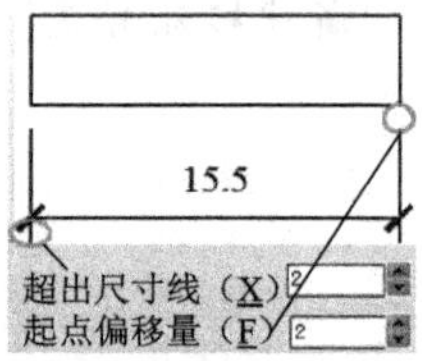

图 5-10　“超出尺寸线”和“起点偏移量”在尺寸标注中的具体含义

山人指路

1. 尺寸标注时，第一个定义点（对象捕捉点）为“尺寸界线 1”的原点。

2. “直线”“符号和箭头”和“文字”三个选项卡中的间距、超出值、偏移量、大小值和字高等数值（圆心标记大小除外），在 AutoCAD 图形中的实际显示值 = 文本框中的输入数值×“调整”选项卡中的全局比例数值。

2. **“符号和箭头”选项卡**　该选项卡用于继续控制尺寸标注的几何外观，设置包括箭头、圆心、弧长符号和半径折弯标注的形状、大小和位置。相关参数值可大致参照图 5-11 设置。

（1）设置控制“箭头”的参数。“箭头”选项组用于设置尺寸线两端箭头的形状和大小，其各项含义如下。

● “第一项”下拉列表：用于选择第一条尺寸界线一侧箭头的样式。若要使尺寸线两端的箭头样式相同，只需设置该选项即可。

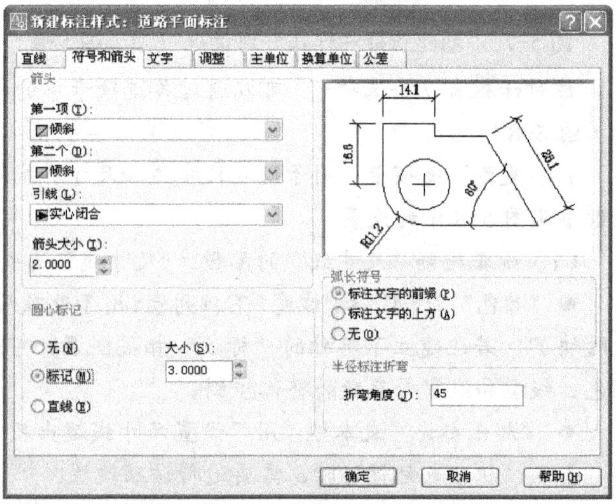

图 5-11　“符号和箭头”选项卡

● “第二个”下拉列表：用于选择另一端的箭头样式。若要设置另一端的箭头不同，可通过“第二个”下拉列表选择其他样式的箭头。

AutoCAD箭头的标准库提供了20种样式供用户选用。此外，也可以通过创建块（BLOCK）命令自定义用户箭头[详见P136/7.1.2“创建块（BLOCK）”]，然后在右侧的下拉列表中选择“用户箭头”后进行调用。

- “引线”下拉列表：用于设置引线标注时的箭头样式。
- “箭头大小”文本框：用于设置尺寸箭头的大小。可直接输入数值，也可通过按钮调整数值。

（2）设置控制“圆心标记”的参数。“圆心标记”选项组用于设置圆或圆弧的圆心标记的类型和大小，其各项含义如下。

- “无”选项：不标注任何标记。
- “标记”选项：用于在圆心位置绘制十字圆心标记。
- “直线”选项：用于在圆心位置生成中心线。
- “大小”文本框：用于指定“标记”和“直线”选项绘制的十字圆心标记大小，图形中实际线长等于该值的两倍。可直接输入数值，也可通过按钮调整数值。

（3）设置控制“弧长符号”的参数。“弧长符号”选项组用于设置弧长标注中圆弧符号的显示位置。其各项含义如下：

- “标注文字的前缀”选项：将圆弧符号放在标注文字的前面（图5-12a）。
- “标注文字的上方”选项：将圆弧符号放在标注文字的上方（图5-12b）。
- “无”选项：不显示圆弧符号（图5-12c）。

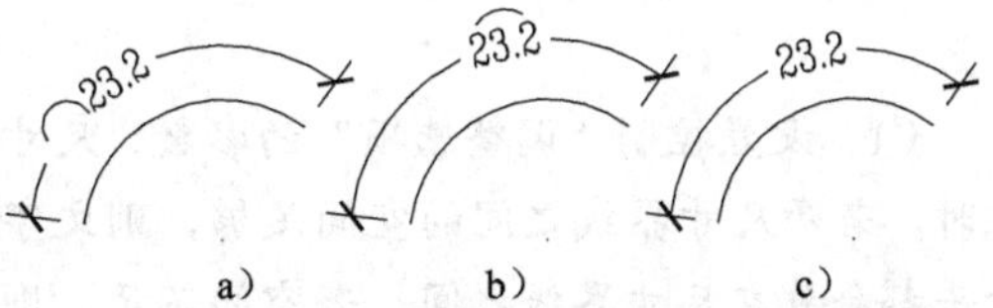

图5-12　弧长标注中圆弧符号显示位置

（4）设置控制“半径标注折弯”的参数。“半径标注折弯”选项组用于设置折弯半径标注中尺寸线横向线段的角度，其数值可以直接输入。

3.“文字”选项卡　该选项卡用于设置尺寸文字的外观、位置和对齐方式。相关参数值可大致参照图5-13设置。

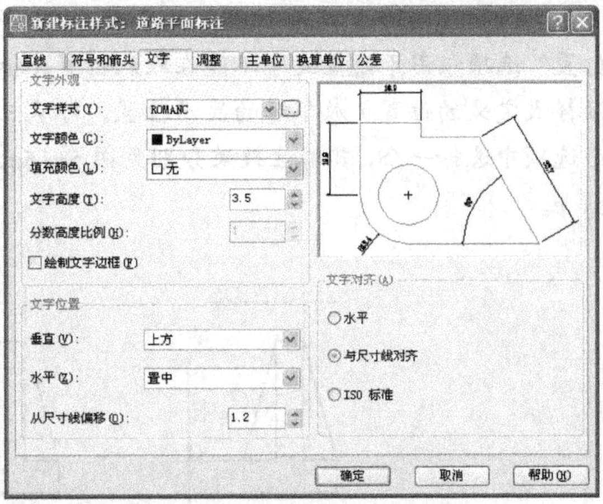

图5-13　“文字”选项卡

（1）设置控制“文字外观”的参数。“文字外观”选项组用于设置文字的样式、属性和字高等，其各项含义如下：

- “文字样式”下拉列表：用于选择标注文字的样式。右侧的下拉列表按钮中列出了当前图形已设置的全部文字样式，可从中选取合适的样式作为标注文字的样式。若要创建新文字样式或修改已创建的文字样式，可单击右侧的按钮，激活“文字样式”对话框进行相关操作（详见P78/图4-2“文字样式”对话框）。
- “文字颜色”下拉列表：用于设置标注文字的颜色。本例选“ByLayer（随层）”。
- “填充颜色”下拉列表：用于设置标注文字的背景颜色。
- “文字高度”文本框：用于设置标注文字的高度。输入数值“3.5”。

山人指路

“文字高度”的数值大小一般根据打印后图纸上需要显示的文字字高来设置。具体原因可见P105/“山人指路”。

● “分数高度比例”文本框：用于设置分数尺寸文本的相对高度系数。

● “绘制文字边框”复选框：用于设置是否在标注文字四周绘制一个矩形边框。

（2）设置控制“文字位置”的参数。“文字位置”选项组用于设置标注文字的位置，各参数设置后的效果将显示在预览区域，其各项含义如下：

● “垂直”下拉列表：用于设置尺寸文字相对于尺寸线在垂直方向的排列顺序。本例选择“上方”。

● “水平”下拉列表：用于设置尺寸文字相对于尺寸界线的水平位置。本例选择“置中”。

● “从尺寸线偏移”文本框：用于设置尺寸文字与尺寸线的距离，可输入 1～1.5 之间的数值。本例输入“1.2”。

（3）设置控制“文字对齐”的参数。“文字对齐”选项组用于设置标注文字的书写方向。共有“水平”“与尺寸线对齐”和“ISO 标准”三个选项，各选项的效果可在预览区域预览。本例选“与尺寸线对齐”。

4.“调整”选项卡 该选项卡用于设置标注文字与箭头、尺寸线的相对位置及尺寸标注全局比例等参数。相关参数值可大致参照图 5-14 设置。

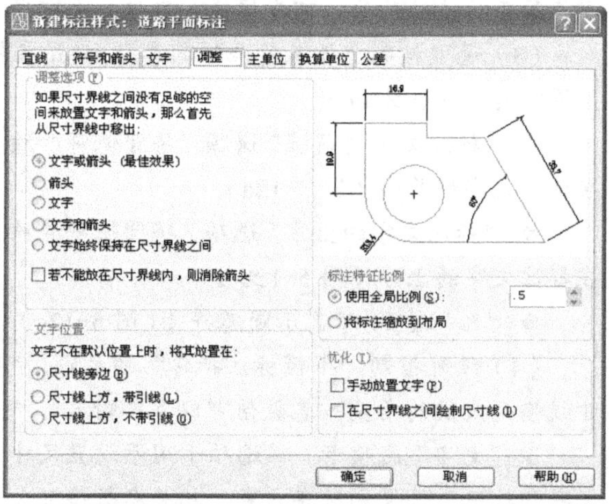

图 5-14 “调整”选项卡

（1）设置控制“调整选项”的参数。尺寸标注时，若两尺寸界线之间的空间足够，则文字和箭头都会放在尺寸界线之间。若空间不足，则按“调整选项”选项组设置的规则来放置。一般选择默认选项“文字或箭头（最佳效果）”。

（2）设置控制“文字位置”的参数。“文字位置”选项组用于设置文字不能在默认位置（标注样式定义的位置）放下时的显示位置。可从三个选项中选择一个，其标注效果分别见图 5-15a、b、c。

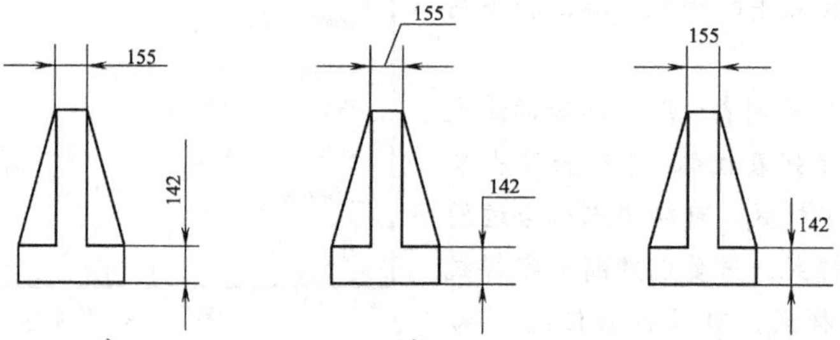

a） b） c）

图 5-15 标注文字的位置

（3）设置控制“标注特征比例”的参数。“标注特征比例”选项组用于设置尺寸标注的缩放比例。它是尺寸标注样式中指定的参数值如间距、超出值、偏移量、大小值和字高等的总比例系数。其各项含义如下。

● “使用全局比例”文本框：用于设置所有尺寸标注样式的总体比例系数，一般应与图形的打印比例一致。本例中平面图绘图单位为米（m），打印比例为 1:500，则打印单位 1mm 代表的实际尺寸为 500mm=0.5m=0.5 个图形单位，即打印比例为 1mm:0.5 个图形单位，因此输入“使用全局比例”值为 0.5。以尺寸标注文字字高为例，在标注样式中设定的文字高度为 3.5、全局比例系数为 0.5，则在图形中文字的实际高度值为 3.5×0.5 = 1.75 个图形单位；图形打印时的打印比例为 1:0.5，则打印后图形上显示的文字高度为 1.75×（1/0.5）=3.5，满足了出图字高要求（详见 P129/6.4 节“1:1 绘图与相关设置”）。

山人指路

选择“使用全局比例”是非常重要的设置步骤。其数值一般应与图形的打印比例一致。这个总比例系数定下后，与之相关的尺寸标注文字字高、箭头大小、偏移量等均可以根据打印后图形上需要显示的值来设定。因此，在尺寸标注样式设置中，第一步往往是在“调整”选项卡中设置全局比例系数值。

这种设置方法降低了标注样式参数数值设置的复杂性，有利于出图风格的统一。当需要以不同比例出图时，尺寸标注设置中唯一需要修改的就是“使用全局比例”的数值。

- “将标注缩放到布局”选项：选择该选项后，AutoCAD 会自动根据模型空间视口与布局（图纸空间）视口之间的比例关系来确定尺寸标注的缩放系数。需要在图纸空间出图时可以选择此选项。

（4）设置控制“优化”的参数。“优化”选项组用于对标注文本和尺寸线的细微调整，可同时选中两个选项。其各项含义如下：

- “手动放置文字”复选框：选中后，AutoCAD 将忽略文字水平位置的设置，标注时可将文字放在指定位置。尺寸标注时文字和尺寸线的位置随当前光标的移动而移动，位置确定后单击左键完成标注。
- “在尺寸界线之间绘制尺寸线”复选框：选中后，不管标注文字和箭头的位置如何，在两尺寸界线之间一定画出尺寸线。

5.**“主单位”选项卡**　该选项卡用于设置尺寸标注主单位的格式与精度、标注文字的前缀和后缀等参数。相关参数值可大致参照图 5-16 设置。

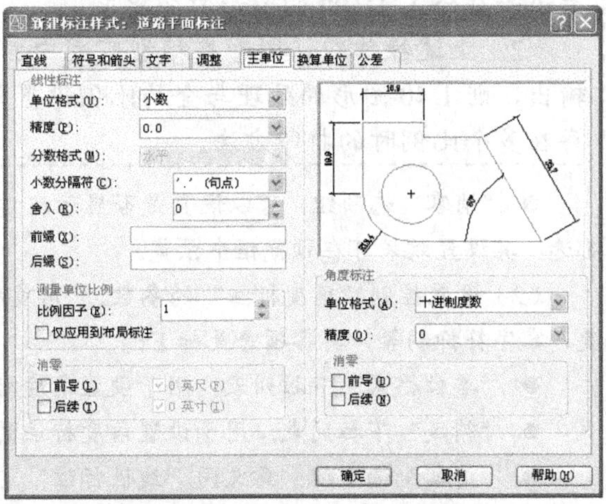

图 5-16 “主单位”选项卡

（1）设置控制“线性标注”的参数。“线性标注”选项组用于设置线性标注时的单位格式与精度、标注文字的前缀和后缀以及测量单位比例因子等，其各项含义如下：

- “单位格式”下拉列表：用于设置除角度标注之外的其余各标注类型的单位类型，包括“科学”“小数”“工程”“建筑”和“分数”等选项。
- “精度”下拉列表：用于设置除角度标注外的其他标注的尺寸精度。
- “分数格式”下拉列表：用于设置分数型尺寸文本的格式。
- “小数分隔符”下拉列表：用于设置小数的分隔符，一般选“‘·’（句点）”。
- “舍入”文本框：用于设置除角度标注外的尺寸测量值的舍入值。
- “前缀”和“后缀”文本框：用于设置标注文字的前缀和后缀，在相应的文本框中输入字符即可。应当注意的是，输入的前缀将替换掉任何默认的前缀。
- “测量单位比例”选项组中的“比例因子”文本框：用于设置测量尺寸的缩放比例（角度值

除外）。尺寸标注的数值等于该比例值乘以测量真实值。选中“仅应用到布局标注”复选框，可设置比例关系仅适用于布局（图纸空间）中创建的尺寸标注。

山人指路

1．“比例因子”数值的设定非常重要。AutoCAD 能进行 1:1 精确绘图，一般情况下尺寸标注的数值即为预先绘制对象的真实值（如长度、距离等）。因此比例因子通常选用默认值“1”。

但有时候需要在同一张图纸上绘制不同比例的图形，这就会有设置“比例因子”数值不为“1”的情形。如某市政排水处理构筑物平面图上需要设置 1:100（平、立、剖面图）和 1:40（局部放大图绘制）两种比例，绘图单位为毫米（mm）（1 图形单位=1mm），图形的打印比例按大部分图形的打印比例选用 1:100。

1:100 是大部分图形的打印比例，故可以先创建一个名为“标注 100”的标注样式，“使用全局比例”设置为 100、“比例因子”选用默认值“1”，其余参数设置见前述内容。然后再以“标注 100”为基础样式，新建标注样式“标注 40”。两种样式参数设置的唯一不同之处就在于“比例因子”数值，“标注 40”的设定值为 40/100=0.4；其余参数包括“使用全局比例”均沿用“标注 100”的，不做修改。

所有图形先按 1:1 绘制。1:100 的图形直接以“标注 100”为当前标注样式进行标注。1:40 的图形先放大 100/40=2.5 倍后，再以“标注 40”为当前标注样式进行标注。

设 1:40 的图形中某线段按 1:1 绘制后长度测量真实值为 L，放大 2.5 倍后其测量真实值变为 2.5L，尺寸标注值为 2.5L 乘以“比例因子”0.4，结果为 2.5L×0.4=L。即标注的长度数值满足了要求，但经过这一放、一缩的操作，相关尺寸标注的文字字高、箭头大小等符合了 1:100 的图形打印要求。

2．上述操作默认图形在模型空间中打印输出。若图形在图纸空间（布局）中打印输出，则 1:40 图形的处理与全局比例设置就不必如此复杂。详见 P184/例题 11-3：图形存在多个比例时的打印方法。

- “消零”选项组：可以设置是否显示尺寸标注中的“前导”和“后续”零。可二选一或两项都选，其设置效果可在预览框中预览。

（2）设置控制“角度标注”的参数。“角度标注”选项组用于设置角度标注时的单位格式与精度、零字符抑制等，其各项含义如下：

- “单位格式”下拉列表：用于设置角度标注的格式。
- “精度”下拉列表：用于设置角度标注的精度。
- “消零”选项组：意义同“线性标注”选项组的相同项。

6．“换算单位”选项卡 该选项卡用于指定标注测量值中换算单位的显示并设置其格式和精度。在图上可同时标注米制单位和英制单位，主要用于国际交流。

7．“公差”选项卡 该选项卡用于设置是否标注公差，以及以何种方式进行标注，主要用于机械制图。

第四步：单击任一选项卡上的“确定”按钮，返回“标注样式管理器”对话框。此时，创建新标注样式“道路平面标注”操作完成，“标注样式管理器”对话框中显示新建样式“道路平面标注”。

5.2.3 指定当前标注样式

如前所述[详见 P81～85/4.2.1 节“单行文字（DTEXT）”和 4.2.2 节“多行文字（MTEXT）”]，不管是单行文字还是多行文字，输入的文字都是遵循当前文字样式中设置的字体等参数规则。

与此类似，AutoCAD 默认以当前标注样式设置的尺寸变量参数进行尺寸标注。因此，用户在进行尺寸标注前，首先要根据实际需要在已存在的标注样式中选择合适的一种，并将其指定为当前标注样式。

当前标注样式在“标注样式管理器”对话框的“样式”列表框上方显示（见 P100/图 5-6）。若要更改当前标注样式为“道路平面标注”，可以通过下列方法之一来实现：

➢ “样式”列表框：左键双击样式“道路平面标注”。
  或左键单击选中样式“道路平面标注”→单击 置为当前(U) 按钮。
  或右键单击选中样式“道路平面标注”→下拉菜单中选择“置为当前”。

当前标注样式在“标注”工具栏上也有显示，如图 5-17 所示，当前标注样式为“A”。

图 5-17 “标注”工具栏上显示的“当前标注样式”

因此，也可以通过以下方式更改当前标注样式为“道路平面标注”。

➢ “标注”工具栏：单击“标注样式控制”下拉列表按钮→选择样式“道路平面标注”。

山人指路

1. 标注前预先指定合适的标注样式为当前样式，养成良好习惯以减少修改工作量。

2. 通过“标注”工具栏中的“标注样式控制”下拉列表按钮来指定当前标注样式，是绘图过程中最便捷的指定方式。

5.2.4 创建标注样式的子样式

P100/5.2.2 节“创建新标注样式”中创建的标注样式“道路平面标注”是适用于“所有标注”的，若以它为当前样式进行尺寸标注，所有的标注箭头都将会是“倾斜”的，如 P102/图 5-11 预览区域所示。

在市政道路尺寸标注中，对圆、圆弧和角度的标注箭头一般是“实心闭合”的。此时，可以再次创建一个新标注样式“半径标注”以便对道路转弯半径进行标注，但这种方式在标注时会多一步切换“当前标注样式”的操作。另一种方式是以“道路平面标注”为基础样式，创建用于“半径标注”的子样式，设置其中的半径标注箭头为“实心闭合”。这样就可以在当前样式“道路平面标注”中进行半径标注，而不用切换当前标注样式。

例题5-2 创建“道路平面标注”的子样式，用于道路转弯半径尺寸标注。

接例题 5-1，道路转弯半径标注尺寸箭头为“实心闭合”，其他设置与“道路平面标注”相同。

操作步骤如下：

第一步：启动“标注样式管理器”对话框。

第二步：选中“样式”列表框中的标注样式“道路平面标注”。

第三步：单击[新建(N)...]按钮。

第四步：在激活的“创建新标注样式”对话框中，选择用于“半径标注”，此时“新样式名”文本框自动变为灰色（图 5-18）。

第五步：单击[继续]按钮。

第六步：在激活的“新建标注样式”对话框中进行修改（该对话框内容与“新建标注样式”对话框完全相同）。本例仅需在“符号和箭头”选项卡中选择“第一项”为“实心闭合”即可。

第七步：修改完毕后，单击[确定]按钮，返回“标注样式管理器”对话框。此时，已在“道路平面标注”样式下生成了子样式“半径”（图 5-19）。

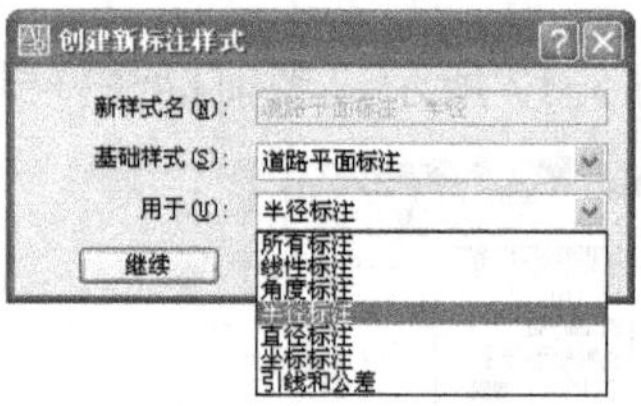

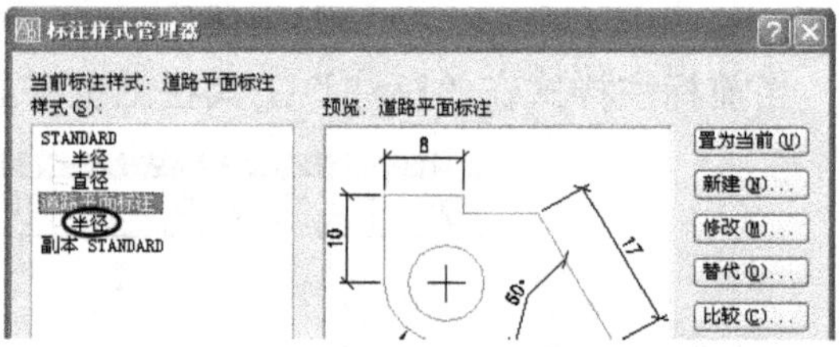

图 5-18 创建用于“半径标注”的子样式对话框　图 5-19 子样式在“标注样式管理器”中的显示位置

第八步：单击[关闭]按钮，完成修改操作。

这样，以“道路平面标注”为当前标注样式进行尺寸标注时，只有半径标注的尺寸箭头是“实心闭合”的，其余标注类型的尺寸箭头仍是“倾斜”的。

创建“直径标注”和“角度标注”子样式的操作步骤同上。

山人指路

在创建适用于当前图形的尺寸标注之后，可根据实际需要新建用于特殊（如半径、直径或角度等）标注的子样式，这样可减少切换当前标注样式的工作量。

5.2.5 修改已存在的标注样式

（1）启动“标注样式管理器”对话框。

（2）选中“样式”列表框中需要修改的标注样式名。

（3）单击[修改(M)...]按钮。

（4）在激活的“修改标注样式”对话框中进行修改（该对话框内容与“新建标注样式”对话框完全相同）。

（5）修改完毕后，单击[确定]按钮，返回“标注样式管理器”对话框。

（6）单击[关闭]按钮，完成修改操作。

5.3 尺寸标注的方法与类型

5.3.1 尺寸标注的方法与一般步骤

1.**“标注”工具栏的调用**　“标注”工具栏（图 5-20）最简单的调用方法如下：

（1）在 AutoCAD 用户界面的任意工具栏上单击鼠标右键。

（2）在激活的下拉菜单中选择“标注”。

（3）拖动弹出的“标注”工具栏至用户界面合适位置。

图 5-20 “标注”工具栏

2．尺寸标注命令的调用 尺寸标注命令的调用方式如下：

➢ 工具栏：单击“标注”工具栏上的相应按钮。

➢ 命令行：相应标注命令的英文全称（或快捷命令）↙。

➢ 下拉菜单：“标注”→选择相应标注命令。

3．尺寸标注的一般步骤

（1）指定当前标注样式。

（2）设置并启用对象捕捉功能。

（3）调用相应命令进行尺寸标注。

5.3.2 线性类尺寸标注

线性类尺寸标注是市政工程绘图中最常用的标注方式，包括线性标注、对齐标注、基线标注和连续标注四类。

1．线性标注（DIMLINEAR） 用于标注图形对象在水平方向、垂直方向或这两个方向投影的尺寸，这两个方向的尺寸标注方法相同。命令的调用方式如下：

➢ 工具栏：单击“标注”工具栏上的按钮。

➢ 命令行：DIMLINEAR（或 DIMLIN）↙。

➢ 下拉菜单：“标注”→“线性”。

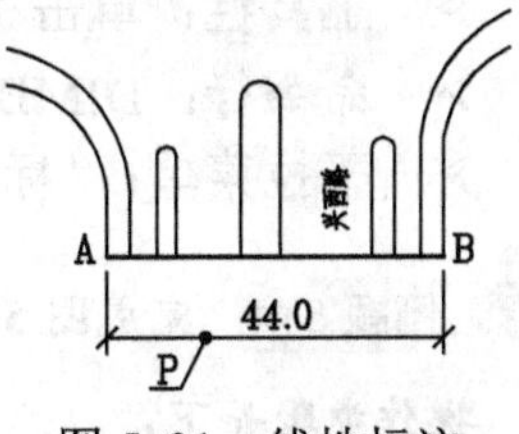

图 5-21 线性标注

例题 5-3 以“道路平面标注”为当前样式，标注图 5-21 所示的线性标注。

操作步骤如下：

指定当前标注样式为“道路平面标注”；进行对象捕捉设置，勾选其中的“端点”捕捉，并开启对象捕捉（【F3】）；启动线性标注命令后，命令行提示如下：

命令：_dimlinear

指定第一条尺寸界线原点或<选择对象>：（“端点”捕捉模式下，移动光标选择 A 点）

指定第二条尺寸界线原点：（“端点捕捉”模式下，移动光标选择 B 点）

指定尺寸线位置或[多行文字(M)/文字(T)/角度(A)/水平(H)/垂直(V)/旋转(R)]：（移动十字光标，在 P 点位置单击鼠标左键，以确定尺寸线的位置）

标注文字=44.0（AutoCAD 自动标注文字 44.0）

各选项含义如下：

● 选择对象：在命令行提示下，若直接按回车键或鼠标右键，则程序提示“选择标注对象”。此时可以用拾取框直接点选线段 AB，命令行直接提示“指定尺寸线位置或……”。

● 多行文字（M）：通过多行文字编辑器输入标注文字。可以在标注文字“44.0”前后输入前缀和后缀，也可以用新内容替换“44.0”。

- 文字（T）：在命令行输入替代文字。
- 角度（A）：设置标注文字相对于尺寸线的旋转角度。
- 水平（H）：在水平方向进行尺寸标注。
- 垂直（V）：在垂直方向进行尺寸标注。
- 旋转（R）：在指定角度的投影方向进行尺寸标注。

2．**对齐标注**（DIMALIGNED） 用于标注倾斜图形对象，标注尺寸线与所标注直线或两尺寸界线原点连线平行。命令的调用方式如下：

➢ 工具栏：单击“标注”工具栏上的按钮。

➢ 命令行：DIMALIGNED↙。

➢ 下拉菜单：“标注”→“对齐”。

命令行提示及操作方法与线性标注命令类似，但只有多行“文字（M）”“文字（T）”和“角度（A）”三个选项。其标注效果如图5-22所示。

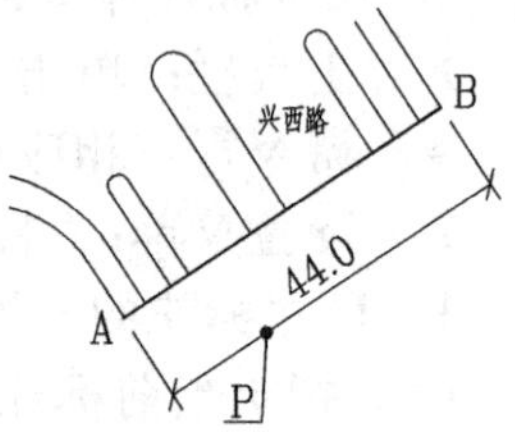

图5-22 对齐标注

3．**基线标注**（DIMBASELINE） 基线标注用于标注从同一基准测量的多个平行尺寸。标注前必须先进行一次基准标注（线性标注或角度标注或坐标标注），该基准标注的第一条尺寸界线原点就是基线标注的基准（图5-23）。

各平行尺寸的间距由P101/图5-8“直线”选项卡中的“基线间距”控制。

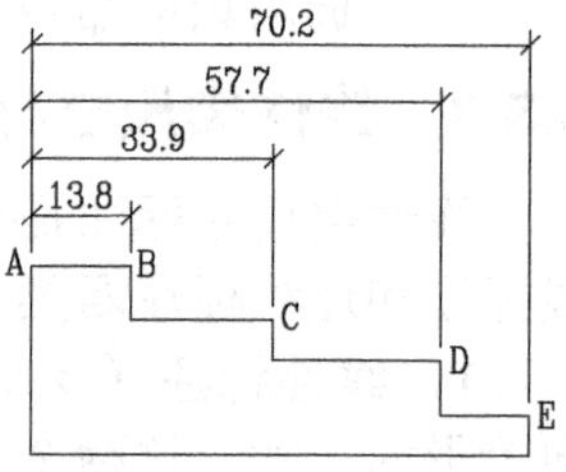

图5-23 基线标注

命令的调用方式如下：

➢ 工具栏：单击“标注”工具栏上的按钮。

➢ 命令行：DIMBASELINE↙。

➢ 下拉菜单：“标注”→“基线”。

例题5-4 完成图5-23所示的基线标注。

操作步骤如下：

第一步：设置并打开对象捕捉，按线性标注的操作步骤和要求，完成线段AB的标注。

第二步：启动基线标注命令。命令行提示如下：

命令：_dimbaseline

指定第二条尺寸界线原点或[放弃(U)/选择(S)]<选择>：（用鼠标选择C点）

标注文字=33.9（AutoCAD自动完成尺寸标注）

指定第二条尺寸界线原点或[放弃(U)/选择(S)]<选择>：（用鼠标选择D点）

标注文字=57.7（AutoCAD自动完成尺寸标注）

指定第二条尺寸界线原点或[放弃(U)/选择(S)]<选择>：（用鼠标选择E点）

标注文字=70.2（AutoCAD自动完成尺寸标注）

指定第二条尺寸界线原点或[放弃(U)/选择(S)]<选择>：（按右键或【Esc】键取消）

选择基准标注：（选择其他尺寸标注进行新的基线标注；此时，也可以再次按右键或【Esc】键退出命令）

各选项含义如下：

● 放弃（U）：撤销刚完成的那一个基线标注。

● 选择（S）（或按右键）：选择其他尺寸标注（线性标注或角度标注或坐标标注）作为新的基准标注。

以角度标注或坐标标注为基准标注的基线标注，具体操作可参照例题 5-4 的步骤进行。

4．**连续标注**（DIMCONTINUE） 用于标注一连串首尾相接的尺寸。标注前也必须先进行一次基准标注（线性标注、角度标注或坐标标注），每一个标注的第二条尺寸界线原点就是下一个尺寸标注的第一条尺寸界线原点。命令的调用方式如下：

➢ 工具栏：单击“标注”工具栏上的按钮。

➢ 命令行：DIMCONTINUE↙。

➢ 下拉菜单：“标注”→“连续”。

命令行提示和操作方法与基线标注类似。标注效果如图 5-24 所示。

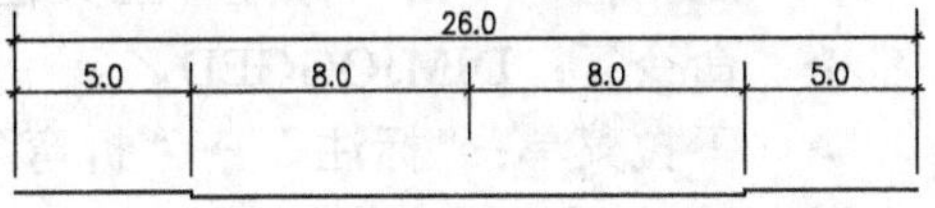

图 5-24　道路横断面尺寸连续标注

5.3.3　圆弧类尺寸标注

圆弧类尺寸标注包括弧长标注、半径标注、折弯标注、直径标注和角度标注五类。

1．**弧长标注**（DIMARC） 用于标注圆弧的弧线长度，命令的调用方式如下：

➢ 工具栏：单击“标注”工具栏上的按钮。

➢ 命令行：DIMARC↙。

➢ 下拉菜单：“标注”→“弧长”。

启动命令后，命令行提示如下：

命令：_dimarc

选择弧线段或多段线弧线段：（用拾取框选择弧线段或多段线的弧线段）

指定弧长标注位置或[多行文字(M)/文字(T)/角度(A)/部分(P)/引线(L)]:（移动十字光标至适当位置，单击左键，以确定尺寸线的位置）

标注文字=24.2（AutoCAD 自动完成尺寸标注，效果如图 5-25 所示）

各选项含义如下：

● 部分（P）：标注所选弧线段或多段线弧线段的部分弧长，需按提示以对象捕捉方式指定标注的两个端点。

● 引线（L）：当所选弧长大于 90° 时，在命令行输入 L 并回车可在标注弧长的同时加注径向引线。

● 其余选项含义同线性标注。

弧长标注中圆弧符号的显示位置见 P102/图 5-11 中“弧长符号”选项组相关设置。

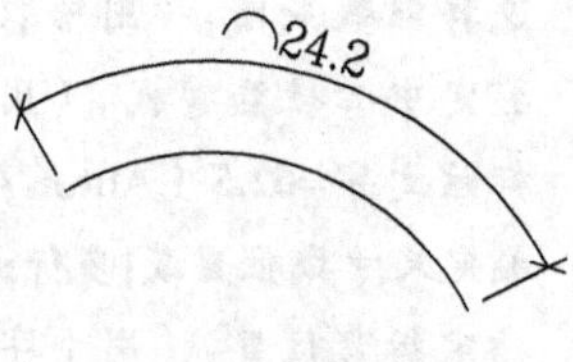

图 5-25　弧长标注

2．**半径标注**（DIMRADIUS） 用于标注圆或圆弧的半径，命令的调用方式如下：

➢ 工具栏：单击“标注”工具栏上的按钮。

➢ 命令行：DIMRADIUS↙。

➢ 下拉菜单：“标注”→“半径”。

启动命令后，命令行提示如下：

命令：_dimradius

选择圆弧或圆：（用拾取框选择圆弧或圆）

标注文字=15.0（AutoCAD 自动显示所选对象的半径数值）

指定尺寸线位置或[多行文字(M)/文字(T)/角度(A)]：（移动鼠标至适当位置，单击左键，以确定尺寸线的位置）

各选项含义同前，标注效果如图 5-26 所示。

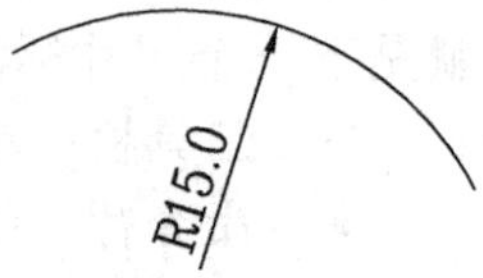

图 5-26　半径标注

3．**折弯标注**（DIMJOGGED）　用于大圆弧的半径标注，命令的调用方式如下：

➢ 工具栏：单击“标注”工具栏上的按钮。

➢ 命令行：DIMJOGGED↙。

➢ 下拉菜单：“标注”→“折弯”。

启动命令后，命令行提示如下：

命令：_dimjogged

选择圆弧或圆：（用拾取框选择圆或圆弧）

指定中心位置替代：（用十字光标选取标注起点，以代替标注对象的圆心）

标注文字=62.5（AutoCAD 自动显示所选对象的半径数值）

指定尺寸线位置或[多行文字(M)/文字(T)/角度(A)]：（用十字光标选取尺寸线和标注文字的位置）

指定折弯位置：（用十字光标选取折弯位置）

各选项含义同半径标注，标注效果如图 5-27 所示。

折弯角度大小设置见 P102/图 5-11 中“半径标注折弯”选项组的设置。

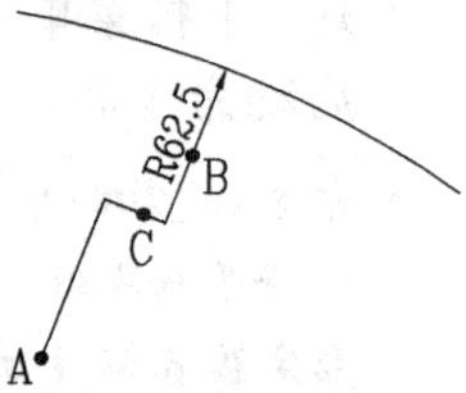

图 5-27　折弯标注

例题 5-5　完成图 5-27 所示的折弯标注。

操作步骤如下：

启动命令后，命令行提示如下：

命令：_dimjogged

选择圆弧或圆：（用拾取框选择圆弧）

指定中心位置替代：（用十字光标选取标注起点 A，以代替标注对象的圆心）

标注文字=62.5（AutoCAD 自动显示所选对象的半径数值）

指定尺寸线位置或[多行文字(M)/文字(T)/角度(A)]：（用十字光标选取尺寸线和标注文字的位置 B）

指定折弯位置：（用十字光标选取折弯位置 C，完成标注）

4．**直径标注**（DIMDIAMETER）　用于标注圆或圆弧的直径，命令的调用方式如下：

➢ 工具栏：单击“标注”工具栏上的按钮。

➢ 命令行：DIMDIAMETER↙。

➢ 下拉菜单：“标注”→“直径”。

启动命令后，命令行提示和操作方法与半径标注类似，标注效果如图 5-28 所示。

图 5-28　直径标注

5．**角度标注**（DIMANGULAR）　用于标注圆弧或圆上某段圆弧的中心角、两条非平行直线的夹角等。命令的调用方式如下：

➢ 工具栏：单击“标注”工具栏上的△。

➢ 命令行：DIMANGULAR↙。

➢ 下拉菜单：“标注”→“角度”。

（1）标注两条非平行直线的夹角。以两条直线的（虚或实）交点为角顶点进行角度标注。

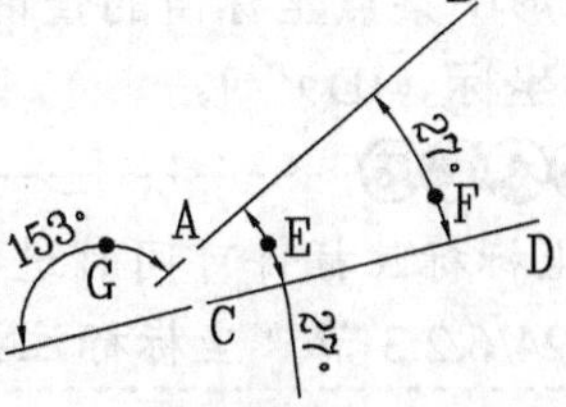

图 5-29 标注两条非平行直线的夹角

例题 5-6 完成图 5-29 所示的角度标注。

操作步骤如下：

启动命令后，命令行提示如下：

命令：_dimangular

选择圆弧、圆、直线或<指定顶点>：（用拾取框选择直线 AB）

选择第二条直线：（用拾取框选择直线 CD）

指定标注弧线位置或[多行文字(M)/文字(T)/角度(A)]：（移动十字光标至适当位置如 E 点或 F 点，单击左键，确定尺寸线的位置）

标注文字=27（AutoCAD 自动完成尺寸标注）

另外，若拖动十字光标至 G 点，则标注的是两直线夹角的补角，标注文字为 153°。

（2）标注圆弧的中心角。以圆心为角顶点，圆弧的两端点作为两条角边的端点进行角度标注。

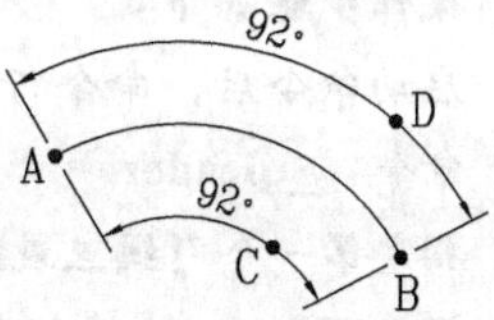

图 5-30 标注圆弧的中心角

例题 5-7 完成图 5-30 所示的角度标注。

操作步骤如下：

启动命令后，命令行提示如下：

命令：_dimangular

选择圆弧、圆、直线或<指定顶点>：（用拾取框选择圆弧 AB）

指定标注弧线位置或[多行文字(M)/文字(T)/角度(A)]：（移动十字光标至适当位置如 C 点或 D 点，单击左键，确定尺寸线的位置）

标注文字=92（AutoCAD 自动完成尺寸标注）

（3）标注圆上某段圆弧的中心角。以圆心为角顶点，选取圆时的拾取点为第一条边线的端点，第二条边线可以在圆周上，也可以在圆内或圆外。

命令行提示和操作方法与标注圆弧的中心角类似，标注效果如图 5-31 所示。

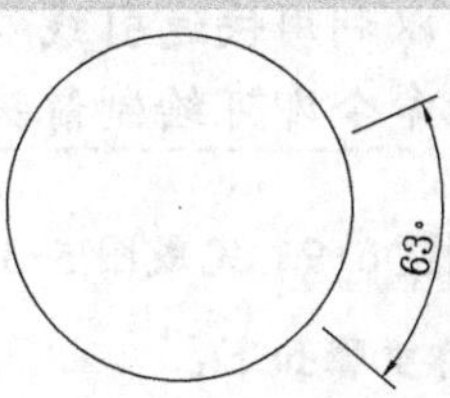

图 5-31 标注圆上某段圆弧的中心角

5.3.4 坐标点标注

用于标注图形中某点相对于坐标原点的绝对坐标值（即在 X 方向和 Y 方向的垂直距离）。命令的调用方式如下：

➢ 工具栏：单击“标注”工具栏上的⊭按钮。

➢ 命令行：DIMORDINATE↙。

➢ 下拉菜单：“标注”→“坐标”。

AutoCAD 一次只能完成一个坐标值的标注（即不能同时标注 X 和 Y 的坐标值），因此实际应用时推荐使用多行文字或单行文字命令输入坐标值。

图形中某点坐标值的查询，可通过按钮或在命令行输入“ID”来查询[详见 P72/3.4.4 节“点坐标（ID）”]。

山人指路

坐标标注插件可同时进行 X、Y 的坐标值标注，且可设置 X、Y 坐标值互换。具体见 P124/6.2.3 节“坐标标注插件（CJP_ZBBZ）”。

5.3.5 快速引线标注

当图形中某一部位注释空间不够时，可通过引线引出至合适位置并标注注释文字。标注文字的字高由 P103/图 5-13 中“文字外观”选项组“文字高度”文本框控制。命令的调用方式如下：

- 工具栏：单击“标注”工具栏上的按钮。
- 命令行：QLEADER↙。
- 下拉菜单：“标注”→“引线”。

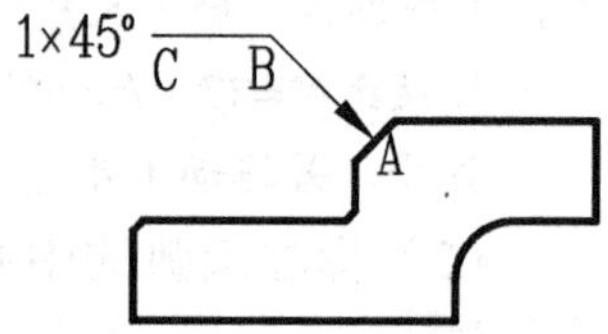

图 5-32　快速引线标注

例题 5-8　完成图 5-32 所示的快速引线标注。

操作步骤如下：

启动命令后，命令行提示如下：

命令：_qleader

指定第一个引线点或[设置(S)]<设置>：（用十字光标捕捉倒角中点 A 为第一个引线点）

指定下一点：（移动十字光标至 B 点，以确定箭头长度）

指定下一点：（移动十字光标至 C 点，以确定水平线长度）

输入注释文字的第一行<多行文字(M)>：1×45%%D↙（输入注释文字）

输入注释文字的下一行：*取消*（可继续输入注释文字，也可以按鼠标右键或【Esc】键结束命令）

<设置>选项可进入“引线设置”对话框对引线标注相关参数进行设置。

山人指路

可以利用快速引线命令绘制箭头。本例中，在确定 A 点和 B 点后，按键盘【Esc】键退出命令即可绘制箭头。

例题 5-9　完成图 5-33 所示的坡向箭头标注。

操作步骤如下：

启动命令后，命令行提示如下：

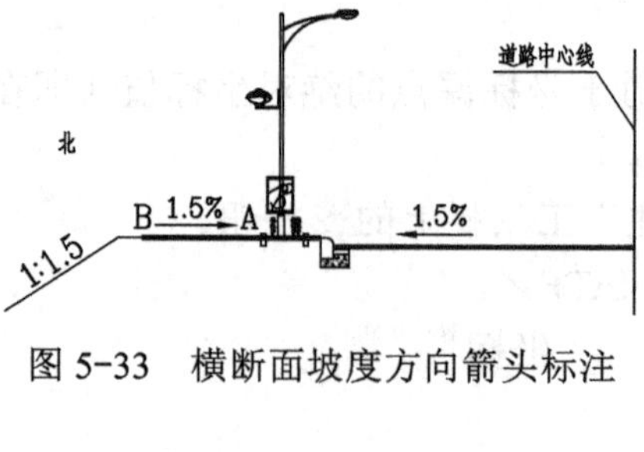

图 5-33　横断面坡度方向箭头标注

命令：_qleader

指定第一个引线点或[设置(S)]<设置>：（用十字光标在图上选择 A 点为第一个引线点）

指定下一点：<正交开>（打开正交模式【F8】，移动十字光标至 B 点，确定箭头长度）

指定下一点：*取消*（箭头标注完成，按【Esc】键结束命令）

用单行文字命令输入文字 1.5%，或复制（COPY）已有文字至箭头上方并修改文字内容。另外一个坡向箭头可用镜像（MIRROR）命令完成。

山人指路

最后一步箭头标注完成后，只能按【Esc】键结束命令，而不能按鼠标右键，否则命令行会提示输入注释文字。

5.3.6 快速标注

用于对同一类型图形进行一次性集中标注，如成组的基线标注、连续标注、坐标点标注、大量圆或圆弧的半径标注等。命令的调用方式如下：

- 工具栏：单击“标注”工具栏上的按钮。
- 命令行：QDIM↙。
- 下拉菜单：“标注”→“快速标注”。

启动命令后，命令行提示如下：

命令：_qdim

关联标注优先级=端点

选择要标注的几何图形：（框选或拾取框点选同类型的图形对象，选择完毕后单击右键或按回车键确认）

指定尺寸线位置或[连续(C)/并列(S)/基线(B)/坐标(O)/半径(R)/直径(D)/基准点(P)/编辑(E)/设置(T)]<连续>：（默认为连续标注，可以在命令行输入相关字母确认后进行一次性标注）

该命令可以进行“连续（C）”“并列（S）”“基线（B）”“坐标（O）”“半径（R）”及“直径（D）”等一系列标注。

5.4 尺寸标注的编辑

AutoCAD 提供了多种方式以方便用户对尺寸标注进行编辑。标注样式的修改可参照 P108/5.2.5 节“修改已存在的标注样式”进行。下面介绍几个常用的标注编辑命令。

5.4.1 通过“特性”对话框编辑尺寸标注

该命令已在 P64/3.1.21 节“对象特性（PROPERTIES）”中介绍过。现针对尺寸标注编辑再作进一步说明。

最快捷的命令调用方式：在尺寸标注的任意位置双击左键。此外也可以通过单击按钮等方式启动“特性”窗口。

在该窗口中，可以对所选尺寸标注进行的编辑有：尺寸标注的基本特性（颜色、图层、线型、线型比例等）、更改标注样式等，以及“修改已存在标注样式”中七个选项卡的内容。

当需要修改标注文字时，可左键单击“文字”栏的“文字替代”右侧文本框，出现闪动的竖条后，即可输入替代文字（图 5-34）。

此外，也可以通过“文字”工具栏中的 A/ 按钮（或命令行输入“DDEDIT”）对标注文字的内容等属性进行修改（图 5-35）。

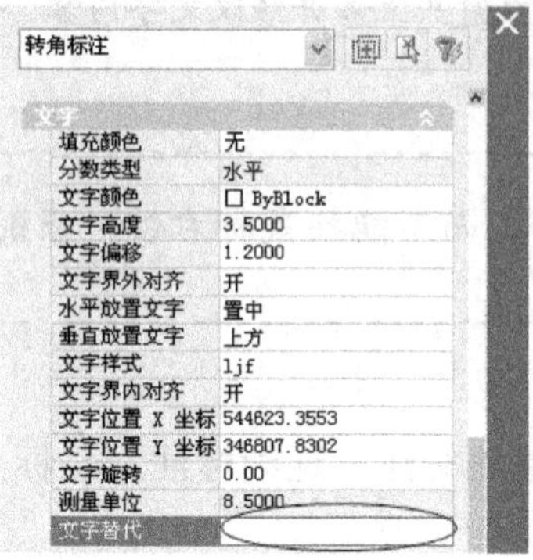

图 5-34 “特性”对话框中修改标注文字

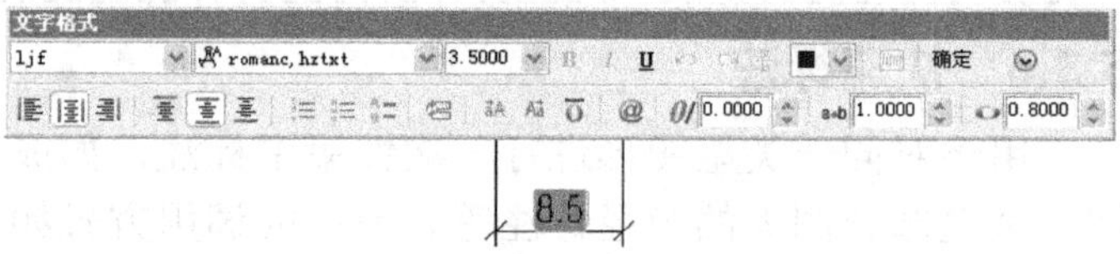

图 5-35 编辑文字对话框

山人指路

1. 本节内容与 P108/5.2.5 节“修改已存在的标注样式”在本质上并无区别，但“特性”窗口以列表形式列出了可修改的所有尺寸标注特性，修改时更为方便。

2. 通过“特性”窗口编辑尺寸标注只对选中的尺寸标注进行编辑操作；而“修改已存在的标注样式”则对所有使用了该标注样式的尺寸标注进行统一编辑。

5.4.2 编辑标注

用于编辑已标注尺寸的文字内容、位置、转角和尺寸界线的倾斜角度。命令的调用方式如下：

- 工具栏：单击“标注”工具栏上的按钮。
- 命令行：DIMEDIT↙。

启动命令后，命令行提示如下：

命令：_dimedit

输入标注编辑类型[默认(H)/新建(N)/旋转(R)/倾斜(O)]<默认>：（如图 5-36 所示，从弹出的“输入标注编辑类型”单选框中单击左键选择所需类型；也可以在命令行输入相应选项的英文字母后按回车键或鼠标右键确认）

各选项含义如下：

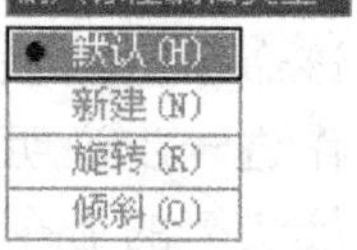

图 5-36 “输入标注编辑类型”单选框

- 默认（H）：把选中的标注文字移回到由其标注样式指定的默认位置和旋转角。
- 新建（N）：使用多行文字编辑器更改标注文字。用尖括号“< >”表示生成的测量值。要给生成的测量值添加前缀或后缀，则在尖括号前后输入前缀或后缀。要编辑或替换生成的测量值，则应先删除尖括号，再输入新的标注文字后确认。
- 旋转（R）：旋转标注文字到指定角度。
- 倾斜（O）：尺寸线方向不变，调整线性标注尺寸界线倾斜至某个指定角度（尺寸界线与 X 坐标轴的夹角），采用该选项可避免尺寸界线与图形对象重叠。

5.4.3 编辑标注文字

用于编辑标注文字的位置和旋转角度。命令的调用方式如下：

➢ 工具栏：单击“标注”工具栏上的按钮。

➢ 命令行：DIMTEDIT↙。

启动命令后，命令行提示如下：

命令：_dimtedit

选择标注：（拾取框点选需要编辑的一个尺寸标注，按右键或回车键确认）

指定标注文字的新位置或[左(L)/右(R)/中心(C)/默认(H)/角度(A)]：

各选项含义如下：

● 指定标注文字的新位置（默认选项）：移动十字光标将标注文字移至合适位置，按左键确认。

● 左（L）/右（R）：移动标注文字沿尺寸线左/右对正，对线性标注、直径和半径标注有效。

● 中心（C）：移动标注文字至尺寸线中间位置。

● 默认（H）：移动标注文字至其标注样式指定的默认位置处。

● 角度（A）：按指定角度旋转标注文字。

作　业

1．单选题

（1）执行（　　）命令，可打开“标注样式管理器”对话框，在其中可对标注样式进行设置。

A．DIMRADIUS　　B．DIMSTYLE

C．DIMDIAMETER　　D．DIMLINEAR

（2）（　　）命令用于创建平行于所选对象或平行于两尺寸界线原点连线的直线形尺寸。

A．对齐标注　　B．快速标注　　C．连续标注　　D．线性标注

（3）下面（　　）命令用于测量并标注被测对象之间的夹角。

A．DIMANGULAR　　B．ANGULAR

C．QDIM　　D．DIMRADIUS

（4）半径尺寸标注的标注文字的默认前缀是（　　）。

A．D　　B．R　　C．Rad　　D．Radius

（5）标注角度尺寸时，尺寸数字一律水平写，尺寸界线沿径向引出，（　　）画成圆弧，圆心是角的顶点。

A．尺寸线　　B．尺寸界线　　C．尺寸线及其终端　　D．尺寸数字

（6）标注圆的直径尺寸时，一般尺寸线应通过圆心，（　　）指到圆弧上。

A．尺寸线　　B．尺寸界线　　C．尺寸数字　　D．尺寸箭头

（7）下面（　　）命令用于标注在同一方向上连续的线性尺寸或角度尺寸。

A．DIMBASELINE　　B．DIMCONTINUE

C．QLEADER　　D．QDIM

（8）连续标注是（　　）的标注。

A．自同一基线处测量　　B．线性对齐

C．首尾相连　　D．增量方式创建

（9）下面（　　）命令用于在图形中以第一尺寸线为基准标注图形尺寸。

A．DIMBASELINE　B．DIMCONTINUE　C．QLEADER　D．QDIM

（10）快速标注的命令是（　　）。

A．QDIMLINE　B．QDIM　C．QLEADER　D．DIM

（11）使用快速标注命令标注圆或圆弧时，不能自动标注（　　）选项。

A．半径　B．基线　C．圆心　D．直径

2．多选题

（1）尺寸标注的编辑有（　　）。

A．倾斜尺寸标注　B．对齐文本　C．自动编辑　D．标注更新

（2）绘制一个线性尺寸标注，必须（　　）。

A．确定尺寸线的位置　　B．确定第二条尺寸界线的原点

C．确定第一条尺寸界限的原点　　D．确定箭头的方向

（3）AutoCAD 中包括的尺寸标注类型有：（　　）。

A．ANGULAR（角度）　　B．DIAMETER（直径）

C．LINEAR（线性）　　D．RADIUS（半径）

（4）设置尺寸标注样式有（　　）几种方法。

A．“格式”→“标注样式”选项

B．在命令行中输入 DDIM 命令后按下回车键

C．单击“标注”工具栏上的“标注样式”图标按钮

D．在命令行中输入 STYLE 命令后按下回车键

（5）在“新建标注样式”对话框“符号和箭头”选项卡中的“圆心标记”区，所供用户选择的选项包含（　　）选项。

A．标记　B．无　C．圆弧　D．直线

（6）DIMLINEAR（线性标注）命令允许绘制（　　）方向以及（　　）方向的尺寸标注。

A．垂直　B．对齐　C．水平　D．圆弧

（7）对于“标注”→“坐标”命令，以下正确的是（　　）。

A．可以输入多行文字　　B．可以输入单行文字

C．可以一次性标注 X 和 Y 的坐标　　D．可以改变文字的角度

3．上机练习

（1）按 1:1000 的比例完成 P76/图 3-29 的尺寸标注。

（2）打开图形文件“5 尺寸标注操作训练-1”（登录 http://www.cmpedu.com 下载），参照图 5-37 和图 5-38 完成尺寸标注。已知该施工图打印比例为 1:500，绘图单位为米（m），打印后图纸上需要显示的尺寸标注文字字高为 3.5。要求如下：

1）创建用于尺寸标注的图层“标注”，颜色为“绿色”，线型为“细实线”，线宽为“默认”。

2）以“STANDARD”为基础样式，创建新标注样式“bzxl”，用于“所有标注”，尺寸箭头为“倾斜”；文字选用“romanc+hztxt”组合。其余设定参照 P100/例题 5-1。

3）在“bzxl”基础上，新建用于“角度标注”的子样式，修改“符号和箭头”选项卡中选择“第一项”为“实心闭合”。创建用于“半径标注”的子样式，要求同“角度标注”。

4）标注前设置好当前标注样式，开启对象捕捉【F3】。

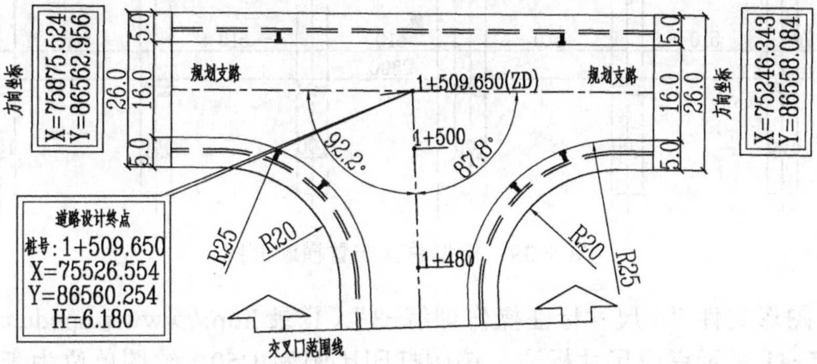

图 5-37　道路交叉口尺寸标注

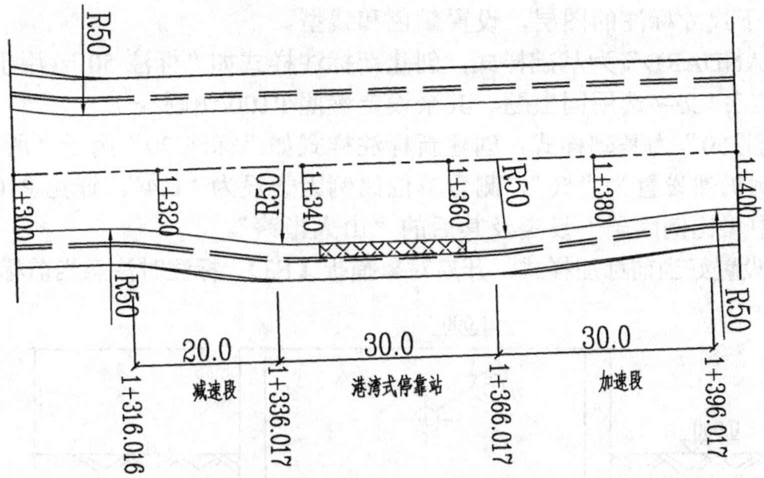

图 5-38　港湾式停靠站尺寸标注

（3）打开图形文件“5 尺寸标注操作训练-2（登录 http://www.cmpedu.com 下载）”，按图 5-39 所示完成尺寸标注。已知该方案设计图打印比例为 1:200，绘图单位为厘米（cm），打印后图纸上需要显示的尺寸标注文字字高为 3。要求如下：

1）创建用于尺寸标注的图层，设置颜色和线型。

2）以“STANDARD”为基础样式，创建新标注样式，用于“所有标注”，尺寸箭头为“实心闭合”；文字选用同上题。其余设定参照 P100/例题 5-1。

3）其余文字选用“仿宋_GB2312”。

4）标注前设置好当前标注样式，开启对象捕捉【F3】。

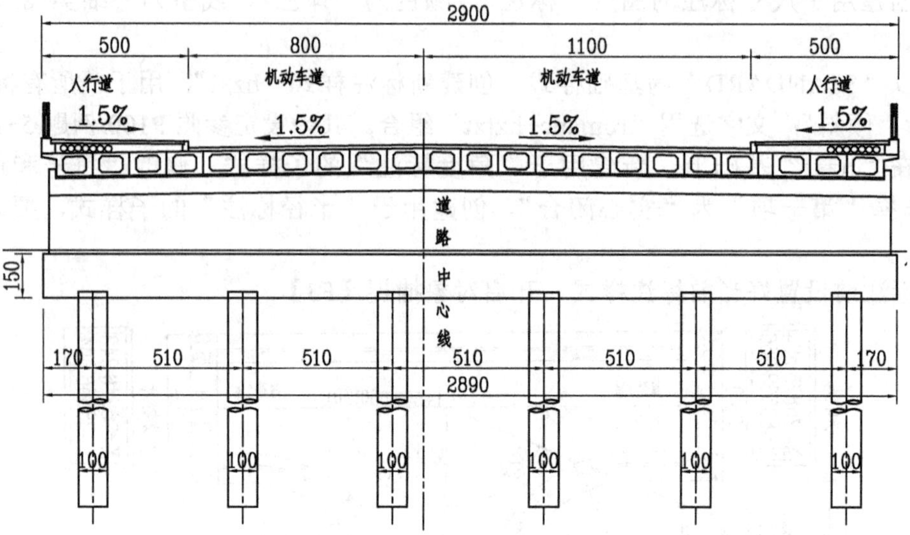

图 5-39　桥型总体布置横断面图

（4）打开图形文件“5 尺寸标注操作训练-3”（登录 http://www.cmpedu.com 下载），按图 5-40 和图 5-41 所示完成尺寸标注。该图打印比例为 1:50，绘图单位为毫米（mm），打印后图纸上需要显示的尺寸标注文字字高为 3。要求如下：

1）创建用于尺寸标注的图层，设置颜色和线型。

2）以“STANDARD”为基础样式，创建新标注样式如“标注 50”，用于“所有标注”，尺寸箭头为“点”；文字选用同上题。其余设定参照 P100/例题 5-1。

3）以“标注 50”为基础样式，创建新标注样式如“标注 20”用于“所有标注”。注意其中的全局比例仍然设置为“50”，测量单位比例因子设为“0.4”。详见 P105/图 5-16“主单位”选项卡中“比例因子”设定及其后的“山人指路”。

4）标注前设置好当前标注样式，开启对象捕捉【F3】。标注时注意当前标注样式的切换。

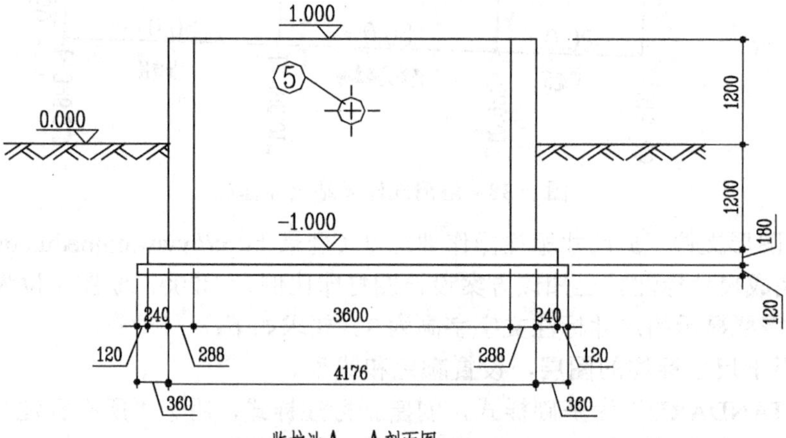

图 5-40　监护池 A-A 剖面图

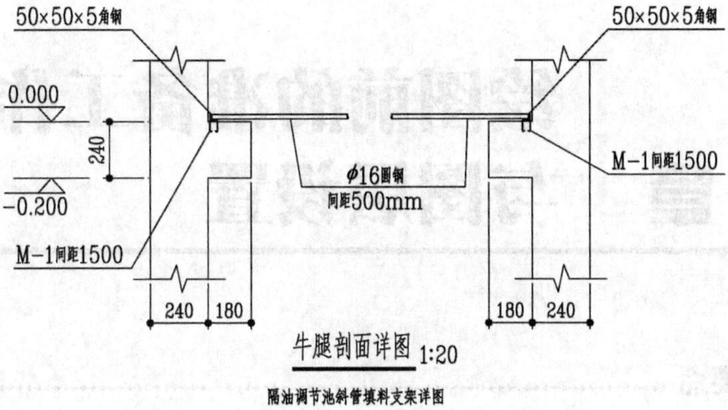
50×50×5角钢
50×50×5角钢
0.000
240
-0.200
ϕ16圆钢
间距500mm
M-1间距1500
M-1间距1500
240
180
180
240
牛腿剖面详图 1:20
隔油调节池斜管填料支架详图

图 5-41　牛腿剖面详图

第6章 绘图前的准备工作与图层设置

学习要点

知识点

- 基础知识：绘图前的准备工作内容、图层的概念与图层特性、设计中心的功能与操作步骤、图形清理命令。
- 重点知识：实用插件的加载步骤与使用方法、图层的创建与管理、1:1 绘图与相关设置、图框调入的方法。

技能要求

- 掌握图形绘制前基本准备工作的步骤。
- 掌握图层的创建与特性设置。
- 熟练进行实用插件的加载与使用。
- 掌握 1:1 绘图与字高、图框等的设置原则。
- 掌握图框的插入与比例设置。
- 熟练运用设计中心进行图层、标注样式、文字样式等的移植。

以上章节学习了 AutoCAD 的基本知识与相关技巧。在绘制复杂图形（如完整的市政道路和市政给水排水施工图）前，有必要对绘图前的准备工作与图层设置进行系统介绍。

6.1 绘图环境的设置

见 P15/1.9 节“绘图环境的设置”，主要包括界面选项设置、常用命令快捷键的修改、工具栏按钮的自定义和 Support 文件的备份等。

6.2 一些实用插件的加载

设计人员或程序爱好者们编写了许多实用的插件。这些插件或简化了某方面的操作步骤，或集成与加强了某方面的功能，给设计工作带来了极大方便。插件的一般加载方法为：

- 下拉菜单：“工具”→“加载应用程序”。
- 命令行：AP↙。

之后，激活“加载/卸载应用程序”对话框（图6-1）。当用户仅需一次性加载某插件时，可单击[加载(L)]按钮，并按提示选择合适路径下的插件。当用户需要永久性加载某插件时，可单击“启动组”下面的[内容(O)...]按钮，并按提示选择合适路径下的插件。

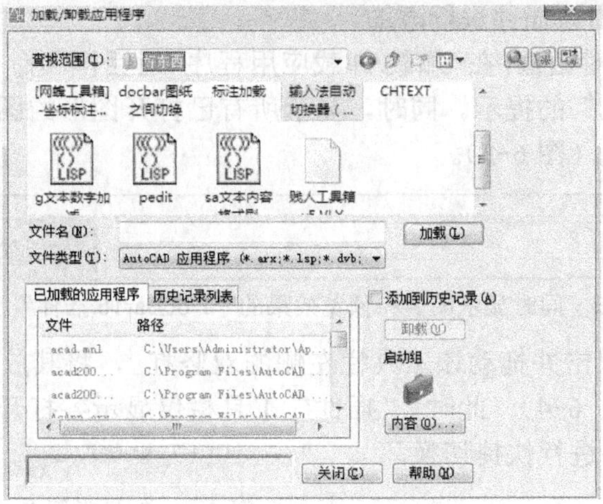

图 6-1 “加载/卸载应用程序”对话框

一次性加载某插件，仅对打开的当前 AutoCAD 程序有效，程序重启后不会自动加载。而添加到“启动组”的插件则能在以后的程序启动中自动加载。因此，通常选用“启动组”中的[内容(O)...]按钮来加载插件。

用户可以通过网络等途径自行搜索相关插件。下面仅对市政工程设计中几个较实用的插件作简单介绍。

6.2.1 图纸之间切换插件（DocBar）

AutoCAD 同时打开多个图形文件时，可通过键盘组合键【Ctrl+Tab】实现图形文件的切换，也可以单击“窗口”下拉菜单并选择相应图形文件来实现文件切换。这两种方法都不够直观、快捷。

图纸之间切换插件（DocBar）是著名的标签式浏览插件。它能快捷切换已打开的图形文件，类似于 Excel 中的工作表标签，还可根据需要调整大小和显示位置。支持版本从 AutoCAD 2002 到 AutoCAD 2012。

插件加载过程如下：

（1）单击图 6-1 中“启动组”下面的[内容(O)...]按钮，在激活的“启动组”对话框（图 6-2a）左下角单击[添加(A)...]按钮。

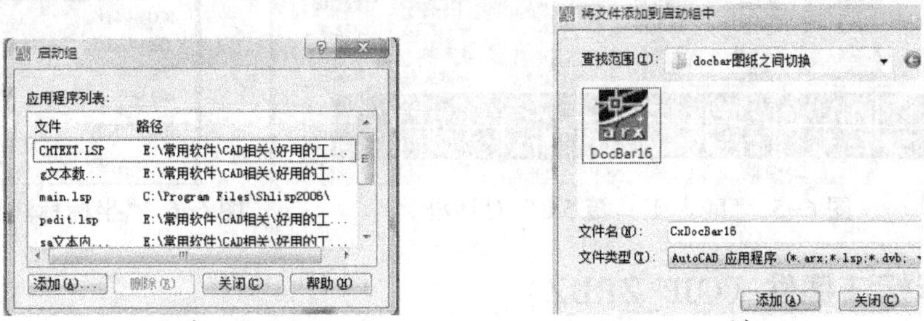

a） b）

图 6-2 图纸之间切换工具 DocBar 的加载

（2）在弹出的“将文件添加到启动组中”对话框（图 6-2b）中，根据“查找范围”确定 DocBar16（支持 AutoCAD 2006 的 DocBar 版本）插件位置，选择该插件后按底部的 添加(A) 按钮或直接双击该插件进行添加。

（3）依次关闭上述对话框，在“加载/卸载应用程序”对话框和命令窗口会出现 DocBar16 插件已加载到“启动组”的提示。同时，显示所有已打开图形的图名和预览效果的工具栏会在命令窗口右侧出现（图 6-3）。

图 6-3　同时显示图名和预览效果的“DocBar16 插件”工具栏

（4）用户还可以单击并拖动该工具栏左侧的双竖杠，将其放置在“模型与布局选项卡”控制按钮下方（图 6-4）。此时，“插件”工具栏仅显示各打开图形的名称，用户可直接点选所需的图形文件进行快捷切换。

图 6-4　仅显示图名的“DocBar16 插件”工具栏

6.2.2　贱人工具箱

该工具箱由网友“贱人”开发，目前最新版本为“贱人工具箱 5.8”。它集成了工程设计常用的 220 多个实用插件，按修改、文字、标注、块和图层等多个板块进行归类，适用于 Windows 2000 至 Windows 7 各操作系统下安装的 AutoCAD 2000 及以上各版本。

工具箱的加载方法同上。重启 AutoCAD 程序后，在命令行输入字母 Y 或 YY 可启动工具箱对话框（图 6-5）。注册用户可自行设置常用命令的快捷键，并将常用的命令按钮集成至“我的贱人”工具面板上，以工具栏形式显示在用户界面。

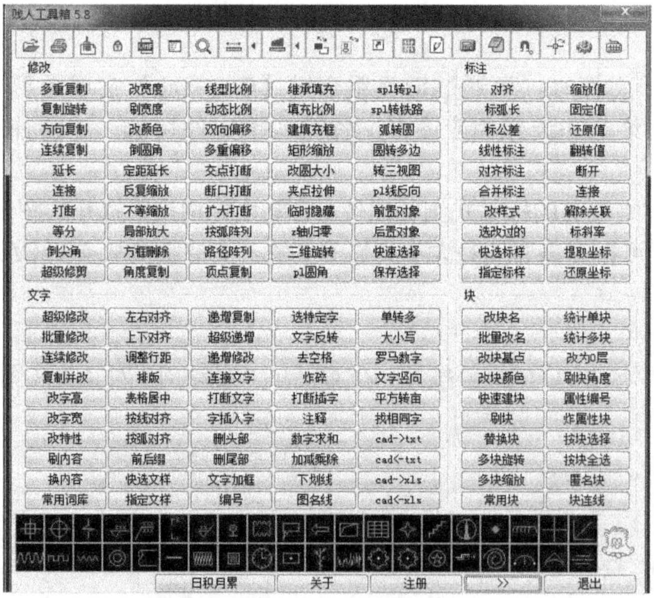

图 6-5　“贱人工具箱 5.8”对话框

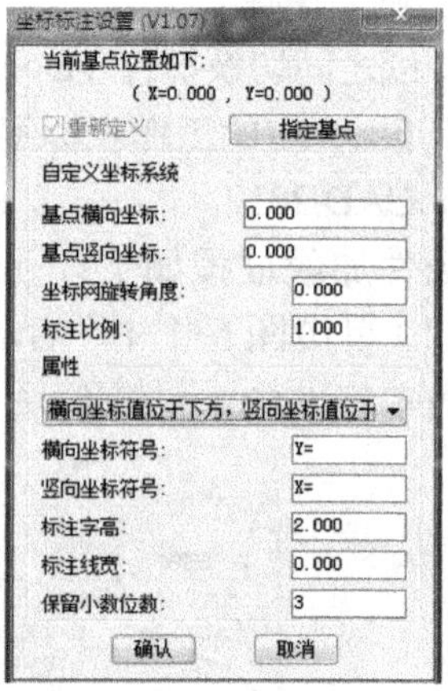

图 6-6　“坐标标注设置”对话框

6.2.3　坐标标注插件（CJP_ZBBZ）

该插件由云南省设计院陈家平编写，可实现点坐标的快速标注。

插件的加载方法同上。启动命令后，选择“设置（S）”选项，可进入“坐标标注设置”对话框对标注属性进行设置（图 6-6）。当需要对已标注坐标的字体、字高或自定义坐标系统等标注设置进行更改时，可选择“更新（G）”选项进行自动批量更新。

6.2.4 Auto CAD 输入法自动切换

该插件目前最新版本为 V3.8。通过相应设置（图 6-7），文字编辑状态时 AutoCAD 自动切换至指定的中文输入法，结束文字编辑后自动切换回英文状态。习惯以键盘输入命令法启动命令的用户，可省去命令输入和文字编辑之间中英文状态的频繁切换。

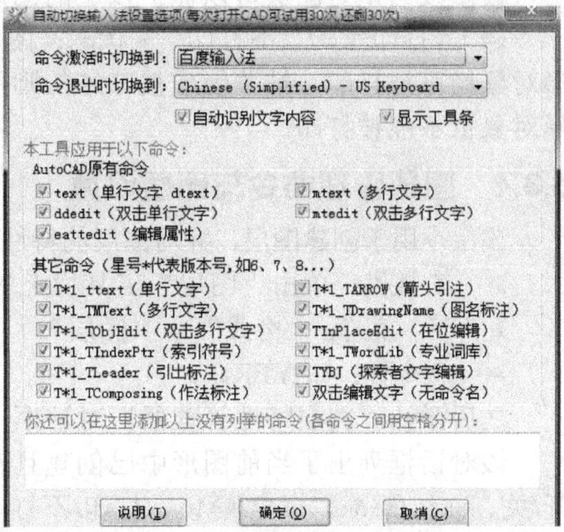

图 6-7 “自动切换输入法设置选项”对话框

6.3 图层

6.3.1 图层的概念

AutoCAD 的图层，与警方用于拼出嫌犯轮廓的塑料透明拼图类似。用户可以把图层想象为没有厚度的透明图纸，层层重叠放置，组成一张完整的图形。

图层是用户对 AutoCAD 图形对象进行分组归类管理的有效工具。用户将图形对象按其性质分别绘制在不同图层上，通过设置各图层的开/关、冻结/解冻、锁定/解锁和打印/不打印等状态，控制图形文件的可见性和可操作性，以使图面清晰、操作方便。在复杂的市政工程设计中，更是可以极大地提高绘图效率。例如，市政污水管网规划图中，可根据需要显示干管走向图、次干管走向图等。

6.3.2 图层的性质

理论上，可以在一个图形文件中建立任意多个图层。各图层均可设置特定的名称，拥有任意的颜色、线型和线宽。各图层的图形界限、坐标系统和缩放比例因子等完全相同，任一图层上同一坐标点位置完全重合。

各图层均拥有唯一的图名。其中“0”图层为 AutoCAD 默认创建的，用户无法对其进行重命名或删除操作，但可以修改其他属性。其他图层是根据需要创建的，用户可修改其所有属性。图层的默认颜色为“白色”，默认线型为“Continuous（连续线）”。

此外，在进行尺寸标注操作时，AutoCAD 会自动创建一个默认不可打印的“Defpoints”层。该图层是建立在“0”图层基础上的，用户同样无法对其进行重命名或删除操作。

用户只能在当前层进行图形绘制。当前层可以从已创建的任意一个层中选取，但当前层只能有一个。

6.3.3 图层的状态

图层有四种状态，对应了不同的可见性与可操作性。

（1）“开”/“关”状态：图层处于“开”状态时，图层上的图形对象是可见且可被修改的。图层处于“关”状态时，图层上的图形对象不可见，但仍参与“重生成”命令的刷新操作。

（2）“冻结”/“解冻”状态：图层处于“冻结”状态时，图层上的图形对象不可见，同时也不参与“重生成”命令的刷新操作。因此，在复杂图形中冻结暂不需要的图层（如“地形图”层），可加快图形的刷新速度。

（3）“锁定”/“解锁”状态：图层处于“锁定”状态时，图层上的图形对象可见但不可被修改。锁定图层可以保护该层的图形对象不被选中和不被修改。

（4）“打印”/“不打印”状态：图层默认都是处于“打印”状态的，此时可见的图形对象均可被打印，被关闭或被冻结的则不可被打印。处于“不打印”状态时，可见的图形对象也不能被打印。

6.3.4 图层管理命令与图层设置

该命令用于创建图层，并对图层的特性、状态等进行设置与管理。命令的调用方式如下：

➢ 工具栏：单击“图层”工具栏上的按钮。

➢ 下拉菜单：“格式”→“图层”。

➢ 命令行：LAYER↙。

之后激活“图层特性管理器”对话框（图6-8）。

该对话框列出了当前图形中已创建且符合过滤条件的所有图层，包括各图层的名称、开/关、冻结/解冻、锁定/解锁、打印/不打印等状态，以及颜色、线型和线宽等特性的设置情况。用户可在此对话框进行以下操作。

1. **创建新图层** 单击“新建图层”按钮，图层列表中将出现一个名为“图层1”的新图层。新图层的各项特性状态与之前选中的某个图层一致。

2. **设置图形特性**

（1）设置图层名。单击选中需要修改的图层名，稍候片刻再次单击该图层名，待该图层名进入可编辑状态即可输入新的图层名。

（2）设置图层状态。单击所选图层的开/关、冻结/解冻、锁定/解锁或打印/不打印的当前状态图标，可切换至另一种状态。

（3）设置颜色、线型和线宽特性。单击所选图层的相关特性，可激活相应对话框进行选择，之后单击 确定 按钮，即可完成相关设置。对线型的设置，还可在激活的“选择线型”对话框（图6-9）中单击下方的 加载(L)... 按钮，在线型库中选择更多线型。

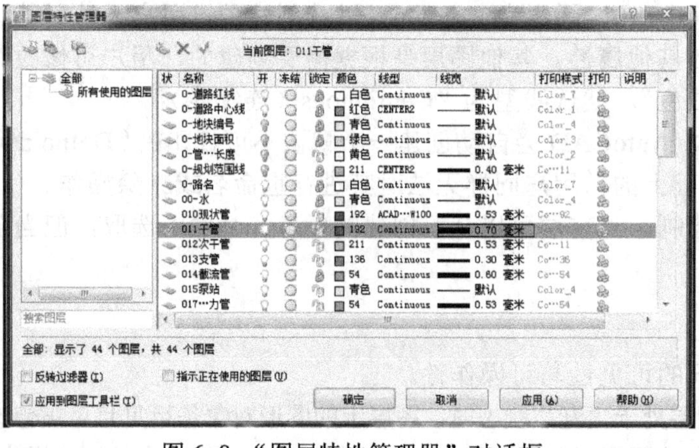

图6-8 “图层特性管理器”对话框

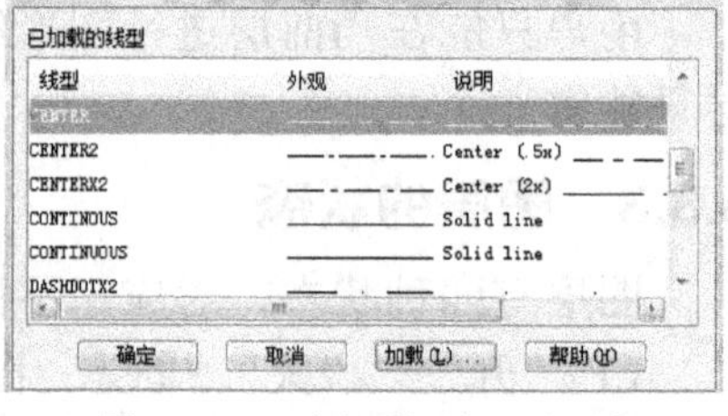

图6-9 “选择线型”对话框

山人指路

1. 充分发挥图层的分组归类管理功能。绘图前，最好能按个人习惯和专业特点建立相应的图层。在不确定是否需要创建新图层的情况下，优先考虑创建。切记：不同图层上的图形对象进行图层合并是很容易的，但同一图层上的对象要分层往往很麻烦。

2. 灵活命名图层名称。图层名称最好是能反应图形实际意义的中文。此外，图层按名称排列的顺序依次为数字、字母和中文。图层命名时，可根据专业特点和实际操作情况，在中文名称前加上数字，使图层能归类显示，以方便图层查找（图 6-8）

3. 尽量保持“0”图层为空层，即不作为专门的绘图层。在插入块或图层清理前将其切换为当前层使用。

4. 熟练应用开/关、冻结/解冻和锁定/解锁这三个图层状态。尤其是锁定/解锁、开/关，可使图形选择更方便、视图更清晰。在有复杂地形图加载的情况下使用冻结功能，还可以加快图形刷新和存盘速度。

5. 图层颜色的设置。图层设置不同的颜色可方便图形对象的查看，且在改变其图层时变化比较明显。考虑到图形打印时的线宽设置，专业图层（如道路的轮廓线、给水排水管道的管道线）一般不选用 1～7 号颜色，而选用其他特殊显眼的颜色（图 6-8）。地形图层一般设置 8 号颜色“灰色”。

3. **设置当前层** 绘制的图形均属于当前层。为了方便图形对象的归类管理，绘图过程中必须及时切换当前层。

山人指路

严格遵循“及时切换当前层”的原则。绘图过程中应根据所绘制图形对象的属性及时切换当前层，切忌一个图层绘制到底，从而给后续修改工作带来很大麻烦。

当前层会显示在“图层特性管理器”对话框上方（图 6-8），也会在用户界面的“图层”工具栏上显示（图 6-10）。

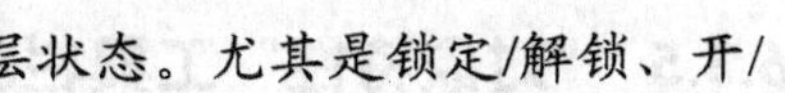

图 6-10 “图层”工具栏上显示的当前层“011 干管”

用户可以通过下列方法之一设置任何图层为当前层：

（1）在“图层特性管理器”对话框中双击需要设为当前层的图层名，然后单击 确定 按钮退出对话框。

（2）在“图层特性管理器”对话框中单击选中需要设为当前层的图层名，然后单击“置为当前”按钮，最后单击 确定 按钮退出对话框。

（3）单击“图层”工具栏中“当前层”状态栏右侧的，在弹出的下拉列表中选择需要设置为当前层的图层名。

（4）单击“图层”工具栏中的“将对象的图层置为当前”按钮（图 6-10），选择该图层的任意图形对象。

4. **删除图层** 用户可对没有图形对象的空图层进行删除操作，但下列图层不能被删除：“0”图层、“Defpoints”层、当前层、依赖外部参照的层（详见 P138/7.2 节“外部参照”）和包含对象的层。

在“图层特性管理器”对话框选中需要删除的层，然后单击“删除图层”按钮即可。AutoCAD 支持键盘键【Shift】或【Ctrl】的多选。

当图形比较复杂或经过了长时间的操作，用户不能确定哪些是可删除的图层，可使用清理（PURGE）命令或自定义的命令按钮（详见 P18/1.9.3 节“自定义工具栏”）进行图层删除。

命令被激活后弹出“清理”对话框（图 6-11），通过该对话框可删除空图层和其他无用的项目。

需要注意的是：清理（PURGE）命令不能删除空的当前层。因此，使用该命令前常切换当前层为“0”图层。

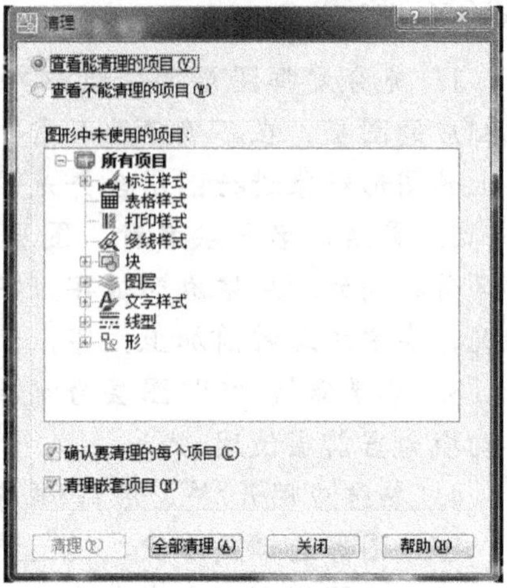

图 6-11 “清理”对话框

6.3.5 “对象特性”工具栏的使用

如图 6-12 所示，某当前层的颜色、线型和线宽均按默认状态设置为“ByLayer（随层）”时，绘制的图形对象将继承该图层已设置的相关特性。当需要对该图层的图形对象进行统一特性修改时，只需激活“图层特性管理器”对话框，重新设置特性，即可方便地完成统一修改。因此，绘图时一般建议不去修改“对象特性”工具栏的默认设置“ByLayer（随层）”。

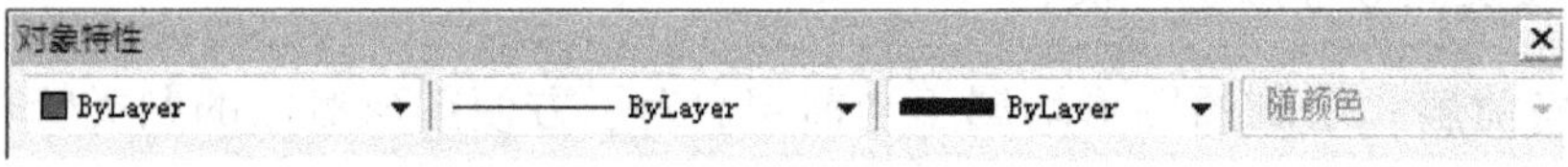

图 6-12 “对象特性”工具栏

此外，选中绘图窗口的任意图形对象，即可在“对象特性”工具栏查看其颜色、线型和线宽；单击各特性状态栏右侧的▾，可修改其相关特性。

例题 6-1 某污水管网规划图中，所标注的“管径（mm）-管长（m）-坡度（‰）”均为“D×××-××-×.×”形式（如“D300-25-3.0”），但其图层、颜色不统一。试将其统一至已有图层“021 管道标注”，并确保颜色、线型和线宽等特性均为“ByLayer（随层）”。

分析：本例相关标注文字较多，必须用快速选择（QSELECT）命令（P66/“快速选择”按钮）进行过滤筛选。之后通过“特性”窗口，或“图层”工具栏与“对象特性”工具栏修改图层及相关特性。

操作步骤如下：

第一步：调用对象特性（PROPERTIES）命令，激活“特性”窗口并保持开启状态。

第二步：单击“快速选择”按钮，激活“快速选择”对话框，并按图 6-13 所示设置快速选择相关参数。

第三步：按“确定”按钮执行命令，相关文字即被选中。

第四步：返回“特性”窗口，修改所选文字的图层为“021 管道标注”，分别修改颜色、线型和线宽等特性为“ByLayer（随层）”。

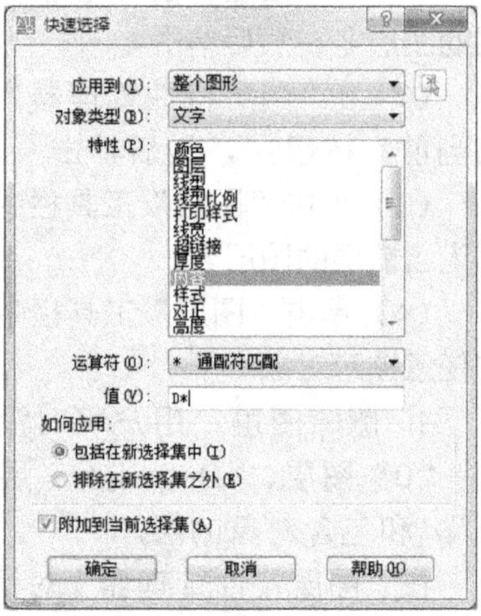

图 6-13 “快速选择”功能应用示例

此外，接第三步，也可以直接在“图层”工具栏中选择图层“021 管道标注”，在“对象特性”工具栏中分别选择颜色、线型

和线宽等特性为“ByLayer（随层）”。

6.3.6 恢复上一个图层命令

该命令用于放弃对图层设置（如颜色或线型）所作的最近一次修改，即相当于对图层状态的最近一次修改进行撤销操作。若恢复了设置，命令窗口将显示“已恢复上一个图层状态”的信息。

例如，在复杂的市政工程施工图绘制过程中，可先关闭某个或某几个图层以使图面清晰，方便后续的图形对象选择并进行相关操作。操作完成后若要重新打开刚关闭的图层，即可利用该命令将图层恢复到操作前的状态，而不必通过“图层特性管理器”对话框进行。

命令的调用方式如下：

➢ 工具栏：单击“图层”工具栏上的按钮。

山人指路

1. 该命令仅对图层的操作有效，不会撤销图形对象的绘制与修改操作。

2. 该命令不能恢复已删除或清理的图层，也不能删除新建的图层。此外，重命名图层并修改相关特性后，图层名不能恢复但特性可恢复。

6.4 1:1 绘图与相关设置

在市政工程的传统手工绘图中，图纸的绘图区域是固定的。因此，实际物体（如一定长度的道路线）必须经过比例尺的比例缩小后才能画进图纸。

AutoCAD 的绘图区域是无限大的，而且图框是可以任意缩放的。为了使比例的问题简单化，通常缩放的不是实际物体而是图框。因此，实际物体的尺寸在绘图过程中以 1:1 进行绘制，即实际尺寸是多少就绘制多少个图形单位。只有在打印输出时才考虑打印比例的设置问题（图 6-14），最终保证实际物体的图样尺寸与手工绘图效果一致。

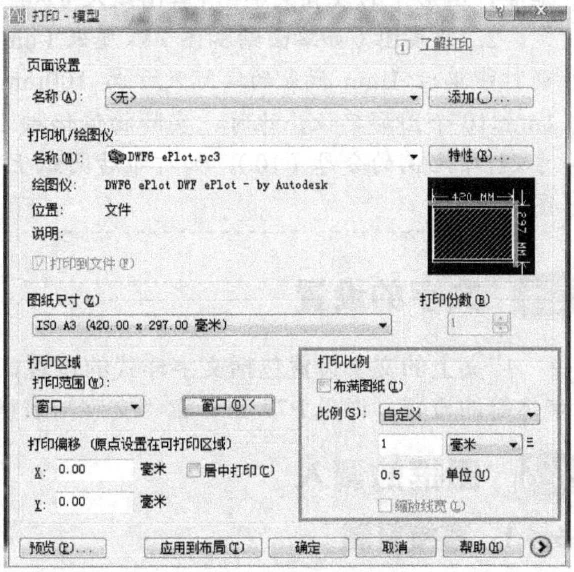

图 6-14 “打印”对话框中的打印比例设置

这样，在绘图过程中用户就省去了比例换算的步骤，提高了图形绘制的效率。而对非实际物体，如文字、尺寸标注、符号性图形和图框等，在设置大小时必须预先考虑打印比例的影响，进行适当的缩放，才能保证在打印输出后与手工绘图效果一致。

从这个意义上说，AutoCAD 绘图中没有绘图比例的概念，只有打印比例的概念。

例题 6-2 某东西向直线道路的施工平面图（桩号 0+620～0+750）打印比例为 1:500，拟采用 A3 图框（420×297），绘图单位为米（m）（1 图形单位=1m），打印输出后图纸上的桩号标注文字字高为 3mm。试设置绘图时的中心线长度、桩号标注文字字高和图框大小。

分析：本例中绘图单位为米（m），打印比例为 1:500，则打印单位 1mm 代表的实际尺寸为 500mm=0.5m=0.5 个图形单位。因此，“打印”对话框设置的打印比例应为 1mm:0.5 个图形单位（图 6-14）。

绘图时设置：

（1）**中心线长度**：750m−620m=130m，**绘制水平直线长度为** 130 **个图形单位。**

（2）**桩号标注文字字高**：3mm×500=1500mm=1.5m=1.5 **个图形单位。**

（3）**图框大小**：**长为** 420mm×500=210×1000mm=210m=210 **个图形单位，宽为** 297mm×500=148.5×1000mm=148.5m=148.5 **个图形单位，即标准** A3 **图框调入后应先缩小一半。**

打印后的图形尺寸：

（1）**中心线长度**：130m/500=0.26m=260mm。**中心线长度** 260mm **小于图框** X **方向长度** 420mm，**故道路中心线可被打印在图纸范围内。**

（2）**桩号标注文字字高**：1.5m/500=0.003m=3mm，**满足图纸上的字高要求。**

（3）**图框大小**：**长为** 210m/500=420m/1000=420mm，**宽为** 148.5m/500=297m/1000=297mm，**满足图框打印后实际尺寸要求。**

山人指路

1. 市政工程施工图设计中的平面图通常以米（m）为单位进行图形绘制，若图形打印比例为 1:500，则“打印”对话框设置的打印比例为 1mm:0.5 个图形单位。实际物体按 1:1 绘制，不需考虑打印比例影响；非实际物体如文字、尺寸标注、符号性图形和图框等，图形中的设置大小=所需图纸尺寸×打印比例的分母（0.5）。

2. 若某图（如路面结构图）以厘米（cm）为单位进行图形绘制，打印比例为 1:100，则打印单位 1mm 代表的实际尺寸为 100mm=10cm=10 个图形单位，打印比例设置应为 1mm:10 个图形单位。此时，实际物体仍按 1:1 绘制；非实际物体设置大小=所需图纸尺寸×打印比例的分母（10）。如打印后图纸上字高为 3mm，则应设置的图形字高为 30 个图形单位。

6.5 文字的设置

广义上的文字设置包括文字样式的设置，单行文字、多行文字和尺寸标注文字的字高、字体等的设置，详见 P77/第 4 章“文字与表格”。

6.6 图框的调入

6.6.1 直接复制

以直接复制的方式调入图框，是设计中最常用的图框调入方式。

首先打开包含图框的图形文件，选择图框后，利用键盘组合键【Ctrl+C】或“标准”工具栏的“复制”按钮复制图框。然后，切换至需要调入图框的图形文件，按下键盘组合键【Ctrl+V】或“标准”工具栏的“粘贴”按钮，将图框调入。

以直接复制的方式调入的图框，可编辑性与源图一致。

6.6.2 以块的方式插入

详见 P138/7.1.4 节"插入块（INSERT）"。

6.6.3 外部参照插入

详见 P139/7.2.2 节"外部参照的操作步骤"。

6.7 AutoCAD 设计中心

在市政工程设计中，每个不同工程的图形文件中总会有很多图形成分和特性是相同或类似的（如图层、标注样式、文字样式、图块、线型和外部参照等），如果在新的设计中能直接调入这些现成的资源，就能省去大量的重复设置精力，无疑会大幅提高设计效率。

AutoCAD 的设计中心是一个功能强大的图形组织管理工具。通过设计中心，用户可以对本地计算机或网上邻居中已有的各种资源进行浏览、查找、预览和管理等操作。更重要的是可以通过简单的拖放操作，将这些现成资源移植到当前图形中。

6.7.1 设计中心的启动与关闭

设计中心的启动方式如下：

- 工具栏：单击"标准"工具栏上的▦按钮。
- 键盘快捷键：【Ctrl+2】
- 下拉菜单："工具"→"设计中心"。

之后激活"设计中心"窗口（"文件夹"选项卡）（图 6-15）。

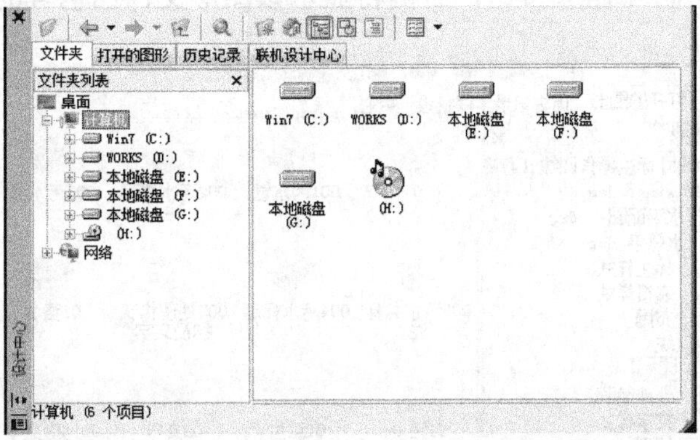

图 6-15 "设计中心"窗口（"文件夹"选项卡）

关闭该窗口的方式如下：

- 单击窗口左上角的"关闭"按钮✖。
- 再次进行窗口启动的操作。例如再次按下键盘快捷键【Ctrl+2】。

下面仅对本地计算机上源文件的移植操作进行简单介绍。

6.7.2 设计中心的浏览功能

浏览功能用于查找含有可供移植图形成分和特性的源文件。在本地计算机上主要有两种查找方式：一是通过"文件夹"选项卡定位源文件（图 6-15）；二是通过"打开的图形"

选项卡，从已打开的图形文件中选择源文件（图 6-16）。

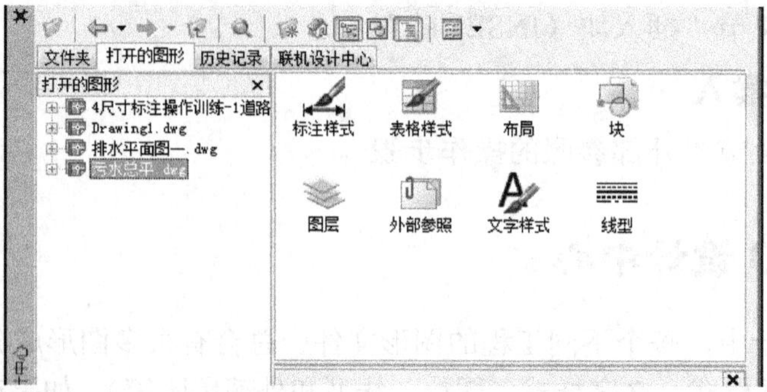

图 6-16 “设计中心”窗口（“打开的图形”选项卡）

查找过程中，用户可结合“设计中心”窗口顶端的工具栏进行浏览操作。

6.7.3 设计中心的移植功能

通过设计中心的浏览功能查找到源文件后，即可进行移植操作。

将源文件中的图形成分和特性（如图层、标注样式、文字样式、图块、线型和外部参照等）移植到已打开图形文件中的操作步骤是相似的。下面以图形文件“污水总平.dwg”中已设置图层移植至新建文件“Drawing1.dwg”中为例介绍移植功能的操作步骤。

（1）在 AutoCAD 用户界面切换“Drawing1.dwg”为当前图形文件（“设计中心”窗口不会退出）。

（2）双击图 6-16 中的 污水总平.dwg 或单击其前面的 ⊞，将显示该图形文件中的图形成分和特性列表；单击其中的 图层 按钮，右侧将显示该图形文件已包含的所有图层（图 6-17）。

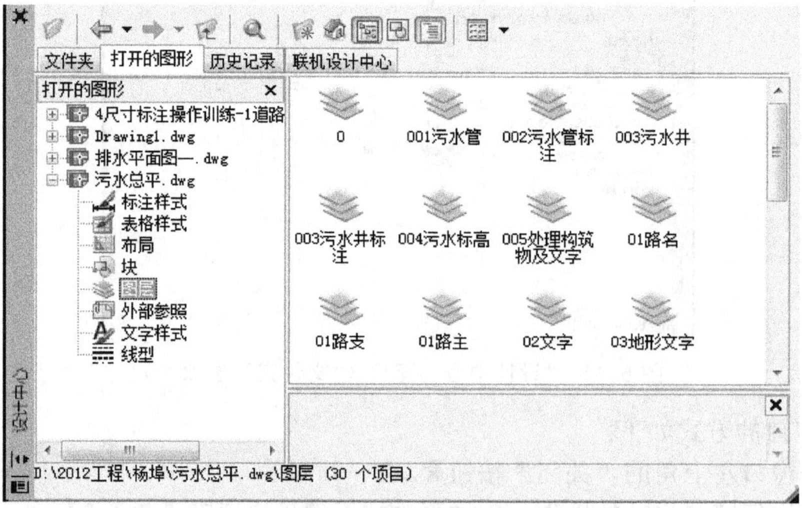

图 6-17 “污水总平.dwg”已包含的所有图层

（3）通过下列方式之一，可实现图层移植：

1）双击需要移植的图层名称，即可移植该图层至“Drawing1.dwg”中。这种方式一次只能移植一个图层。

2）选中需要移植的图层名称，按住鼠标左键不放，拖动至“Drawing1.dwg”的绘图窗口。该操作方式在选择图层名称的时候，可以是鼠标单击选择一个图层，也可以框选或结合键盘按键【Ctrl】或【Shift】一次选择多个图层名称。因此，这种移植方式一次可移植一个或多个图层。

3）按上述2）的方法选择图层后，单击右键，在弹出的下拉菜单中选择“添加图层”选项。

需要注意的是：

（1）对图层、标注样式、文字样式、图块、线型和外部参照等进行移植时，源图形文件可位于“文件夹”或是“打开的图形”中，即源文件无论打开与否均可进行操作。

（2）移植图块时，一次只能选择一个图块。用户可拖动图块至目标图形的绘图窗口，也可以在选中的图块上单击右键，在弹出的下拉菜单中选择“插入块”选项。双击图块则激活“插入”对话框，具体操作见 P138/7.1.4 节“插入块（INSERT）”。

（3）需要对当前图形附着图像时，只能在“文件夹”中一次选择一个图片文件。用户可拖动该图片文件至目标图形的绘图窗口，也可以在选中的图片文件上单击右键，在弹出的下拉菜单中选择“附着图像”选项。双击图片则激活“图像”对话框，具体操作与“插入”对话框类似。

6.8 图形清理

图形绘制完毕后，可使用清理（PURGE）命令或自定义的命令按钮进行图形清理（具体操作见 P128/图 6-11“清理”对话框）。

作　业

1. 单选题

（1）下列（　　）的名称不能被修改或删除。

A. 未命名的层　　B. 标注层　　C.“0”层　　D. 缺省的层

（2）在 AutoCAD 2006 中设置图层颜色时，可以使用（　　）种标注颜色。

A. 240　　B. 255　　C. 6　　D. 9

（3）在有复杂地形图加载的情况下，适当的时候可（　　）地形图所在图层，以使视图清晰、方便图形选择，同时也可以加快图形刷新和存盘速度。

A. 锁定　　B. 关闭　　C. 删除　　D. 冻结

（4）某道路施工图的打印比例为1:1000，绘图单位为米（m）（1图形单位=1m），若要使打印输出后图纸上道路名称字高为3.5mm，则绘图时设置的字高应为（　　）个图形单位。

A. 3500　　B. 3.5　　C. 1.75　　D. 1750

（5）接上题，若该图拟采用 A2 图框（594×420）出图，则采用直接复制的方式调入 A2 标准图框后，进行缩放操作时的比例因子应为（　　）。

A. 2　　B. 1　　C. 0.5　　D. 0.005

2. 多选题

（1）下列不能删除的图层是（　　）。

A.“0”图层　　B. 当前图层

C. 含有对象的层　　D. 外部引用依赖层

（2）当图层被锁定时，仍可对该图层进行的操作有（　　）。

A. 可以在该图层创建新的图形对象

B. 将该图层设置为当前层

C. 该图层上的图形对象仍可以作为辅助绘图时的捕捉对象

D. 可以作为修剪和延伸命令的目标对象

（3）在同一个图形中，各图层具有相同的（　　），用户可对不同图层上的图形对象同时进行编辑操作。

A. 绘图界限　　B. 显示时缩放倍数

C. 属性　　D. 坐标系

（4）单击“图层”工具栏上的恢复上一个图层命令按钮（　　）。

A. 可以放弃对图层设置（如颜色或线型）所作的最近一次修改

B. 可以撤销图形对象的绘制与修改操作

C. 不能恢复已删除或清理的图层

D. 不能删除新建的图层

（5）必须预先考虑打印比例的影响，在设置大小时应进行适当缩放的是（　　）。

A. 单行文字　　B. 尺寸标注　　C. 符号性图形　　D. 图框

（6）AutoCAD 设计中心的启动方式有（　　）。

A. 单击“标准”工具栏上的按钮　　B. 按下键盘快捷键组合【Ctrl+2】

C. 下拉菜单：“工具”→“设计中心”　　D. 单击窗口左上角的“关闭”按钮

3. 上机练习

（1）加载本书介绍的几个实用插件，注意掌握加载步骤和各插件的功能与使用方法。此外，用户也可以通过网络搜索其他实用插件进行加载练习。

（2）根据 P126/图 6-8“图层特性管理器”对话框设置个性化图层，注意图层名称、颜色、线型、线宽等的设置原则。

（3）P129/例题 6-2 中，若打印比例改为 1:1000，其他条件不变。试设置绘图时的中心线长度、桩号标注文字字高和图框大小。

（4）打开“设计中心”窗口，练习图层和标注样式的移植操作。

第7章 高级使用技巧

学习要点

知识点

- 基础知识：图块的基本概念与优点、外部参照的基本概念与特点。
- 重点知识：创建块、写块及插入块的操作步骤，外部参照的操作步骤。

技能要求

- 掌握创建块、写块与外部参照的各自特点和区别。
- 掌握创建块、写块的操作步骤和图块数量统计的方法。
- 外部参照在图框调入中的具体操作步骤。

市政工程设计中，常需要将一些对象引用到当前图形或别的图形中。除了复制（COPY）命令、复制（【Ctrl+C】）命令配合粘贴（【Ctrl+V】）命令或设计中心的移植功能（详见P132/6.7.3节“设计中心的移植功能”）外，还可以通过图块命令或外部参照命令进行上述操作。

例如，市政道路交通组织设计中的路灯、树池和箭头标志等对象，可以利用图块相关命令将其定义为“图块”，应用于当前图形或其他图形中。在多个图形文件中应用的通用对象（如标准图框），则可以通过“外部参照”命令，将图形文件直接引用到当前图形中。

此外，AutoCAD软件常与Word、Excel等联合使用。

7.1 图块

7.1.1 图块的基本概念

图块（简称为块）由一个或一组图形对象组合而成，是通过相关命令定义并命名的一个独立的整体对象。

图块的主要特点如下：

（1）图块的组成对象可以位于不同的图层，并具有不同的特性（如线型、颜色等）。图块定义时会保留对象的原有图层信息。因此，图块可以看作是绘制在几个图层上的不同特性对象的组合。

（2）图块可以是嵌套的，即图块可以包含其他的块。

（3）可以将图块作为单一对象按指定的缩放比例和旋转角度多次插入到当前图形的指定位置。插入图块时，每个对象在其既有图层上绘出。

（4）图块是独立的整体对象，拾取方便。选中图块的任一组成对象即可选中整个块。可以对所选图块进行复制、移动和旋转等编辑与修改操作。

这种被插入的和被编辑修改后的图块也称为块参照或块引用。

图块的主要优点如下：

（1）最大优点是便于修改。编辑修改块的源对象或者选择其他图形对象，然后以相同块名重新定义该块，则当前图形中所有相关的块参照均会自动更新。

（2）便于图块数量的精确统计。利用图块统计的相关插件或快速选择（QSELECT）命令（详见 P66/“快速选择”按钮），可实现图块数量的精确统计。当图块被定义为某一规格的材料时，即可实现该材料数量的精确统计。例如，市政道路交通组织设计中统计某一规格“树池”的个数、市政给水管道节点图中统计某一规格“阀门”的个数等。

（3）减少了图形文件大小。AutoCAD 仅保存块参照的块名、插入点坐标和插入比例等信息，能减少图形文件的大小。块参照越复杂、引用的次数越多，其优势越明显。

图块的制作方式有两种：创建块（BLOCK）和写块（WBLOCK），下面分别进行介绍。

7.1.2 创建块（BLOCK）

该命令用于创建随当前图形文件保存的图块。创建的图块可以在当前图形中反复插入，也可以通过设计中心的移植功能插入到其他图形中。命令的调用方式如下：

- 工具栏：单击“绘图”工具栏上的按钮。
- 命令行：B↙。
- 下拉菜单：“绘图”→“块”→“创建”。

之后激活“块定义”对话框（图 7-1）。

创建块命令的操作步骤如下：

（1）设置图块名称。在“名称”文本框中输入块的名称。当需要重新定义块时，也可以单击右侧的按钮打开下拉列表，选择已定义的块名。

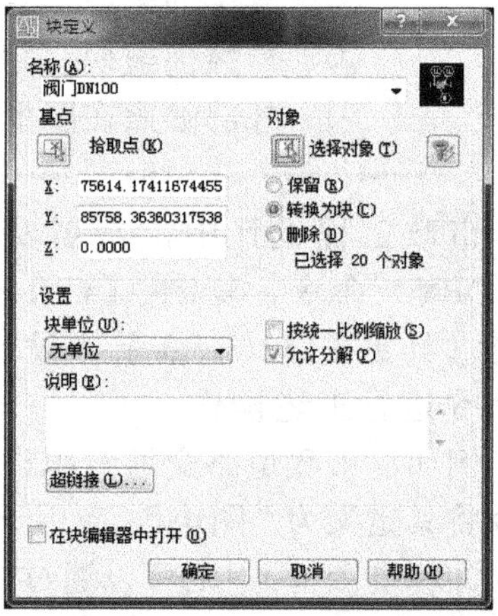

图 7-1 “块定义”对话框

山人指路

图块名称不区分字母大小写；新的图块名不能与已有的图块名相同，否则将更新已有图块。

（2）指定块的基点。基点是图块插入时的对齐基准点，也是图块的夹点。一般可根据图块的结构特点和插入位置等选择常用的对象捕捉点作为基点。此外，基点也可在图块外部指定。

单击“基点”选项组的“拾取点”按钮，返回绘图窗口指定基点；或者在“X”“Y”“Z”文本框中输入基点坐标值。

（3）选择图块的源对象。单击“对象”选项组的“选择对象”按钮，返回绘图窗口选择用于图块定义的对象，选择完毕后单击右键确认返回“块定义”对话框。也可以单击右侧的“快速选择”按钮进入“快速选择”对话框，以便筛选具有相同特性的某一类对象（详见 P66/“快速选择”按钮）。

（4）指定图块源对象的处理方式。图块定义后，源对象有三种处理方式：“保留”、“转换为块”和“删除”。“保留”方式指图块定义操作不会对源对象产生任何影响，方便源对象的修改以重新进行块的定义。“转换为块”方式指图块定义后，源对象也被转换为同名图块（块参照）。“删除”方式指图块定义后，源对象将被删除。

（5）在“设置”选项组进行图块定义的相关设置。

● “块单位”下拉列表：用于指定图块插入时的单位。一般选择“无单位”，以便在图块插入时指定缩放比例。用户也可以通过“选项”对话框中的“用户系统配置”选项卡设置其默认值（图 7-2）。

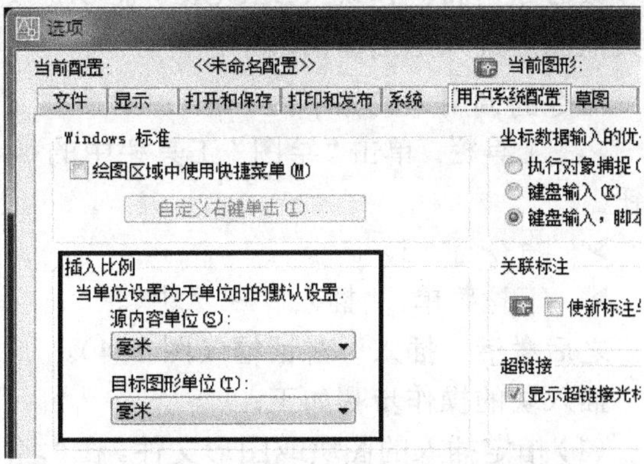

图 7-2 “用户系统配置”选项卡之“插入比例”设置

● “说明”文本框：用于输入该图块相关的介绍说明。在设计中心可看到该说明。

● “按统一比例缩放”复选框：勾选该复选框，则插入图块时 X、Y、Z 三个方向的缩放比例统一；否则，用户可分别设置三个方向的缩放比例。

● “允许分解”复选框：用于设置图块插入后是否可被分解（EXPLODE）命令分解。

（6）单击 确定 按钮，退出“块定义”对话框，结束块定义操作。所定义的图块将随当前图形一起保存。

7.1.3 写块（WBLOCK）

该命令可将指定的源对象以图块形式写到独立的图形文件（dwg）中。所写的块不与当前图形一起保存，可将其以图块或外部参照的形式插入到其他图形中。命令的调用方式如下：

➢ 命令行：W↙。

之后激活“写块”对话框（图 7-3）。

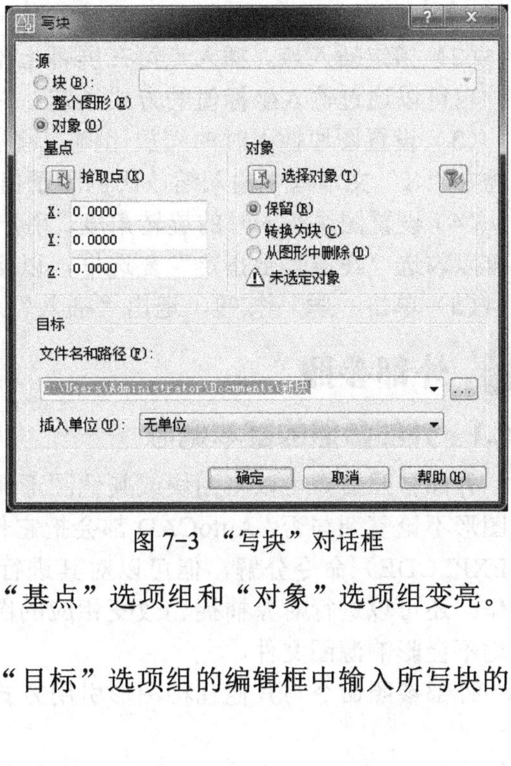

图 7-3 “写块”对话框

写块命令的操作步骤如下：

（1）指定源对象的类型。在“源”选项组有三种对象供选择：

● “块”选项：源对象为当前图形中以创建块（BLOCK）命令定义的所有图块。单击右侧的▾按钮打开下拉列表进行选择。

● “整个图形”选项。

● “对象”选项：选择该选项，则底部的“基点”选项组和“对象”选项组变亮。其操作与创建块（BLOCK）命令相同。

（2）指定所写块的保存路径和文件名。在“目标”选项组的编辑框中输入所写块的保存路径和文件名。也可单击右侧的 ... 按钮，在弹出的“浏览图形文件”对话框中指定保存路径和文件名。

（3）指定插入单位。其含义操作与创建块（BLOCK）命令相同。

（4）单击 确定 按钮，退出“写块”对话框，结束写块操作。

7.1.4 插入块（INSERT）

向图形中插入图块，除了通过前述的设计中心（详见 P132/6.7.3 节“设计中心的移植功能”）外，常用的还有插入块命令。

该命令可将创建块（BLOCK）命令定义的块、写块（WBLOCK）命令写入图形的块或其他图形插入至当前图形中。

命令的调用方式如下：

➢ 工具栏：单击“绘图”工具栏中的 按钮。

➢ 命令行：I↙。

➢ 下拉菜单：“插入”→“块”。

之后激活“插入”对话框（图 7-4）。

插入块的操作步骤如下：

（1）指定插入的图块或图形文件。在“名称”下拉列表中选择创建块（BLOCK）命令定义的图块。

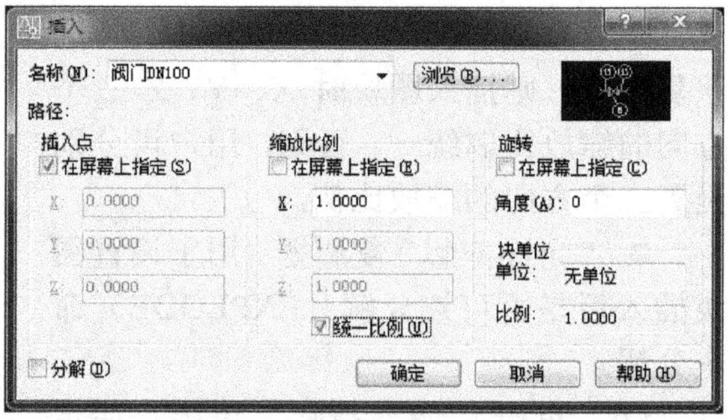

图 7-4 “插入”对话框

用户也可以单击右侧的 浏览(B)... 按钮，在弹出的“选择图形文件”对话框中选择已写入图形的块或其他图形文件。此时，所选图块或图形文件的路径与名称将显示在“路径：”右侧。

（2）指定插入点。插入点可在屏幕上拾取指定，这种方式通常与对象捕捉命令结合使用；也可以通过输入坐标值的方式指定。

（3）设置图块插入时的缩放比例。通常采用统一比例的方式插入图块或图形。此时，只需在“X”文本框中输入缩放比例因子值。

（4）设置图块插入时的旋转角度。用户可以直接在“角度”文本框中输入旋转角度值；也可以勾选“在屏幕上指定”复选框，以指定点与插入点所连直线的角度为旋转角度值。

（5）单击 确定 按钮，退出“插入”对话框，结束插入块操作。

7.2 外部参照

7.2.1 外部参照的基本概念

外部参照命令可以将图块或其他图形调入到当前图形中。以外部参照方式引用的图块或图形不论复杂与否，AutoCAD 都会把它作为一个单一对象来处理。外部参照不能被分解（EXPLODE）命令分解，但可以对其进行整体的移动、复制、镜像、旋转或比例缩放等操作；还可以进行对象捕捉、改变相应的图层特性（如可见性、颜色和线型）等。这些操作均不会影响源图文件。

外部参照命令与其他几种图形引用方式的区别见表 7-1。

表 7-1　外部参照命令与其他几种图形引用方式的区别

序号	命令类型	相关命令	命令适用范围	特　点
1	外部参照	XATTACH	当前图形与其他图形之间	1. 图形仅以链接方式引用到当前图形中 2. 仅保存外部参照图形文件的路径和名称 3. 外部参照的源文件被修改（删除或移动除外）后，被参照的图形可自动更新 4. 源文件被删除或移动后，被参照的图形无法显示，仅能显示其路径和名称
2	图块	BLOCK INSERT	在当前图形中，或当前图形与其他图形之间	1. 创建的图块随当前图形保存 2. 可在当前图形中反复插入，也可通过设计中心的移植功能插入到其他图形中 3. 插入的图块保存在当前图形中 4. 图块的源图形（“转换为块”的除外）被修改后，块参照不会自动更新
		WBLOCK INSERT		1. 所写图块以独立的图形文件（dwg）保存 2. 以图块或外部参照的形式插入到其他图形中 3. 插入的图块保存在当前图形中 4. 图块的源图形被修改后，块参照不会自动更新
3	设计中心	Ctrl+2	当前图形与其他图形之间	可移植图形成分和图形特性（如图层、标注样式、文字样式、图块、线型和外部参照等）至其他图形文件
4	复制粘贴	Ctrl+C Ctrl+V	在当前图形中，或当前图形与其他图形之间	复制的图形也可以粘贴为块（【Ctrl+Shift+V】）
5	复制命令	COPY	仅在当前图形中	AutoCAD 2006 默认为多重复制

工程设计过程中，若各专业需要协同工作、相互配合，外部参照方式可保证设计人员之间的引用都是最新的，从而减少不必要的复制和协作滞后，以提高设计质量和设计效率。

设计过程中，当多个图形文件需要同时引用某一图块（或图形）时，可考虑使用外部参照命令以实现修改内容的快速更新。例如，某市政道路工程设计，绝大多数图纸的图框为 A3 且图纸数量较多（如 30 张）。这些图纸的工程名称等是统一的。绘图过程中可能会涉及工程名称等的改动。若图框以复制命令粘贴到各图形文件中，不仅操作繁琐，且涉及修改时非常麻烦。若各图形文件均以外部参照命令调入图框，则只需修改源 A3 图形文件，所有引用的图框均会自动、快速、一次性更新，非常便捷。

7.2.2　外部参照的操作步骤

该命令可将外部图形文件以外部参照方式插入到当前图形文件中。源文件也可以是写块（WBLOCK）命令保存的图形文件。命令的调用方式如下：

➢ 工具栏：单击“参照”工具栏上的按钮。

➢ 下拉菜单：“插入”→“外部参照”。

之后先激活“选择参照文件”对话框。在该对话框选择参照的图形文件后单击打开(O)按钮，或直接双击该文件，将关闭该对话框并激活“外部参照”对话框（图 7-5）。

参照类型有两种：附加型和覆盖型。一般情况下，二者可不加区别，只有当发生嵌套引用，即作为外部参照图形中还插入了其他外部参照时，二者的差别才会显示出来。前者，嵌套的外部参照也会链接到当前图形文件中；而后者，嵌套的外部参照不会链接到当前图形文件中，这种方式也可避免出现循环引用（当前文件通过另一文件引用它自己）的情况。

指定参照类型后，设定插入点、插入比例和旋转角等参数，最后单击[确定]按钮完成操作。

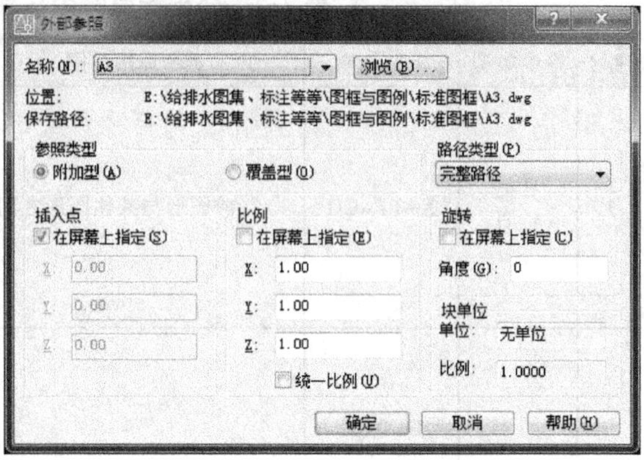

图 7-5 “外部参照”对话框

山人指路

1. 以前述 A3 图框的调入为例，其一般操作步骤为：完成一张标准 A3 图框的编辑并保存，对其中的统一内容一次性做成标准格式；以外部参照方式将该标准 A3 图框插入到相关图形文件中；修改标准 A3 图框后，所有引用该图框的图形自动更新。

2. 需要注意的是：修改源图形文件时，不能同时打开引用源文件的图形，或者说源图形与引用图形不能同时打开；修改源图形后存盘关闭，再打开引用图形，则修改被自动更新。

当前图形文件以外部参照命令调入图形后，AutoCAD 用户界面的状态栏最右侧，将显示“管理外部参照”的图标。双击该图标可激活“外部参照管理器”对话框，在此可以查看并管理当前图形所有外部参照，其具体功能不作详述。该对话框的其他调用方式为：

- 工具栏：单击“参照”工具栏上的按钮。
- 下拉菜单：“插入”→“外部参照管理器”。

当外部参照的源图形被删除、改变保存路径或改变图形名称时，外部参照的图形不能正常显示，仅在插入点处显示上一次外部参照的引用路径与图名（图 7-6）。

外部参照C:\Users\Administrator\Desktop\A3.dwg

图 7-6 插入点处显示的外部参照引用路径与图名

作　业

1. 单选题

（1）用下面（　　）命令可以创建图块，且创建的图块随当前图形保存。

A. BLOCK　　B. WBLOCK　　C. EXPLODE　　D. MBLOCK

（2）在创建块时，在块定义对话框中必须确定的要素为（　　）。

A. 块名、基点、对象　　B. 块名、基点、属性

C. 基点、对象、属性　　D. 块名、基点、对象、属性

（3）如果要删除一个无用块，使用下面（　　）命令。

A．PURGE　　B．DELETE　　C．ESC　　D．UPDATE

（4）下面（　　）不可以被分解。

A．块参照　　B．关联尺寸　　C．多线段　　D．外部参照

（5）源图形对象被旋转后，通过下列（　　）命令引用的图形会自动更新。

A．BLOCK　　B．WBLOCK　　C．XATTACH　　D．INSERT

2．多选题

（1）使用块的优点有（　　）。

A．建立图形库　　B．方便修改

C．节约存储空间　　D．节约绘图时间

（2）AutoCAD 中的图块可以是下面（　　）两种类型。

A．内部块　　B．外部块　　C．模型空间块　　D．图纸空间块

（3）可以在当前图形和其他图形之间进行操作的命令有（　　）。

A．BLOCK　　B．WBLOCK　　C．XATTACH　　D．COPY

（4）以外部参照方式引用的图块或图形，可以进行下列（　　）命令的操作。

A．EXPLODE　　B．MOVE　　C．对象捕捉　　D．DELETE

3．上机练习

（1）以 BLOCK 和 WBLOCK 命令分别定义“树池”图块，以 INSERT 命令插入到图形，试着重新定义图块并统计块参照数量。

（2）根据 P140/“山人指路”所述的外部参照命令使用一般步骤与注意点，将标准 A3 图框插入到多个图形中，注意体会其自动更新功能。

第 8 章 市政道路施工图的绘制

学习要点

知识点

- 基础知识：市政道路施工图设计文件的组成及其图形内容。
- 重点知识：市政道路施工图的绘制方法与操作步骤。

技能要求

- 熟练运用 AutoCAD 进行市政道路施工图的绘制。
- 掌握市政道路施工图的绘图内容、步骤与注意要点。

市政道路施工图设计通常在道路初步设计基础上进行，是市政工程施工图设计的基础和重要组成部分。设计时应综合考虑地理位置、功能和远期发展，注重道路建设与周边环境的协调。此外，还应综合考虑道路组成、地下管线和道路通行能力等各方面因素。

市政道路施工图的设计内容主要包括道路设计及交通组织设计。其设计文件一般应包括：图纸目录、设计总说明、道路工程位置图、道路标准横断面图、道路平面图、道路纵断面图、路面结构图、交叉口设计图、道路施工横断面图、交通组织设计图、无障碍设计图、控制表格和材料表等。

此外，若道路红线内有拆迁需要，还应绘制拆迁平面图。若有挡墙、护坡、相交桥涵箱涵的设计需要，则还应绘制挡墙结构图、护坡结构图、桥涵箱涵设计图。若有公交港湾式停靠站，则还应绘制公交站设计大样图。

需要说明的是，上述各设计文件可分别建立图形文件进行绘制，也可以在同一个图形文件中绘制。

市政道路制图一般规定与常用图例见 P196/附录 B“市政道路制图一般规定与常用图例”。

8.1 基础资料的搜集

在进行道路施工图设计前应收集相关的基础资料，基础资料可由建设单位提供或在建设单位的配合下由设计人员收集。基础资料主要包括以下三方面：

1. 设计任务相关的资料 包括相关规划、初步设计资料、场地和周边环境现状资料等。

一般需要了解项目建设的背景、范围和规模以及与本工程相关的已批准的城镇（地区）总体规划及道路、交通、给水、排水、电力、电信、防洪、环保、燃气、园林绿化等各项专业工程的规划等。此外，还需了解初步设计的批复、专家评审意见等初设资料。

通过现场踏勘与询问调查，了解建设路段的场地现状，周边的路网、管网和河网等的建设情况以及周边地块开发进度等。

若为旧路改建工程，还应收集旧路竣工资料、旧路病害调查资料、交通量现状调查资料、路面结构及强度测试等资料。

2．**自然因素相关的资料**　主要包括地形图资料、气象资料、水文资料和地质报告等。

3．**法律法规相关的资料**　主要包括设计相关的国家法律法规、地方标准和条例、设计规范和标准等。

8.2 设计总说明

道路施工图设计总说明用于介绍工程项目的概况、设计依据、技术标准、设计内容、路基处理、施工要求与注意事项、验收标准和施工质量要求、特殊地质处理方法等，是对整个设计图的概括说明，可以指导施工单位看懂图并按图施工。设计说明的内容和深度应符合设计文件编制深度要求，并满足施工要求。

设计总说明的具体内容可以参考已有的类似工程，也可以新建空白图形文件并按实际情况输入。一般应新建文字放置的图层并进行文字样式的设置，以多行文字输入[具体分别见 P125/6.3 节“图层”、P77/4.1 节“文字样式的设置（STYLE）”和 P82/4.2.2 节“多行文字（MTEXT）”]。

山人指路

本书附录中的施工图，绝大部分的标注文字设置为“c+hztxt”字体组合。

设计总说明示例见 P199/附录 C“××路道路施工图（部分）”中的道路设计总说明。

8.3 道路工程位置图

道路工程位置图又称为平面总体设计图，应表示出道路在区域交通网络中的平面位置以及沿线主要建筑物的概略位置。该图可在区域总体规划或道路专业规划图形文件基础上绘制，其绘图比例一般为 1:2000～1:10000。

道路工程位置图示例见 P201/附录 C“××路道路施工图（部分）”中的道路工程位置图。

8.4 道路标准横断面图

道路标准横断面图是道路标准段中心线各点的法向剖面图，主要表达各组成部分的宽度、横向坡度、各特征点相对标高和功能示意等。

道路横断面设计应在城市规划的红线宽度范围内进行。横断面形式、布置和各组成部分尺寸等应按道路类别、级别、计算行车速度、设计年限内的交通流量与人流量以及地形等因素统一安排，以确保满足道路设计标准，同时保障车辆和行人交通的安全通畅。

城市道路常见横断面形式有单幅路、双幅路、三幅路和四幅路。通常根据道路级别、类别、红线宽度和机动车与非机动车的流量来决定采用何种断面形式；根据交通流量分析进行车道划分；根据规范要求合理设置机动车道宽度、非机动车道宽度、绿化隔离带宽度和人行道宽度等。

道路标准横断面图的绘图比例一般为1:50～1:300。其示例见P202/附录C“××路道路施工图（部分）”中的道路标准横断面图。

8.4.1 绘图准备

道路标准横断面图的绘制可以参考已有的类似工程，也可以新建空白图形文件并按实际情况输入。

新建空白图形文件进行绘制准备工作的参考步骤如下：

（1）新建“道路标准横断面图.dwg”并保存。插入图框并确定绘图比例。

（2）设置文字样式。设定字体、字高、字宽等各项参数，并指定当前文字样式。

（3）设置标注样式。设定标注线的形式、标注文字字高、标注精度等各项参数。

（4）设置图层。设置“道路中心线”“路面”“文字”“尺寸线”和“标注”等图层，并设置各图层相应的颜色和线型等。

8.4.2 绘图步骤

图形绘制的参考步骤如下：

（1）道路中心线的绘制。在“道路中心线”层以线型“CENTER”绘制道路中心线。

（2）各功能区边线水平位置的确定。以道路中心线为对象，利用偏移（OFFSET）命令结合道路总宽度及各组成部分的宽度，确定中央隔离带、机动车道、非机动车道、绿化带和人行道等功能区边线的位置。

（3）各功能区特征点标高的确定。取道路中心线上的一点为横断面基点，一般设定该点的路面相对标高为±0.000。根据坡度、坡长、坡向计算各控制点相对于横断面基点的高差值，利用偏移（OFFSET）命令结合前述各高差值确定各特征点的高度方向位置。

（4）横断剖面线的绘制与修改。连接横断面基点与各特征点得到初步的横断剖面线。按实际情况进行编辑修改。横断剖面有高差突变处，应特别绘制形成高差的示意图，如侧石、挡墙等。

山人指路

> 道路标准横断面图要完整地反映横断面上的各种信息，尤其是坡度、高差变化信息。

（5）相关尺寸和文字内容的标注。标注各控制点（基点、路边线处和侧石顶等）的相对标高值。标注各组成部分的宽度，如车行道宽度、人行道宽度和道路总宽等。标注各组成部分的功能示意图例。

山人指路

> 功能示意图例表达应当准确，尽量符合设计意图。通常在车行道上方绘制汽车符号和非机动车符号，在人行道上方绘制行人符号，在绿化带上绘制行道树或灌木等示意图例。

（6）其他图形信息的标注。标注图名、说明等图形信息。

山人指路

若道路标准横断面图沿道路中心线对称，则可先绘制道路一侧的图形并标注相关信息，然后以镜像（MIRROR）命令复制另一侧的图形与信息。

8.5 道路平面图

道路平面图是道路设计的重要图样成果之一，综合反映了路线的平面位置、线形和几何尺寸，反映了沿线构造物和重要工程设施的布置以及道路与沿线地形、地物和行政区域的关系等。

道路平面图设计的主要任务是平面线形的选择和定位，确定道路走向及其平面位置，在道路红线范围内布置机动车道、非机动车道、人行道和绿化隔离带等功能区以及布置各种道路设施。

图面应包括的内容：平曲线要素、各特征点坐标和桩号、扯旗、宽度、注示、道路渠化段、公交车停靠站的布置位置与形式、桥梁位置及跨径组合、结构物起终点桩号及坐标、明暗浜填注面积、指北针、拼图线、工程范围线等。其绘图比例一般为1:500～1:1000。

道路平面图示例见P203～204/附录C“××路道路施工图（部分）”中的道路平面图（三）和道路平面图（四）。

8.5.1 绘图准备

道路平面图绘制的准备工作参考步骤如下：

（1）打开地形图图形文件并将其另存为“道路平面图.dwg”。

（2）地形图的图层特性修改。新建“地形”图层，设置图层颜色为“8#（灰色）”。按下键盘组合键【Ctrl+A】全选地形对象，修改其图层属性为“地形”，将对象的颜色设置为“ByLayer（随层）”。

（3）地形图的清理。用清理（PURGE）命令（详见P128/图6-11“清理”对话框）对图形文件中冗余的图层、块定义、文字样式和标注样式等进行图形清理。

（4）设置图层和标注样式等。通过设计中心移植已有工程的图层与标注样式等内容，或新建相关图层并设置特性、标注样式等。设置图层名如“道路红线”“道路中心线”“车行道边线”“人行道边线”“文字”“尺寸线”和“标注”等。

山人指路

1. 地形图是道路平面设计的底图，其插入点的坐标一般为世界坐标系（WCS）的绝对零点（0，0，0）。因此，地形图上任意一点的绝对坐标值，均可通过点坐标值（ID）命令随时查询。为保证地形图上任一点的坐标值查询准确，一般不对地形图的坐标系进行改动，也不对地形图的对象进行移动、缩放或旋转等编辑操作（删除操作除外）。

2. 地形图文件一般比较大，设计前可根据实际情况删除绘图范围外的地形，以提高软件运行速度。

8.5.2 绘制道路中心线

以新建规划道路为例，其道路中心线绘制的参考步骤如下：

（1）各控制点位置的确定。根据规划资料提供的点坐标值，以直线（LINE）命令结合点坐标输入的方式，沿道路前进方向依次确定起点、各交点（简写为 JD）和终点的位置。

☞山人指路

若设计道路为旧路改造，则需拟合现状道路边线，通过偏移（OFFSET）命令确定道路中心线。

（2）设置平曲线。平曲线由缓和曲线与圆曲线组成，首先设定缓和曲线长度，通过计算确定圆曲线圆心坐标、弧长；根据计算结果绘制圆曲线，并用多段直线模拟回旋线以连接直线段和圆曲线段。

☞山人指路

1. 道路中心线一般由直线段和平曲线段连接而成。其中，平曲线段一般包括圆曲线和缓和曲线。

2. 道路平面线形的确定主要包括：选定合适的圆曲线半径，计算缓和曲线的各参数，合理解决曲线与曲线、曲线与直线的衔接，恰当地设置缓和曲线超高、加宽的缓和路段，计算行车视距并排除可能存在的视线障碍等。

3. 若交点位于交叉口中心，因计算行车速度较小，可不设平曲线段。

4. 按现行道路设计规范：计算行车速度小于 40km/h，且两圆半径都大于不设超高的最小半径时，可不设缓和曲线，而直接用圆曲线连接两条直线段。

（3）道路中心线的编辑。利用编辑多段线（PEDIT）命令[具体见 P61/3.1.18“编辑多段线（PEDIT）”]，将构成道路中心线的所有直线段和平曲线段连成一条多段线，其中每一段直线和平曲线均称为线元。应注意：所有线元必须首尾相接，才能进行组合。

（4）道路桩号的标注。沿道路中心线标注桩号，起点桩号一般设为 K0+000。在各整桩和加桩处标注相应桩号。

☞山人指路

1. 完整的桩号标注由桩号圆、法向线和桩号文字组成。桩号圆的圆心位于道路中心线的整桩点处。

2. 整桩标注可通过定距等分（MEASURE）命令（具体见 P33）进行批量标注。操作前可将桩号圆和法向线定义为块，桩号文字标注可通过“贱人工具箱”的“文字递增复制”命令进行（具体见 P124/6.2.2 节“贱人工具箱”）。

（5）坐标值的标注。标注起终点坐标、各交点坐标、各交叉口中心坐标、相交河道的交点坐标等。

☞山人指路

1. 应当注意的是，绘图时应该标注测量坐标，测量坐标与 AutoCAD 坐标（这里指 AutoCAD 中的 WCS 世界坐标）的 X、Y 坐标轴是互换的。例如，命令行显示某点的坐标查询值为“X=1000.000，Y=1200.000”，图上标注该点的坐标值应为“X=1200.000，Y=1000.000”。

2. 点的坐标值标注可通过坐标标注插件（CJP_ZBBZ）方便地进行[具体见 P124/6.2.3 节“坐标标注插件（CJP_ZBBZ）”]。

（6）平曲线要素的标注。平曲线要素包含圆曲线半径、缓和曲线长度、方向转角、切线长、外距和平曲线长度等设计参数。

山人指路

利用相关道路设计软件，可以很方便地进行平曲线段的绘制，以及桩号、坐标和平曲线段要素等的标注，本书不作详细介绍。

8.5.3 绘制道路平面

在完成道路中心线的绘制与信息标注后，即可进行道路平面的绘制。其绘制的参考步骤如下：

（1）各功能区边线的确定。根据道路标准横断面的路幅划分，利用偏移（OFFSET）命令复制出所有平行于中心线的边线，如中央隔离带边线、车行道边线、人行道边线和绿化带边线等。

（2）路线走向的调整。对照地形图或现场踏勘情况，检查道路范围内是否有重要的构、建筑物需要避让。若有，则需重新调整路线走向。也可以采取措施排除这些影响道路通行的因素（如局部调整道路断面将障碍物设置在绿化带里）。

（3）道路交叉口边线的绘制。根据各相交道路的方向坐标，依次绘制出各相交道路中心线，重复步骤（1）和（2），绘制出各道路交叉口的边线。

山人指路

1. 可根据收集到的相交道路平面资料（规划图或已建道路施工图），复制（【Ctrl+C】）各道路交叉口的平面轮廓线，粘贴到原坐标[“编辑”→“粘贴到原坐标（PASTEORIG）”]。

2. 应当注意的是，进行上述操作时，两图形文件必须处于同一坐标系统。一般在世界坐标系（WCS）下进行操作。

（4）道路交叉口圆弧的绘制。根据计算行车速度，按规范设置交叉口圆弧半径。

山人指路

交叉口圆弧半径除了考虑满足规范规定的最小圆弧半径之外，还应考虑交叉口美观、道路交角等因素，设置合理的圆弧半径。

（5）沿线建筑物出入口、停车场出入口和分隔带断口等的绘制。根据地形或现场踏勘情况，在有通车出入需要的地方设置出入口和断口。先确定出入口的平面位置和宽度等，再设置转弯半径并标注桩号。

（6）局部展宽和缩窄路段的处理。在确定展宽或缩窄路段的起终点桩号、展宽或缩窄的宽度之后，利用偏移（OFFSET）命令对相关边线进行复制，绘制出展宽段或缩窄段；之后考虑行车渐变的需要设置渐变段；最后连接渐变起点和终点处的边线，并对折点处边线进行倒圆角处理，使边线平缓过渡，适应行车需要。

山人指路

1. 部分路段因功能要求，需要展宽或者局部缩窄。例如公交港湾处展宽、交叉口入口段展宽和平曲线段的展宽、桥涵处道路缩窄。

2. 渐变段及展宽段的长度要满足规范要求。

（7）相交河道、桥涵或立交道路等信息的输入。若有相交河道、桥涵或立交道路，应表示出它们与设计道路在平面和立面衔接处理上的相互关系等信息。

（8）其余相关设计内容的补充完善。除上述道路平面设计的基本内容外，还应根据平面布置情况，补充完善其余相关设计内容，如公交站台示意、绿化带平面、树池平面、盲道平面、交通岛等。

（9）绘制截断线、交叉口范围线等。相交道路只需表达出交叉口的完整信息即可。通常将相交道路截断线和交叉口范围线设置在交叉口圆弧外整桩号处。

山人指路

相交道路圆弧外整桩号一般从交叉口中心点起算，通常以设计道路的上方为正，下方为负。设计道路的整桩号即为交叉口圆弧外的设计整桩号。

（10）尺寸信息的标注。主要有三类尺寸信息：平面宽度与长度、圆弧半径、路线交角。

（11）方向坐标的标注。在相交道路的外侧标注出方向坐标，以便施工放样时确定相交道路中心线。

（12）文字说明等的输入。标注道路名称、沿线两侧企业单位的名称、各条边线的文字注解和加宽段的说明等内容；添加图样说明、图例、页标和指北针等内容。

（13）插入图框并进行相关内容的输入。

8.6 道路纵断面图

道路纵断面图也是道路设计的重要图样成果之一，它反映了道路中心线上各桩号点的竖向标高，直观表现了道路的起伏情况、与其他道路或河道交叉的情况。将其与平面图结合，就能准确定出道路的空间位置。

道路纵断面图设计主要是指纵坡设计（也称拉坡）和竖曲线设计。设计时，一般要根据实地选线的意图和桥涵、地质等对路线纵断面图设计的要求，综合考虑技术与经济因素，定出路线的纵坡，选择合适的竖曲线半径，计算出各桩设计高程和填挖方值。

具体设计的指导原则包括：在满足设计规范要求的前提下，合理设置路面设计标高，保证行车安全、舒适并适应两侧地块标高；有利于沿线范围内地面水的排除；有利于两侧地块交通出行；有利于管线埋设；同时考虑土方平衡、考虑经济性、路面稳定性等。此外，如遇上穿或下穿立体交叉时，道路纵断面坡度首先要满足非机动车纵坡设置要求。在下穿路段时可采用分离式纵断面坡度，既保证了下穿净空高度要求又满足了非机动车道纵坡要求。

道路纵断面图图面由上、下两部分组成。上半部主要用来绘制原地面线、路面设计线和路基设计线；下半部为一个表格，用于填写各桩号点位置对应的路面、路基、原地面的标高数据和竖曲线信息等。

道路纵断面图一般采用不一致的比例绘制。通常纵向比例为横向比例的10倍，如纵向比例为1:100，横向比例为1:1000；或者纵向比例为1:50，横向比例为1:500。本书示例纵向比例为1:100，横向比例为1:1000。

道路纵断面图示例见P205/附录C“××路道路施工图（部分）”中的道路纵断面图（二）。

8.6.1 绘图准备

道路纵断面图绘制前一般应先完成原地面标高数据的准备工作，并根据地形图基本确定设计纵断面控制标高数据。

道路纵断面图可从已有工程中复制粘贴后，进行路面线的绘制和相关文字内容等的修改。若自行绘制，其准备工作参考步骤如下：

（1）新建“纵断面图.dwg”文件并保存，插入图框并进行相关内容的输入。

（2）设置图层和标注样式等。

8.6.2 绘图步骤

自行绘制道路纵断面图的主要操作步骤如下：

（1）表头的绘制。表头内容通常包括“设计中心线的坡度及距离、路面标高、路基标高”“原地面标高”“填（+）挖（–）高”“道路桩号”和“直线曲线交叉口”等。表头上方还可标注纵向和横向比例值。表头也可从已有工程中复制。

山人指路

表头行高应根据所标注的设计参数内容确定，本书示例行高最小值为 15 个图形单位，表头字高设置为 4 个图形单位。

（2）标高标尺的绘制。用直线（LINE）和图案填充（BHATCH）命令完成标高标尺的绘制，并标注相应的标高数值。本书示例中的标高数值字高设为 2.5 个图形单位。

山人指路

1. 标尺标高数值范围应涵盖本图原地面和设计地面标高的最大值与最小值。

2. 标尺标高的原点标高值可根据道路设计标高的变化范围而调整。例如，本段道路标高变化范围为 5.000～7.000m，为使绘制的设计线位于图面的合适位置，可以设定原点标高值为 2.000m。

3. 当设计道路较长时，纵断面图可分幅。分幅后的每张图均应包含表头和标高标尺，但标尺标高数值范围可以不同。

（3）表格左上角基点的确定。在靠近标尺的适当位置绘制桩号 K0+000 对应的起点线（竖线），通常以该直线与标高标尺最底端标高线的交点为表格的左上角基点。

（4）原地面线的绘制。根据原地面数据和基点的位置，在表头坐标图上用多段线（PLINE）命令依次绘制出原地面线。原地面标高数据可以从地形图中按桩号读取，也可以根据建设单位提供的实测原地面数据绘制。

山人指路

利用某些道路设计软件绘图时，可以将原地面数据按一定的格式进行编辑，形成软件能识别的数据文件，读入后自动生成原地面线。

（5）拉坡线的绘制。计算确定起、终点路面设计标高及中间坡度变化处的折点标高，通过偏移（OFFSET）命令依次绘制上述各点的桩号线。在各桩号线位置，依次绘制出各桩号对应的标高点，连接各标高点即形成拉坡线。

山人指路

1. 通常，拉坡线绘制前应先确定控制点标高，如起终点标高、相交道路的交点标高、洪水位标高和地块控制标高等。可通过 Excel 软件进行拉坡计算，调整坡度坡长，使拉坡线能符合控制点标高的要求。

2. 道路纵断面图的打印是按横向（X 方向）比例进行的。因此，表格的横向偏移量按实际距离确定。例如桩号间距为 20m，则横向偏移量为 20 个图形单位。

3. 纵向（Y 方向）比例为横向比例的 10 倍，具体体现为标高标尺上 1m 高差的测量值为 10 个图形单位。因此，纵向的高差等数值的测量值是实际距离（m）的 10 倍。例如，某控制点标高为 4.311m，则定位该点时应将标高标尺上 4.000m 处的构造线向上偏移（4.311−4.000）×10=3.11 个图形单位。

（6）竖曲线的绘制与标注。根据竖曲线参数计算结果，定位其起终点桩号与标高后，以圆弧（ARC）命令，连接起点、折点和终点。在竖曲线上方，标注出竖曲线的三要素（圆弧长度 L、切线长 T、外距 E）、起终点桩号、折点桩号及折点标高。

山人指路

1. 根据规范要求，道路纵坡变化处应设置竖曲线（通常采用圆曲线）。圆曲线半径按规范设定。根据圆曲线两侧的直线段坡度，计算出竖曲线长度 L、切线长 T、外距 E，进而计算出圆曲线起点桩号与终点桩号以及对应的标高。

2. 应注意，竖曲线下方标注的是折点标高，也就是圆曲线两侧直线段交点的标高，而不是该桩号处的设计路面标高。

3. 利用某些道路设计软件，能很方便地绘制并标注竖曲线。

（7）路面设计线的编辑。利用编辑多段线（PEDIT）命令，将拉坡直线段与竖曲线段连成一条多段线，该多段线即为路面设计线。

（8）路基线的绘制。根据结构层厚度的计算结果，利用偏移（OFFSET）命令复制出路基线。路基线线型一般为虚线。

（9）参数表格的绘制。表格横线可通过直线（LINE）或构造线（XLINE）命令结合偏移（OFFSET）命令绘制，行高与表头一致。表格竖线位置根据桩号位置确定。

（10）表格内设计参数的标注。分别在纵断面图上测量各桩号线处的原地面标高、设计路面标高、路基线标高和填挖高差，将这些数值标注在桩号线左侧的对应栏目中。还应根据道路平面图中的中心线设计参数，添加直线曲线交叉口的相关参数（如直线曲线段长度、曲线半径与缓和曲线段长度等）。此外，还应添加坡度、坡长参数。本书示例纵断面图表内参数的字高设置为 3 个图形单位左右。

山人指路

1. 表格内设计参数标注时，若文字有重叠现象，可将文字移至桩号线右侧。

2. 填挖高差指路基线与原地面线的高差。若路基线较低，则为开挖路面，填挖高差值为负；若路基线较高，则为填方路面，填挖高差值为正。

（11）相交河道、桥涵和立交道路等的绘制。若设计道路跨越河道或桥涵、下穿立交或穿越隧道等时，需在纵断面图上表示出相互关系，以便控制净高及铺装厚度。

（12）其他文字内容的添加。如路面线、路基线、起终点位置和交叉口等位置注解文字的添加，相关设计说明的添加等。

8.7 路面结构图

路面结构一般包括面层、基层和垫层。路面结构图是反映路面各层结构形式的图样，主要内容包括人行道、机动车道和非机动车道的结构，绿化带及树池的布置形式、侧平石形式等。常用绘图比例有1:20、1:100等。

路面结构设计的主要任务是根据道路的交通等级和现场地质情况，合理安排路面结构的各个层次，选择经济合适的路面结构材料，确保路面在设计使用期限内满足使用要求。路面结构层的设置应给出相应的各结构层技术指标，例如沥青路面应明确各结构层顶面的设计路面弯沉值，水泥路面应明确抗折强度，土路基顶面应明确回弹模量值等。

路面结构图示例见P206/附录C“××路道路施工图（部分）”中的路面结构图。

8.7.1 绘图准备

路面结构图绘制的准备工作参考步骤如下：

（1）新建“路面结构图.dwg”文件并保存，插入图框并进行相关内容的输入。

（2）设置图层和标注样式等。

8.7.2 绘图步骤

（1）分界线和铺装边线的绘制。根据选定的路面结构材料，通过计算分别确定机动车道、非机动车道和人行道的路面分层厚度。按比例依次绘制各层断面的分界线和铺装边线。

（2）道路各组成部分交界处结构形式的绘制。例如车行道与人行道交界处的平侧石布置形式，车行道与绿化带之间的侧石大样等。

山人指路

各组成部分的路面结构图可单独绘制，也可根据道路横断面的布置形式组合在一起绘制。

（3）树池和绿化带等做法的标注。

山人指路

沥青路面一般将路拱大样图也放在路面结构图中。

（4）路面弯沉控制表的绘制。根据弯沉计算结果，绘制表格列出各结构层表面弯沉设计值。

（5）注释文字的标注。绘制引出线，按照顺序分别描述各层材料及厚度。引出部位采用圆环（DONUT）命令绘制引出点。

（6）文字说明的添加。包含绘图比例的添加，设计说明（尺寸单位、各层的控制指标和施工要求）等的添加。

8.8 交叉口设计图

道路交叉口是道路系统的重要组成部分，是道路交通的咽喉，一般分为立交和平交两种。其中平交路口主要有红绿灯控制交叉口和环岛交叉口两种。

设计的基本要求：一是保证车辆和行人在交叉口能以最短的时间顺利通过，使交叉口的通行能力适应各条道路的行车要求；二是调整交叉口范围内的竖向标高，使交叉口符合行车舒适、排水迅速和美观的要求。

交叉口设计成果主要包括交叉口平面布置图和交叉口竖向设计图。图样应包含的主要内容有：相交道路施工范围、转弯半径、竖向设计标高、坡度长度和右转弯车道设置等。其绘图比例一般为1:200～1:500。有时候竖向设计图采用1:500，平面布置图采用1:1000。

交叉口竖向设计图利用等高线图或板块分格图描述交叉口内各个点的标高，以便施工时控制竖向标高。通常沥青路面宜采用等高线图表示竖向标高，混凝土路面宜采用板块分格图来表示，特大型路面宜采用两者结合的形式来表示。本书以等高线图为例介绍交叉口竖向设计图的绘制，绘制的主要内容有：等高线、标高标注、坡度标注和排水口设置等。

道路交叉口设计图示例见P207/附录C“××路道路施工图（部分）”中的交叉口设计图。

8.8.1 绘图准备

（1）新建“交叉口设计图.dwg”并保存，插入图框并进行相关内容的输入。

（2）设置图层和标注样式等。

（3）打开“道路平面图.dwg”文件，将交叉口范围内的道路平面提取出来，按原坐标粘贴命令复制到本图。

8.8.2 绘图步骤

（1）交叉口平面布置图的绘制。对交叉口平面进行整理，标注方向坐标、交叉口中心坐标，标注交叉口范围线处的桩号，标注尺寸和角度信息，标注路名等，最终形成交叉口平面布置图。

山人指路

交叉口平面范围一般为路缘石半径的切点以外5～10m。

（2）交叉口竖向设计图的绘制。复制交叉口中心线、交叉口道路边线、人行道边线、交叉口范围线。一般情况下，道路中心线即为路脊线，将道路中心线以交叉口中心控制点为界，分为4条路脊线，以两两路脊线形成的区间为界，将路边线用PEDIT命令连成一条多段线，这样，路脊线和所夹的路边线就形成了一个绘制区域。采用等分法或圆心法，分别画出每个绘制区域的计算网格，通过计算，确定每个计算网格边线上各点的标高，通常情况下，等高线高差以0.02～0.05m为宜。将所有计算网格上相同标高的点用SPLINE命令连在一起，即形成等高线。对等高线图进行整理，标注控制点标高、坡度、等高线标高等，最终形成交叉口竖向设计图。

山人指路

为保证交叉口内排水流畅，道路纵坡低点（即凹形竖曲线）尽量避开交叉口范围，并且两条道路的竖曲线不宜同时设置在交叉口内。

（3）雨水口的设置。对于路边线低点位置，需加设雨水口，避免路面积水。

（4）其他图形信息的标注。添加指北针及比例说明等信息。

8.9 道路施工横断面图

道路施工横断面设计的主要任务是根据地形变化情况依次按桩号绘制道路横断面图，表达道路断面与原地形横断面的相互关系，直观显示填挖方关系。通常情况，市政道路每隔 20m 绘制一个施工横断面图。

施工横断面图主要包含路面线、路基线、原地面线、边坡线等。绘图比例一般为 1:200～1:500。

施工横断面图示例见 P208/附录 C“××路道路施工图（部分）”中的施工横断面图。

8.9.1 绘图准备

（1）新建“道路施工横断面图.dwg”并保存，插入图框并进行相关内容的输入。

（2）设置图层和标注样式等。

8.9.2 绘图步骤

（1）路面线的绘制。确定绘制基点，一般取道路中心线处的车行道交点（或车行道延长线交点）为路面基点。根据设计横断面图，按行进方向分别绘制左侧路面线、右侧路面线。

山人指路

施工横断面图可作为计算土方的依据，因此路面线、路基线和原地面线等均需严格按比例绘制。

（2）路基线的绘制。根据设计的结构层厚度，对路面线进行偏移操作，连接各路基线，形成完整的路基线。

（3）边坡线的绘制。按设计的路肩宽度、边坡坡度，绘制左右两侧边坡线。

（4）根据需要绘制边沟、截水沟、挡墙等内容，完整地表示出路面填挖方之后的道路断面形状。

（5）原地面线的绘制。根据实测的道路中心线处的原地面标高与设计路面标高的差值，确定原地面线的基点，依次绘制左侧原地面线和右侧原地面线。

（6）断面参数的标注。原地面线是施工之前的道路形状，路基线、边坡线、边沟线和挡墙线等组合形成的组合边线是填挖方施工之后形成的道路形状。若组合边线在原地面线之上，则为填方；若组合边线位于原地面之下，则为挖方。分别计算该断面填挖方面积，乘以断面桩号间距，即可得出该断面对应的路段填挖方量。在该施工断面的下方，分别标注该断面对应的桩号、标注左右施工宽度、标注该路段填挖方量等信息。

（7）重复上述步骤（3）～（6），分别绘制其余桩号的施工横断面图。

（8）统计所有路段的填挖方量，形成土石方量表。

（9）添加页标、说明、图框等内容，形成完整的施工横断面图。

8.10 交通组织设计图

交通组织设计的主要任务是依据交通流量和设计技术指标，在设计道路平面上合理布置交通标志标线和交通设施，使得行人和车辆运行更有序、更安全，运行效率更高。

交通组织设计图是反映各种标志标线和交通设施平面位置的图样，又称为交通标志标线图。绘制的主要内容有：各种交通标志的布置、标线的划分和各种交通设施的设置等。绘图比例一般为1:500～1:1000。

交通组织设计图示例见P209～210/附录C“××路道路施工图（部分）”中的交通组织设计图（三）和交通组织设计图（四）。

8.10.1 绘图准备

在确定合理的交通组织设计方案后，即可进行交通组织设计图的绘制。绘制的准备工作参考步骤如下：

（1）新建“交通组织设计图.dwg”并保存，插入图框并进行相关内容的输入。

（2）设置图层和标注样式等。

8.10.2 绘图步骤

（1）交通标线的绘制。根据横断面的布置形式，确定各车道的宽度和平面位置，利用OFFSET命令绘制各分道线。按规范要求，不允许变道的路段采用实线，允许变道的路段采用虚线。依次绘制出中央黄线、停止线、人行横道线、减速让行线、导流标线、平面交叉口中心圈、车行道宽度渐变段标线、停车位标线、停靠站标线、出入口标线、导向箭头以及路面文字或图形标记等。

（2）交通标志的绘制。在合理的位置绘制出各种必要的交通标志符号，交通标志分为警告标志、禁令标志、指示标志和指路标志四大类。绘制之前，将各种交通标志按实际形状进行绘制，设置合适的比例，并做成“块”，这样，在需要设置的位置，只要以块插入命令插入交通标志即可。

（3）交通设施的绘制。与交通标志的绘制步骤一样，将必要的交通设施按一定的比例绘制，并做成“块”，在合理的位置插入交通设施图案。

（4）尺寸信息和位置信息的标注。各车道间距需添加尺寸信息；其他交通标志和交通设施一般采用桩号来表示位置信息。

（5）添加说明及页标等内容。

8.11 无障碍设计图

城市道路的无障碍设计以方便残疾人、老年人和行动不便者的出行、办事与旅游等为目的。设计内容涉及缘石坡道、盲道、公交车站、人行天桥、人行地道、桥梁、隧道和立体交叉等诸多方面。具体设计规定可参见相关规范。

无障碍设计图的设计成果一般包括：交叉口无障碍设计图、提示盲道设置大样图、缘石坡道设计大样图和盲道块材大样图等。其绘制过程略。

其中，交叉口无障碍设计图示例见P211/附录C“××路道路施工图（部分）”中的交叉口无障碍设计图。

8.12 控制表格

控制表格与道路平面图构成了道路平面设计的成果。

控制表格以表格形式反映了路线平面线形设计成果，主要包括线元要素表、逐桩坐标表、线位表等。

控制表格的绘制比较简单，主要为文字输入，可分图层也可不分。用户可以预先在 Excel 中完成表格制作，再将其插入至 AutoCAD 并进行相应编辑操作（详见 P231/问 5“如何将 Excel 表格插入至 AutoCAD”）。也可以参照 P89/4.3 节“表格”中的相关内容进行设置输入。

控制表格示例见 P212/附录 C“××路道路施工图（部分）”中的控制表格。

山人指路

相关道路设计软件可以自动计算并生成控制线位表、逐桩坐标表、平面线元要素表和竖向线元要素表。

8.13 材料表

材料表又称为主要材料及设备表或工程数量表，可作为工程概预算的依据。道路工程材料表主要包括机动车道、非机动车道和人行道等路面结构材料的规格与数量、填挖方数量等，还包括相关附属设施如路灯、交通标志等的规格与数量。

材料表一般放置在设计总说明图纸的最后部分，即它是设计总说明的一部分；也可以独立图名（如“道路工程材料表”）绘制，紧邻设计总说明图纸之后放置。

材料表的绘制比较简单，主要为文字输入，可分图层也可不分。用户可以预先在 Excel 中完成表格制作，再将其插入至 AutoCAD 并进行相应编辑操作（详见 P231/问 5“如何将 Excel 表格插入至 AutoCAD”）。也可以参照 P89/4.3 节“表格”中的相关内容进行设置输入。

道路工程材料表示例见 P200/附录 C“××路道路施工图（部分）”中的道路工程材料表。

作　业

上机练习

（1）绘制 P202/附录 C“××路道路施工图（部分）”中的道路标准横断面图。

（2）绘制 P205/附录 C“××路道路施工图（部分）”中的道路纵断面图（二）。

（3）根据 P212/附录 C“××路道路施工图（部分）”中的控制表格和上述道路标准横断面图、道路纵断面图（二），绘制 P203/道路平面图（三）和 P204/道路平面图（四），具体要求和步骤见 P145/8.5 节“道路平面图”。

第9章 市政排水施工图的绘制

学习要点

知识点

- 基础知识：市政排水施工图设计文件的组成及其图形内容。
- 重点知识：市政排水施工图的绘制方法与操作步骤。

技能要求

- 熟练运用 AutoCAD 进行市政排水施工图的绘制。
- 掌握市政排水施工图的绘图内容、步骤与注意要点。

市政排水施工图的设计，通常在排水工程初步设计和道路相关施工图基础上进行。

市政排水施工图的设计内容包括市政雨、污水管道系统及其附属构筑物等。其设计文件一般应包括：图纸目录，设计总说明，材料表，排水平面图，雨、污水纵断面图，管位图等。若不进行初步设计而直接进入施工图设计阶段，则还要补绘雨、污水汇水范围图。

当排水管线遇到河道、铁路等障碍物时，还需绘制倒虹管相关的图样。在排水管道的中途和终点需要提升雨、污水时，需绘制泵站相关的图样。此外，当地下管线种类较多时，还须绘制管线综合图，图上应绘出各种管线的平面布置，注明各管线的尺寸规格、设计标高、桩号和间距尺寸等。

需要说明的是，上述各设计文件可分别建立图形文件进行绘制，也可以在同一个图形文件中绘制。

市政排水管道绘制的一般规定与常用图例见 P214/附录 D“市政给水排水制图一般规定与常用图例”。

9.1 基础资料的搜集

在进行排水施工图设计前，应收集设计相关的基础资料。基础资料一般应由建设单位提供，也可以在建设单位的配合下由设计人员收集。

基础资料主要包括三方面：

1. 设计任务相关的资料 包括相关规划、初步设计资料、排水现状资料和水环境资料等。

一般需要了解与本工程相关的已批准的城镇（地区）总体规划及道路、交通、给水、排水、电力、电信、防洪、环保、燃气、园林绿化等各项专业工程的规划、初步设计资料等。从中进一步明确本工程的设计范围、设计期限、设计人口数；拟用的排水制度；污水的处置方式；受纳水体的位置及污染防治要求；各类污水量定额及其主要水质指标；与给水、电力、电信、燃气等工程管线及其他市政设施可能的交叉情况；工程投资情况等。

排水现状资料指各集中排水点的水量、位置、排出口标高及排放特点、污水水质；现有雨、污水管道系统的走向、管径、标高、预留井设置等情况和排水口位置；已建或设计污水处理厂的位置和进水口高程等。

水环境资料指河流或其他水体的位置、等级、水位（洪水位、常水位和枯水位等）、规划河底标高，航运及渔业情况，农田灌溉及环境保护要求等。

2．**自然因素相关的资料** 主要包括地形图资料、气象资料、水文资料和地质资料等。

3．**法律法规相关的资料** 主要包括设计相关的国家法律法规、地方标准和条例、设计规范和标准等。

9.2 设计总说明

排水施工图设计总说明用于介绍工程项目的背景情况、设计依据、设计参数、施工要求、施工注意事项、验收标准和施工质量要求、特殊情况处理方法等，是对整个设计图的概括说明，可以指导施工单位看懂图并按图施工。

设计总说明的具体内容可以参考已有的类似工程，也可以新建空白图形文件并按实际情况输入。一般应新建文字图层并进行文字样式的设置，以多行文字输入[具体分别见 P125/6.3 节“图层”、P77/4.1 节“文字样式的设置（STYLE）”和 P82/4.2.2 节“多行文字（MTEXT）”]。

9.3 雨、污水汇水范围图

施工图设计阶段的雨、污水汇水范围一般与初步设计的一致。因此，在初步设计阶段需要进行雨、污水汇水范围图的绘制。若不进行初步设计而直接进入施工图设计阶段，则需补绘雨、污水汇水范围图。

雨、污水汇水范围图表达的是雨、污水管道系统收集和输送雨水、污水的范围，可以清楚地显示本工程接纳雨、污水的地块范围。需要注意的是：污水的汇水范围不包括道路面积；雨水的汇水范围则包括道路面积。因此，两者的汇水范围是不相同的。

雨、污水汇水范围图可以分开绘制，也可以在同一张图上绘制。在同一张图上绘制时，汇水范围线应当用不同的线型加以区分。

雨、污水汇水范围应囊括整个排水设计桩号范围，本书为示例性质，仅绘制排水平面图（三）、（四）桩号范围内的汇水范围图。其示例见 P217～218/附录 E“××路排水施工图（部分）”中的雨水汇水范围图和污水汇水范围图。

9.3.1 绘图准备

雨、污水汇水范围图可在道路平面图的基础上绘制。其绘图比例通常与道路平面图一致，一般为 1:500 或 1:1000。

以雨水汇水范围图的绘制为例，绘图准备工作的参考步骤如下：

（1）打开道路平面图并将其另存为“雨水汇水范围图.dwg”。插入图框并进行相关内容的输入。关闭或冻结无关的图层，如地形图、桩号、控制点坐标和其他文字等。

（2）新建“流向箭头”图层并将其置为当前层。绘制两种规格箭头，分别表示地块向管道的汇水方向（粗短箭头）和排水管道的水流方向（细长箭头）。

（3）新建“汇水范围”图层，设置合适的线型（如点画线或双点画线）。根据打印比例设置多段线线宽。

山人指路

1. 汇水范围线打印后的线宽一般为1.0～1.2mm。若平面图绘图单位为米（m），打印比例为1:500，则打印单位1mm代表的实际尺寸为500mm=0.5m=0.5个图形单位，故“打印”对话框设置的打印比例应为1mm:0.5个图形单位。因此图形中设置的多段线线宽应为0.5×（1～1.2）=（0.5～0.6）个图形单位。

2. 汇水范围线也可以按颜色控制打印线宽，打印时的图层线宽可参照P178/11.1.3节“实例”。

3. 在同一张图上绘制雨、污水汇水范围时，应分别设置不同线型，以示区别。

9.3.2 绘图步骤

汇水范围图主要表达两方面内容：管道汇集雨、污水的地块范围、面积以及地块和管道的水流方向。以雨水汇水范围图的绘制为例，其绘制的参考步骤如下：

（1）绘制汇水范围线。将“汇水范围”层设置为当前层，绘制汇水范围线。汇水范围的划分需要考虑相关规划和地形特点。

（2）标注流向箭头。在汇水范围线内的道路两侧地块复制地块汇水方向箭头；在道路范围内复制管道水流方向箭头。

（3）汇水范围面积的量取与标注。参照P70/3.4.2节“面积（AREA）”量取汇水范围面积。设置单行文字参数并在图上进行面积标注。面积一般以公顷（hm^2）为单位。

（4）图例的标注。在图形左下角标注相关图例。

山人指路

1. 污水汇水范围图的绘制可参照雨水的操作步骤进行。

2. $1hm^2=10^4m^2=15$ 亩。

9.4 管位图

在道路专业提供的标准横断面设计图基础上，对道路下各工程管线的敷设位置进行排列的图样称为管位图。管位的确定首先应满足总体规划、各项专业工程的规划和初步设计的相关要求。

管位图一般应在排水平面图绘制之前完成，成果常放置在雨、污水纵断面图之后。

管位图示例见P223/附录E“××路排水施工图（部分）”中的管位图。

管位布置的基本原则和间距要求可参见《城市工程管线综合规划规范》（GB 50289—1998）。

当工程管线采用直埋敷设时，可参照下列要求进行管位的确定和管位图的绘制。

（1）工程管线首先考虑敷设在人行道或非机动车道下面。电信（弱电）、给水、燃气、雨污水等工程管线可布置在非机动车道或机动车道下面。当道路宽度足够时，雨水管道通常位于道路中心线位置，给水和污水管道分列两侧。电信管线入孔井占地面积较大且线径较粗，电信电缆穿管施工时需用机动车牵引，故布置在车行道下面。

（2）工程管线在道路下面的规划位置宜相对固定。从道路红线向道路中心线方向平行布置的次序，应根据工程管线的性质、埋设深度等确定。分支线少、埋设深、检修周期短和可燃、易燃以及损坏时对建筑物基础安全有影响的工程管线应远离建筑物。布置次序宜为：电力电缆（强电）、电信电缆（弱电）、燃气配气、给水配水、热力干线、燃气输气、给水输水、雨水排水、污水排水。

（3）沿城市道路规划的工程管线应与道路中心线平行，其主干线应靠近分支管线多的一侧，工程管线不宜从道路一侧转到另一侧。道路红线宽度超过30m的城市干道宜两侧布置给水配水管线和燃气配气管线；道路红线宽度超过50m的城市干道应在道路两侧布置排水管线。

管位图通常在道路标准横断面图基础上进行，其绘图比例与横断面图一致。绘制的参考步骤如下：

1）打开道路标准横断面图并另存为“管位图.dwg”。

2）设置图层和标注样式等。分别新建“管道”“文字”和“标注”等图层。

3）从已有工程中复制或重新绘制雨水管、污水管、给水管、电力沟、燃气管和通信管等工程管线的代表符号。

4）管位布置。根据总体规划、各项专业工程的规划、初步设计和《城市工程管线综合规划规范》（GB 50289—1998）的管位布置要求，进行管位布置。

5）管道间距的标注。用线性标注命令标注出各工程管线的距离。

9.5 排水平面图

排水平面图是排水管道设计的重要组成部分。图上应标明排水管道及其附属设施的具体位置、设计参数及其与现有管道、建筑和道路的相互关系等。具体而言，应标注排水管道的设计管径、管长、坡度、排水方向及其与道路中心线的间距等，还应标明排水检查井的中心桩号、设计地面标高、上下游管内底标高和雨水口位置等。

排水平面图的绘图比例通常与道路平面设计图一致，一般为1:500或1:1000。

排水平面图示例见P219～220/附录E“××路排水施工图（部分）”中的排水平面图（三）和排水平面图（四）。为方便查看，已关闭地形图图层。

9.5.1 交会井的设置

当管线有交叉但不碰撞（俗称“标高不打架”）时，绘图时埋深较大的管线应被打断。当雨、污水管道有交叉且碰撞（俗称“标高打架”）时，则可以调整下游排水管道的整体标高，直至垂直净距满足规范要求。“标高打架”时，也可以不调整标高，而在交叉处设置交会井。

一般的，当雨水和污水这两种不同类型的排水管道交叉时，若它们的管外壁垂直净距不能满足规范要求（大于或等于0.15m），甚至“标高打架”时，有下列情形之一的，可以考虑设置交会井：

（1）埋深较大的排水管道，其下游接入的已建检查井或排出口标高已定，无法对其下游管线进行标高整体压低。

（2）埋深较大管道的下游可以进行标高整体压低，但会大幅增加管道开挖费用。

交会井的本质是雨水检查井，只不过在检查井中横穿了一条污水管道。因此，交会井内的管道设置原则是“雨断污不断”，即雨水管道在交会井内断开，相当于在交汇处增设了一座雨水检查井；污水管道不断开，横穿交会井。污水管迎水侧的管外壁至交会井内壁净距不小于0.6m，背水侧净距不小于0.3m，以方便工人清掏、检修时搁脚。

设置交会井后，井内污水的水力条件不受影响；井内雨水流动过程中，受污水管道的阻碍，水力条件会变差。因此，交会井通常做成落底井，从雨水管内底至井底落底0.3～0.5m，以使雨水中携带的大的泥沙等沉积在井底。交会井需加强定期清掏。

交会井通常由排水设计人员提供相关工艺参数，由结构或道路专业设计人员绘制结构图，最后以通用图的形式附在市政道路施工图的最后。其示例见P213/附录C“××路道路施工图（部分）”中的交会井（J1）结构图。

9.5.2 绘图准备

排水平面设计通常在道路平面设计图基础上进行，且雨、污水平面布置在同一张图上。设计过程中，排水平面图和纵断面图之间通常会有交替修改、反复调整的情况发生。

以雨水平面图的绘制为例，绘图准备工作的参考步骤如下：

（1）打开道路平面图并另存为“排水平面图.dwg”。插入图框并进行相关内容的输入。

（2）用清理（PURGE）命令（详见P128/图6-11“清理”对话框）进行图形清理。

（3）关闭或冻结无关的图层，如控制点坐标和转弯半径等不重要的文字内容。设置道路桩号颜色为“8#（灰色）”。

（4）设置图层和标注样式等。通过设计中心移植已有工程的图层与标注样式等内容，或新建相关图层并设置特性、标注样式等。

山人指路

1. 图层颜色设置。考虑到图形打印时通常用不同颜色笔号来控制打印线宽，管道的颜色尽量不要采用1～9#，而采用其他颜色如136#、192#或211#等。

2. 图层线型设置。通常雨水管道（包括雨水口连接管）设置为实线，污水管道设置为虚线。

3. 图层线宽设置。排水管道是排水平面图的主体表达内容，应突出显示，一般设置雨、污水管道层线宽为0.4～0.6个图形单位，方便查看和区别。其余图层（包括雨水口连接管和标注文字等）线宽设为“默认”。打印时的各图层线宽可参照P178/11.1.3节“实例”。

4. 图层设置的其他注意事项见P127/6.3.4节“图层管理命令与图层设置”中的“山人指路”。

（5）相关图例符号的准备。用户可自行绘制或从已有工程中复制粘贴相关图例符号，如检查井、交会井、雨水口和排水流向箭头等。图例符号建议分别定义为图块，方便统一修改与工程量统计（图块的相关概念及操作详见P135/7.1节“图块”）。

9.5.3 绘图步骤

以雨水管道设计为例，其主要操作步骤如下：

（1）雨水管线的精确定位。根据管位图中已确定的管位，利用偏移（OFFSET）命令偏移道路中心线至雨水管道位置，并修改其属性为“雨水管道”层。

山人指路

图层的所有特性推荐设置为“By Layer（随层）”。

（2）雨水检查井的布置。在适当位置以复制（COPY）命令布置检查井和预留检查井。注意：所有伸入检查井内的管道线均应用修剪（TRIM）等命令处理掉。

山人指路

1. 检查井一般采用道路桩号定位，也可以采用井中心坐标定位。采用道路桩号定位的通常取道路整桩号。

2. 检查井的间距应满足《室外排水设计规范》（GB 50014—2006）的相关要求。

3. 当道路两侧有小区排水管接入或道路交叉口有支路排水管接入时，均应根据实际情况在道路干道适当位置布置检查井，同时在道路两侧适当位置布置预留检查井。预留检查井通常布置在道路红线外 1m 处。

4. 道路两侧预留检查井的设置，除上述 3 的情况外，通常雨水每间隔两个检查井布置预留检查井；污水每 100m 左右布置预留检查井。

5. 雨水检查井通常间隔设置落底井，以截留雨水携带的泥沙等易沉积的杂物，从而减少对管道内壁的冲刷。

（3）雨水口的布置。在适当位置布置雨水口，并将其就近与检查井绘线连接。雨水口的布置应满足《室外排水设计规范》（GB 50014—2006）的相关要求。

（4）管道水力计算。量取各管段长度 L 后，利用 Excel 表格进行水力计算。根据规范要求和实际情况计算各管段的管径 D、坡度 i 及上下游标高等。

山人指路

1. 根据设计路段雨、污水汇水范围的面积、各管段长度等已知条件，按照相关计算规则进行管道水力计算，可分别得到雨、污水管道的设计参数。

2. 管道水力计算可以借助 Excel 表格进行；也可以通过相关设计软件，如鸿业市政管线设计软件、飞时达市政给水排水设计软件等（相关简介见 P191/第 12 章“其他绘图软件简介”）进行。

3. 管道水力计算完成后，即可将相关设计参数标注在平面图上。需要注意的是，在设计过程中，通常需要反复调整设计参数。

（5）井号与管道上下游标高的标注。在各雨水检查井旁标注编号；从检查井的中心处用直线（LINE）命令绘制标高引线，标注地面标高和井上下游标高。

山人指路

1. 雨水检查井的编号以大写英文字母“Y”开头，污水则以“W”开头。道路两侧的预留检查井以主干道检查井为参照进行标注，如“Y15-1”“W7-2”。

2. 检查井的编号可以利用贱人工具箱的递增复制命令实现，详见P124/6.2.2节“贱人工具箱”。

（6）管线标注。在各雨水设计管道标上标注管径D-管长L-坡度i、水流方向箭头等。管线标注内容应平行于管道。

（7）检查井桩号的标注。为每个检查井进行定位桩号标注。

（8）管道定位标注。以尺寸标注命令标注排水管道与道路中心线的水平间距。

（9）说明与图例的标注。通常在第一张排水平面图的左下角标注出说明与图例。本书附录E中的图为示例性质，该项内容标注在“排水平面图（三）”。

（10）图纸分幅与指北针的标注。当道路施工范围较长，超出了一张图纸范围时，就需要进行图纸分幅。分幅后，需要在每张图纸的右上角标出管道性质及图纸序号。如示例中所标的“排”和“平3”表示当前图纸为第3张排水平面图。此外，还需标注指北针。

山人指路

1. 上述操作步骤（5）～（10）无一定顺序，可按实际情况或个人习惯调整。
2. 污水管道设计步骤可参照雨水的进行。

9.6 雨、污水纵断面图

雨、污水纵断面图也是排水管道设计的重要组成部分，是对排水平面图的进一步说明和补充。主要表现排水管道沿道路纵向剖面的情况，使看图者能清楚地了解管道的坡向、埋深和交叉管道的管径与标高等信息。

雨、污水纵断面图主要包括管线、自然地面线、设计地面线、检查井、交叉管道、表格、表头、标高标尺和相关文字等内容。

由于管道在沿道路方向和垂直方向的距离相差太大，纵断面图一般采用不一致的比例绘制。通常纵向比例为横向比例的10倍，如纵向比例为1:100，横向比例为1:1000；或者纵向比例为1:50，横向比例为1:500。本书示例纵向比例为1:100，横向比例为1:1000。

雨、污水纵断面图示例见P221～222/附录E“××路排水施工图（部分）”中的雨水纵断面图（二）和污水纵断面图（二）。

9.6.1 绘图准备

雨、污水纵断面图可从已有工程中复制粘贴后，进行剖面线的绘制和相关文字内容等的修改。以雨水纵断面图的绘制为例，若自行绘制，其准备工作的参考步骤如下：

（1）新建“雨水纵断面图.dwg”文件并保存，插入图框并进行相关内容的输入。

（2）设置图层和标注样式等。

（3）设置管道剖面线的多段线线宽为0.5个图形单位。

9.6.2 绘图步骤

自行绘制雨水纵断面图的主要操作步骤如下：

（1）表头的绘制。表头内容通常包括“自然地面标高”“设计路面标高”“设计管内底标高”“管径及坡度”“平面距离”“检查井编号”“管道基础”“管道埋深”和“道路桩号”等。表头上方还可标注管道性质、纵向和横向比例值。

山人指路

表头行高应根据所标注的设计参数内容确定，本书示例行高最小值为 15 个图形单位，表头字高设置为 4 个图形单位。

（2）标高标尺的绘制。用直线（LINE）和图案填充（BHATCH）命令完成标高标尺的绘制，并标注相应的标高数值。本书示例中的标高数值字高设为 2.5 个图形单位。

山人指路

1. 标尺标高数值范围应涵盖本图设计管道、自然和设计地面标高的最大值与最小值。

2. 当设计管道较长时，雨、污水纵断面图可分幅。分幅后的每张图均应包含表头和标高标尺，但标尺标高数值范围可以不同。

（3）参数表格的绘制。表格横线可通过直线（LINE）或构造线（XLINE）命令结合偏移（OFFSET）命令绘制，行高与表头一致。表格竖线位置根据检查井间距确定。

（4）自然地面线和设计道路线的绘制。直接从道路纵断面图中复制粘贴这两部分内容。粘贴时应注意参照点标高与标尺正确位置对齐。

（5）管道剖面线的绘制。管道剖面线为双线图，以构造线（XLINE）命令结合偏移（OFFSET）命令确定坡度相同管段的管内底标高位置，再以多段线（PLINE）命令连接管内底得到管内底线，最后根据管径值偏移（OFFSET）得到完整的双线图。管道断开处应绘制曲折断线标记。

山人指路

1. 雨、污水纵断面图的打印是按横向（X 方向）比例进行的。因此，表格的横向偏移量按实际距离确定。例如检查井设计间距为 30m，则横向偏移量为 30 个图形单位。

2. 纵向（Y 方向）比例为横向比例的 10 倍，具体体现为标高标尺上 1m 高差的测量值为 10 个图形单位。因此，纵向的高差、管道管径等的测量值是实际距离（m）的 10 倍。例如，管内底标高为 4.311m，则定位该点时应将标高标尺上 4.000m 处的构造线向上偏移 $(4.311-4.000)\times10=3.11$ 个图形单位；D400 的排水管，应将管内底线向上偏移 $0.4\times10=4$ 个图形单位。

3. 本书示例的管道剖面双线、多段线线宽可设为 0.5～0.6 个图形单位。

（6）检查井的绘制。以直线（LINE）和偏移（OFFSET）命令绘制第一个检查井，其余检查井可以通过复制（COPY）命令布置。然后以修剪（TRIM）命令剪去检查井内的管道线。

山人指路

1. 检查井顶部应与设计地面线平齐。

2. 检查井有流槽井和落底井之分，流槽井的井底与排水管道管内底平齐，落底井的井底要比管内底低一些。污水检查井均为流槽井；雨水检查井间隔做落底井。

3. 本书示例检查井宽度建议为 2～2.5 个图形单位。

（7）交叉管道与接入支管的绘制。与当前排水管道交叉的其他管线、道路两侧接入的支管等也需要在纵断面图中表达出来，以便施工时处理好相互之间的关系。这些管线通常以椭圆表示，其纵向管径（椭圆长轴）要按比例绘制，横向管径（椭圆短轴）以不超出检查井管径为限。椭圆根据平面图中的标高数据和桩号进行定位。此外，还需标注出这些管道的性质、管径、管内底标高和位置（如 N 表示在当前设计管道的北侧等）。

（8）排水管道高程的调整与交会井的设置。若排水管道与其他管道交叉处的净距不能满足规范要求，甚至出现“标高打架”的情况，则要根据实际情况进行排水管道标高的调整，或布置交会井。标高应在 Excel 水力计算表格中重新修正计算，计算结果要及时返回至排水平面图和雨水纵断面图。交会井的布设也应及时在排水平面图和雨水纵断面图中体现。

（9）设计参数的标注。根据道路纵断面图的设计参数和 Excel 水力计算表格计算结果，在纵断面图表格内标注自然和设计地面标高、管内底标高、管径及坡度、平面距离（管道长度）、检查井编号、管道埋深和检查井桩号等参数。本书示例雨水纵断面图表内参数的字高设置为 3 个图形单位左右。

9.7 材料表

材料表又称为主要材料及设备表或工程数量表，可作为工程概预算的依据。主要用于统计排水管线与检查井等附属构筑物、排水水泵及其管配件的材质、规格与数量等。

材料数量可根据 Excel 管道水力计算表、排水平面图和纵断面图进行统计。管道长度可通过 Excel 管道水力计算表结合排水平面图确定；检查井、雨水口等可以直接在平面图上计数统计，也可以通过对相应图块的快速选择（详见 P66/“快速选择”按钮）确定。

材料表的绘制比较简单，主要为文字输入，可分图层也可不分。用户可以预先在 Excel 中完成表格制作，再将其插入至 AutoCAD 并进行相应编辑操作（详见 P231/问 5“如何将 Excel 表格插入至 AutoCAD”）。也可以参照 P89/4.3 节“表格”中的相关内容进行设置输入。

材料表一般放置在设计总说明图纸的最后部分，即它是设计总说明的一部分；也可以独立图名（如“排水部分工程数量表”）绘制，紧邻设计总说明图纸之后放置。

本书为示例性质，仅统计了排水平面图（三）、（四）桩号范围内的材料表。具体见 P216/附录 E“××路排水施工图（部分）”中的排水工程材料表。

作　业

上机练习

（1）在道路平面图的基础上绘制 P219～220/附录 E“××路排水施工图（部分）”中的排水平面图（三）和排水平面图（四）。雨、污水管道用多段线（PLINE）命令绘制，线宽设置为 0.3～0.35 个图形单位。

（2）在道路纵断面图的基础上绘制 P221～222/附录 E“××路排水施工图（部分）”中的雨水纵断面图（二）和污水纵断面图（二）。排水管道剖面线采用多段线（PLINE）命令绘制，线宽设置为 0.5～0.6 个图形单位，其余要求见 P162/9.6 节“雨、污水纵断面图”。

第10章 市政给水施工图的绘制

学习要点

知识点

- 基础知识：市政给水施工图设计文件的组成及其图形内容。
- 重点知识：市政给水施工图的绘制方法与操作步骤。

技能要求

- 熟练运用 AutoCAD 进行市政给水施工图的绘制。
- 掌握市政给水施工图的绘图内容、步骤与要点注意。

与市政排水施工图设计类似，市政给水施工图的设计，通常是在给水工程初步设计和道路相关施工图基础上进行的。此外，根据“压力管线让重力自流管线”的布管原则，市政给水施工图通常在排水施工图完成之后进行。

市政给水施工图的设计内容包括市政道路下的给水管道系统及其附件等。其设计文件一般应包括：图纸目录、设计总说明、材料表、给水平面图、给水管道节点详图和给水纵断面图等。当给水管道穿越铁路、房屋、河流等障碍需局部加强时，还应绘制出局部加强的工艺、结构图（如给水管道过桥布置详图）等。

需要说明的是，上述各设计文件可分别建立图形文件进行绘制，也可以在同一个图形文件中绘制。

市政给水管道绘制的一般规定与常用图例见 P214/附录 D“市政给水排水制图一般规定与常用图例”。

10.1 基础资料的搜集

与排水施工图的设计类似，在进行给水施工图设计前，也应当收集设计相关的基础资料。基础资料一般应由建设单位提供，也可以在建设单位的配合下由设计人员收集。

基础资料主要包括三方面：

1．**设计任务相关的资料** 包括相关规划、初步设计资料等，从中明确设计范围、供水水源和现状资料（现有水厂或水源引入点、现有给水排水系统和集中用水点位置与需水量等）。

2．**自然因素相关的资料** 主要包括地形图资料、气象资料、水文资料和地质资料等。

3．法律法规相关的资料 主要包括设计相关的国家法律法规、地方标准和条例、设计规范和标准等。

10.2 管网平差

在进行路段的给水施工图绘制前，需要确定给水管道的各设计参数，如流量、流速、管径和水头损失等。其中管径是直接标注在给水平面图上的重要参数。

管道的设计参数可以参照给水工程专项规划或初步设计文件，但一般需要在施工图设计前进行复核计算。

给水管网有树状网和环状网两种基本形式。当设计的管段为树状网（或其组成部分）时，则只需运用水力学相关知识进行水源引入点（该点水压已知）至管网末端的水力计算，确定最终的各设计参数。当设计的管段为环状网的一部分时，则需进行管网平差，以确定其最终的各设计参数。

管网平差的常用方法有手工平差和软件平差两种。手工平差计算速度慢，往往需要对管网进行较大简化，以减小计算工作量，因此计算结果精度低。软件平差是管网平差的常用方法。有专门的平差软件（如美国的 EPAnet），也有的将平差功能作为设计软件一个模块（如鸿业市政管线）。这些软件平差均以计算环状网各设计管段的流量、流速、管径和水头损失等参数为目的，具体操作方法可参考相关软件说明书和教程。

10.3 设计总说明

与排水施工图设计总说明类似，给水施工图设计总说明主要也是用于介绍工程概况、设计依据、设计内容、施工说明、验收标准和施工质量要求、施工注意事项以及特殊情况处理方法等，也是对整个设计图的概括说明，可以指导施工单位看懂图并按图施工。有时候，也把图例放置在设计总说明最后。

设计总说明的具体内容可以参考已有的类似工程，也可以新建空白图形文件并按实际情况输入。一般应新建文字图层并进行文字样式的设置，以多行文字输入[具体分别见 P125/6.3 节“图层”、P77/4.1 节“文字样式的设置（STYLE）”和 P82/4.2.2 节“多行文字（MTEXT）”]。

设计总说明示例见 P224/附录 F“××路给水施工图（部分）”中的给水设计总说明。

10.4 给水平面图

给水平面图是给水管道设计的重要组成部分。图上应表示出地形、地物、道路、管（渠）平面位置、转角度数及坐标，示意穿越铁路、公路、河流、各类地下管缆等主要障碍的位置，布置平面管件、各类阀门、消火栓等管道附件以及泄水管、连通管等的位置。

具体而言，除道路平面设计已有的地形、地物和道路线外，还应标注给水管道的管径及其与道路中心线的间距等；标明给水预留支管处的标高、预留支管的管径与中心桩号；标明各类阀门、消火栓等附件和泄水管、连通管等的位置；标明给水管道（包括干管和预留支管）与其他工程管线交叉的位置及交叉处的管道性质、管径和标高；示意给水管道穿越铁路、公路、河流、各类地下管缆等主要障碍的位置。此外，与给水管道节点详图对应，平面图上应标明各节点的范围线和编号。

给水平面图的绘图比例通常与道路和排水平面设计图一致，一般为1:500或1:1000。

给水平面图示例见P226～227/附录F“××路给水施工图（部分）”中的给水平面图（三）和给水平面图（四）。为方便查看，已关闭地形图图层。图中的排水管线图层可以根据实际情况选择是否打开。

10.4.1 绘图准备

给水平面设计通常是在排水平面设计图的基础上进行。设计过程中，给水平面图、纵断面图和管道节点详图之间通常会有交替修改、反复调整的情况发生。

其绘图准备工作的参考步骤如下：

（1）打开排水平面图并另存为“给水平面图.dwg”。插入图框并进行相关内容的输入。

（2）用清理（PURGE）命令（详见P128/图6-11“清理”对话框）进行图形清理。

（3）关闭或冻结无关的图层，如控制点坐标、转弯半径和道路桩号等。

（4）设置图层和标注样式等。通过设计中心移植已有工程的图层与标注样式等内容，或新建相关图层并设置特性、标注样式等。

山人指路

1. 图层颜色设置。考虑到图形打印时通常用不同颜色笔号来控制打印线宽，管道的颜色尽量不要采用1～9#，而采用其他颜色如136#、192#或211#等。

2. 图层线宽设置。给水管道是给水平面图的主体表达内容，应突出显示，一般设置其线宽为0.4～0.6个图形单位，方便查看和区别。其余图层（包括管道附件和标注文字等）线宽设为“默认”。打印时的各图层线宽设置可参照P178/11.1.3节“实例”。

3. 图层设置的其他注意点见P127/6.3.4节“图层管理命令与图层设置”中的“山人指路”。

（5）相关图例符号的准备。给水施工图设计的图例符号比排水施工图多，用户可自行绘制或从已有工程中复制粘贴相关图例符号，如各种阀门（闸阀、止回阀、排气阀和排泥阀等）与井、异径管（大小头）和消火栓等。图例符号建议分别定义为图块，方便统一修改与工程量统计（图块的相关概念及操作详见P135/7.1节“图块”）。

10.4.2 绘图步骤

给水平面图设计的主要操作步骤如下：

（1）给水管线的精确定位。根据管位图中已确定的管位，利用偏移（OFFSET）命令偏移道路中心线至给水管道位置，并修改其属性为给水管道层。

山人指路

图层的所有特性推荐设置为“By Layer（随层）”。

（2）预留支管的位置确定与绘制。根据道路两侧集中用水点（如居住小区、企业等）

的位置、道路交叉口规划或已建给水管道的管位等，结合实际情况布置预留支管。通常以直线（LINE）或构造线（XLINE）命令结合偏移（OFFSET）命令确定最终的预留支管位置。

山人指路

预留支管一般按道路整桩号定位，末端的盲法兰盘通常预留至道路红线外 1m。

（3）消火栓的布置。消火栓沿道路两侧交替布置，间距不大于 110m。消火栓一般布置在道路侧石边 0.5m 处，水源就近从预留支管上开三通接出。可用画圆（CIRCLE）命令（半径 R 取 110m）大致估计道路另一侧消火栓的位置。

山人指路

根据《建筑设计防火规范》（GB 50016—2006）相关规定，室外消火栓应沿道路设置，间距不应大于 120m。

（4）阀门等附件的布置。除了消火栓自带的阀门外，在各预留支管和道路交叉口等位置均应布置阀门，以方便管道检修时切断水源。此外，若设计管道与现有管道衔接（新旧管衔接），还需布置闸阀和止回阀等附件；若衔接时管径不一致，则需布置异径管（大小头）。

山人指路

1. 道路交叉口阀门的设置个数，遵循“n–1”原则。其中 n 为交叉口管网节点的管道数。

2. 新旧管衔接的管道布置详见 P227/附录 F“××路给水施工图（部分）”中的给水平面图（四）之管道节点 G18。

（5）管道分支和管线交叉处的标高计算与标注。该步骤通常与给水纵断面图的绘制交替进行。给水纵断面图设计时，根据设计路面标高和给水管道设计管顶覆土，计算相关桩号处的设计管外顶标高，并将结果标注在纵断面图和给水平面图上。

山人指路

1. 相关桩号指道路整桩号、管道分支和管道交叉等位置的桩号。

2. 管线交叉处应标注交叉管线的管道性质、管径和标高等数据。位于上方的管线数据放置在标注引线上方，否则在标注引线下方。通常给水管道标注管外顶标高，排水管道标注管内底标高。

（6）管道信息标注。管道信息包括设计管道的管径、新旧管衔接时的旧管相关信息和预留支管的桩号与管径等。

山人指路

新旧管衔接时的旧管相关信息详见 P227/附录 F“××路给水施工图（部分）”中的给水平面图（四）之管道节点 G18。

（7）节点范围的绘制与节点编号的标注。该步骤为管道节点详图的绘制做准备。在有预留支管、管道交叉或管配件等的位置绘制节点范围线，并依次进行节点编号的标注。

（8）管道定位和包方阴影线的标注。以尺寸标注命令标注给水管道与道路中心线的水平间距。给水纵断面图设计时，相关桩号处的管顶覆土不足 0.7m 时，应返回平面图，标注包方阴影线。

（9）说明与图例的标注。通常在第一张给水平面图的左下角或设计总说明末尾标注出说明与图例。本书的该项内容标注在“设计总说明”中。

（10）图纸分幅与指北针的设置。相关含义与操作步骤同排水平面图设计。示例中所标的“给”和“平 3”表示当前图纸为第 3 张给水平面图。

10.5 给水纵断面图

给水纵断面图也是给水管道设计的重要组成部分，是对给水平面图的进一步说明和补充。主要表现给水管道沿道路纵向剖面的情况，使看图者能清楚地了解管道的坡向、埋深和交叉管道的管径与标高等信息。

给水纵断面图主要包括管线、自然地面线、设计地面线、交叉管道、表格、表头、标高标尺和相关文字等内容。

与雨、污水纵断面图的绘制相同，给水纵断图一般也采用不一致的比例绘制。通常纵向比例为横向比例的 10 倍，如纵向比例为 1:100，横向比例为 1:1000；或者纵向比例为 1:50，横向比例为 1:500。本书示例纵向比例为 1:100，横向比例为 1:1000。

给水纵断面图示例见 P228/附录 F“××路给水施工图（部分）”中的给水纵断面图（二）。

10.5.1 绘图准备

给水纵断面图可从已有工程中复制粘贴后，进行剖面线的绘制和相关文字内容等的修改。若自行绘制，其准备工作的参考步骤如下：

（1）新建“给水纵断面图.dwg”文件并保存，插入图框并进行相关内容的输入。

（2）设置图层和标注样式等。

（3）设置管道剖面线的多段线线宽为 0.5 个图形单位。

10.5.2 绘图步骤

自行绘制给水纵断面图的主要操作步骤如下：

（1）表头的绘制。表头内容通常包括“自然地面标高”“设计路面标高”“设计管道外顶标高”“管顶覆土”“设计管径”和“道路桩号”等。表头上方还可标注管道性质、纵向和横向比例值。

山人指路

与雨、污水纵断面图的绘制相同，表头行高应根据所标注的设计参数内容确定，本书示例行高最小值为 15 个图形单位，表头字高设置为 4 个图形单位。

（2）标高标尺的绘制。用直线（LINE）和图案填充（BHATCH）命令完成标高标尺的绘制，并标注相应的标高数值。本书示例中的标高数值字高设为 2.5 个图形单位。

山人指路

1. 标尺标高数值范围应涵盖本图设计管道、自然和设计地面标高的最大值与最小值。

2. 当设计管道较长时，给水纵断面图可分幅。分幅后的每张图均应包含表头和标高标尺，但标尺标高数值范围可以不同。

（3）参数表格的绘制。表格横线可通过直线（LINE）或构造线（XLINE）命令结合偏移（OFFSET）命令绘制，行高与表头一致。表格竖线位置根据管道分支、管线交叉和阀门等附件位置确定。

（4）自然地面线和设计道路线的绘制。直接从道路纵断面图中复制粘贴这两部分内容。粘贴时应注意参照点标高与标尺正确位置对齐。

（5）管道剖面线的绘制。管道剖面线为双线图。以设计管顶覆土为偏移量，偏移（OFFSET）设计路面线，得到给水管外顶线。再根据管径值偏移得到完整的双线图。管道断开处应绘制曲折断线标记。

山人指路

1. 与雨、污水纵断面图相同，给水纵断面图的打印也是按横向（X 方向）比例进行的。因此，表格的横向偏移量按实际距离确定。例如管道交叉位置离最近的道路整桩号为 12.5m，则横向偏移量为 12.5 个图形单位。

2. 纵向（Y 方向）比例为横向比例的 10 倍，具体体现为标高标尺上 1m 高差的测量值为 10 个图形单位。因此，纵向的高差、管道管径等的测量值是实际距离（m）的 10 倍。例如设计管顶覆土为 1.2m，则应将设计路面线向下偏移 1.2×10=12 个图形单位，得到给水管外顶线；DN300 的给水管，应将管外顶线向下偏移 0.3×10=3 个图形单位。

3. 本书示例的管道剖面双线、多段线线宽可设为 0.5～0.6 个图形单位。

（6）交叉管道的标注。与雨、污水纵断面图一致，交叉管道也是以椭圆表示，其纵向管径（椭圆长轴）要按比例绘制，横向管径（椭圆短轴）可参考雨、污水纵断面图的大小绘制。椭圆根据平面图中的标高数据和桩号进行定位。此外，还需标注出这些管道的性质、管径和管内底标高。

（7）给水管道标高的局部调整。若给水管道与其他管道交叉处的净距不能满足规范要求，甚至出现“标高打架”的情况，则要根据实际情况进行给水管道标高的调整。按照“压力管线让重力自流管线”的原则，排水管道的标高不变，局部增设弯头以抬高或压低给水管道的标高。标高的调整结果要及时返回给水平面图。

（8）分支管道的标注。道路两侧的给水预留支管、道路交叉口的分支管等管道的位置与管径，也应在给水纵断面图上体现。具体方法同（6）“交叉管道的标注”。

（9）设计参数的标注。根据道路纵断面图的设计参数和设计管顶覆土厚度，在给水纵断面图表格内标注自然和设计地面标高、设计管道外顶标高、管顶覆土、设计管径和道路桩号等参数。本书示例给水纵断面图表内参数的字高设置为 3 个图形单位左右。

10.6 给水管道节点详图

给水管道节点详图是给水管道分支节点的部件安装大样，主要通过各种部件的拼装来完成。其标注内容包括部件名称、规格和编号。

节点详图可以详细表达节点位置的管道和附件等部件的连接方式，方便设计人员统计各部件的工程量，还具有明确指导施工的作用。

节点详图的绘制没有一定的比例要求。考虑到字高和图框设置等因素，建议采用与给水平面图或纵断面图一致的绘图比例。本书示例给水管道节点详图比例为1:1000，标注文字字高设为3.5个图形单位。

给水管道节点详图示例见P229/附录F“××路给水施工图（部分）”中的给水管道节点详图。

10.6.1 绘图准备

给水管道节点详图绘制的准备工作参考步骤如下：

（1）新建“给水管道节点详图.dwg”文件并保存，插入图框并进行相关内容的输入。

（2）设置图层（如“管道”“附件”“文字和编号”等）及其特性。管道层的线宽可以设置为0.4～0.6个图形单位左右，其余图层线宽设置为“默认”。

（3）从已有工程中复制粘贴管配件和附件等部件的图块（包括部件名称、规格和编号），或者自定义各部件图块（包括部件名称、规格和编号）。

山人指路

各图块的名称宜与材料表中的一致，宜为具体的部件类型与规格的组合。如“闸阀DN300”、“三通DN300×200”和“弯管DN200×11.25”等。

10.6.2 绘图步骤

给水管道节点详图的绘制，主要是参照给水平面图所绘的节点范围和节点编号，逐个进行部件的拼装，并标注标高等文字。其具体操作步骤不再赘述，仅列出几个注意事项：

（1）节点详图表现的是给水平面图的局部大样，其管线（包括各部件）走向应与平面图中的一致。

（2）各部件编号应与材料表中的编号统一。各部件的图块应在材料表编号确定后进行重新定义，利用图块的一次性自动更新特性、统一地更改部件编号。之后，在材料表统计时进行各图块数量的统计，统计结果列入材料表相应部件的数量栏。

（3）尽量采用11.25°的弯头缓和地改变管道水平或垂直的走向，以减少水头损失。

（4）三通的支线端口具有借转作用，可以调整其安装角度以减少一个弯头的布置[具体见P229/附录F“××路给水施工图（部分）”中的给水管道节点详图之G15]。

（5）同心异径三通主管方向的标高与支管方向的标高不同。例如同心异径三通DN300×200，主管方向（DN300）的标高要比支管方向（DN200）高0.05m。

（6）新旧管连接处，除考虑管径不一致时加设异径管（大小头）外，还应注意两管的管顶覆土不同时，加设两个弯头以调整接管高度。

10.7 材料表

材料表又称为主要材料及设备表或工程数量表，可作为工程概预算的依据。主要用于统计给水管线及其附件、给水水泵及其管配件的材质、规格与数量等。

材料数量可根据给水平面图、纵断面图和节点详图进行统计。管道长度可根据平面图或纵断面图确定；某些配件（如某种型号规格的弯头）数量可在节点详图中通过对相应图块的快速选择（详见 P66/“快速选择”按钮）确定，某些附件（如消火栓）的数量也可以直接在平面图上计数统计。节点详图与材料表的材料编号应保持一致。此外，给水管道与管配件的压力等级应统一。

给水施工图材料表的绘制方法同排水施工图（P164/9.7 节“材料表”）。

材料表一般放置在设计总说明图纸的最后部分，即它是设计总说明的一部分；也可以独立图名（如“给水部分工程数量表”）绘制，紧邻设计总说明图纸之后放置。

本书为示例性质，仅统计了给水平面图（三）、（四）桩号范围内的材料表。具体见 P225/附录 F“××路给水施工图（部分）”中的给水工程材料表。

作　业

上机练习

（1）在道路平面图的基础上绘制 P226～227/附录 F“××路给水施工图（部分）”中的给水平面图（三）和给水平面图（四）。给水管道用多段线（PLINE）命令绘制，线宽设置为 0.3～0.35 个图形单位。

（2）在道路纵断面图的基础上绘制 P228/附录 F“××路给水施工图（部分）”中的给水纵断面图（二）。给水管道剖面线采用多段线（PLINE）命令绘制，线宽设置为 0.5～0.6 个图形单位，其余要求见 P169/10.5 节“给水纵断面图”。

（3）绘制 P229/附录 F“××路给水施工图（部分）”中的给水管道节点详图。参考步骤与注意点见 P170/10.6 节“给水管道节点详图”。

第 11 章 图形的打印输出

学习要点

知识点

- 基础知识：模型空间与图纸空间的区别、图形打印输出的一般步骤。
- 重点知识：模型空间打印输出的设置与步骤、图纸空间各种比例情况下的打印输出方法。

技能要求

- 掌握模型空间打印输出时图形的字高、图框等设置及其操作步骤。
- 掌握图纸空间打印的优点与适用情况。

图形绘制修改完毕后，即可进入打印输出阶段。AutoCAD2006 为图形的打印输出提供了强有力的一体化功能。通过相关设置，用户可以确定输出图纸的图幅、方向、比例、线型、线宽、颜色和份数等内容，这些设置信息可以随图形文件一起保存，方便下次打印。

图形的打印输出可以在模型空间或图纸空间进行。本书默认已安装 KONICA MINOLTA 750/600 PCL 打印机，打印图幅设为 A3。

11.1 模型空间打印输出

在 AutoCAD 用户界面底部，有一组“模型与布局选项卡”控制按钮（P3/图 1-1）。该组按钮主要用于模型空间与图纸空间的切换。用户新建图形文件“Drawing1.dwg”时，默认进入模型空间，用户界面左下角显示的是世界坐标系（图 11-1）。

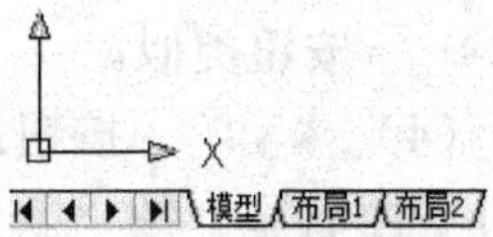

图 11-1 “模型空间”选项卡

通常，用户在绘图区域无限大的模型空间完成图形的绘制与修改。因为 1:1 绘制的实物（如某段道路的施工图）尚未现场施工，只是一个模型，但它又反映了实际物体，所以称为“模型空间”。在模型空间直接打印图形，需要根据实际情况设置打印比例（P129/图 6-14）。

在模型空间进行图形打印输出是一种传统图形输出方式。用户在模型空间完成图形的绘制、修改与图框调入后，还需要在两个对话框中进行相关内容的设置：“页面设置管理器”对话框（包含“打印样式表编辑器”对话框）和“打印-模型”对话框。AutoCAD 2006 中推荐先进行页面设置后打印输出。

11.1.1 打印页面的设置

打印页面设置用于对打印输出进行最后的布置，包括选择打印机、打印样式、图纸尺寸、图形单位、打印比例、方向、打印偏移和打印范围等。

首先启动“页面设置管理器”对话框，方式如下：

- 右键单击\模型/按钮→选择“页面设置管理器”。
- 工具栏：（自定义工具栏后）单击工具栏上的按钮。
- 下拉菜单：“文件”→“页面设置管理器”。

之后激活“页面设置管理器”对话框。如图 11-2 所示，在模型空间出图时，“当前布局”提示为“模型”。

在“当前页面设置”列表框中列出了已存在的页面设置名称。右侧四个按钮功能如下：

（1）置为当前(S)按钮：选中列表框中已存在的页面设置名称（默认的“*模型*”除外）后，单击该按钮可将其设置为当前页面设置。

（2）新建(N)...按钮：单击该按钮，将激活“新建页面设置”对话框（图 11-3），以便用户命名新的页面设置。

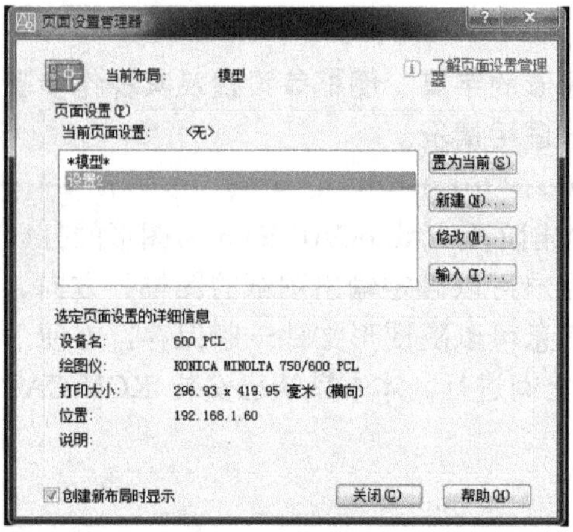

图 11-2 “页面设置管理器”对话框

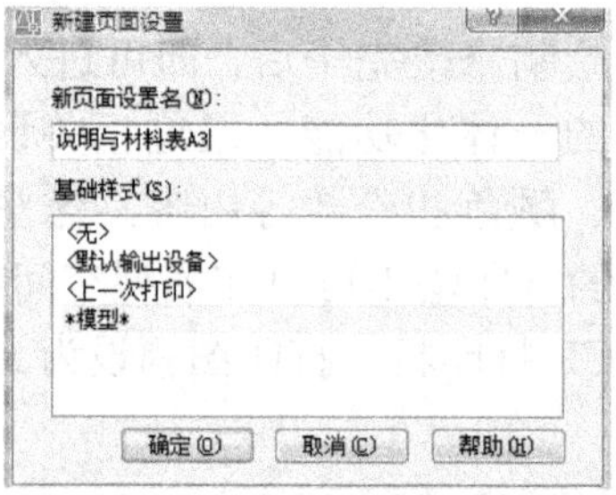

图 11-3 “新建页面设置”对话框

（3）修改(M)...按钮：该按钮用于对已存在的页面设置进行修改，具体操作步骤与新建(N)...按钮类似。

（4）输入(I)...按钮：单击该按钮，用户可直接从存档文件中调用已有的页面设置。

下面着重介绍“新建页面设置”的具体操作。

（1）单击新建(N)...按钮，在激活的“新建页面设置”对话框中输入新页面设置名（图 11-3），如“说明与材料表 A3”；在“基础样式”列表框中选择新建页面设置的参照样式。

（2）选择完毕后按底部的确定(O)按钮进行确认，之后激活“页面设置-模型”对话框（图 11-4），“页面设置”选项组中显示的当前页面设置为“说明与材料表 A3”。

1）“打印机/绘图仪”选项组：单击“名称”下拉列表，用户可以选择所需绘图设备。单击右侧的特性(R)按钮，激活“绘图仪配置编辑器”对话框（图 11-5）。在“设备和文档设置”选项卡中选择“自定义特性”，再单击自定义特性(C)...按钮，将激活“KONICA MINOLTA 750/600 PCL 属性”对话框（图 11-6）。

在“纸张”选项卡中，用户可以设置打印纸张大小、打印份数；在“图像品质”选项卡中，用户可以设置图形的打印质量（精细或粗糙）等。

设置完毕后按 确定 按钮返回“页面设置-模型”对话框（图 11-4）。此时系统会激活“修改打印机配置文件”对话框（图 11-7），提示打印机配置文件修改后的保存路径，单击 确定 按钮保存。

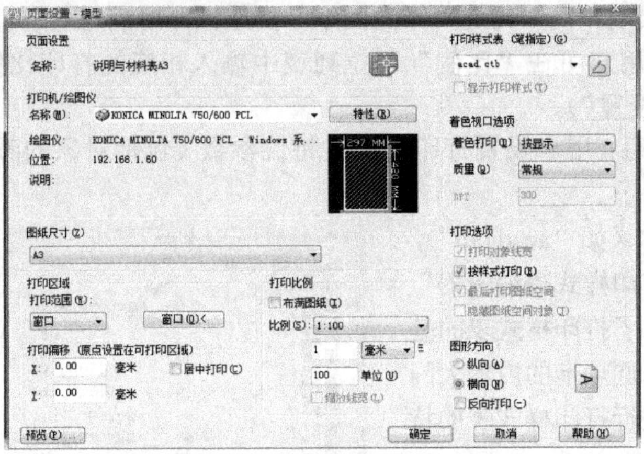

图 11-4 “页面设置-模型”对话框

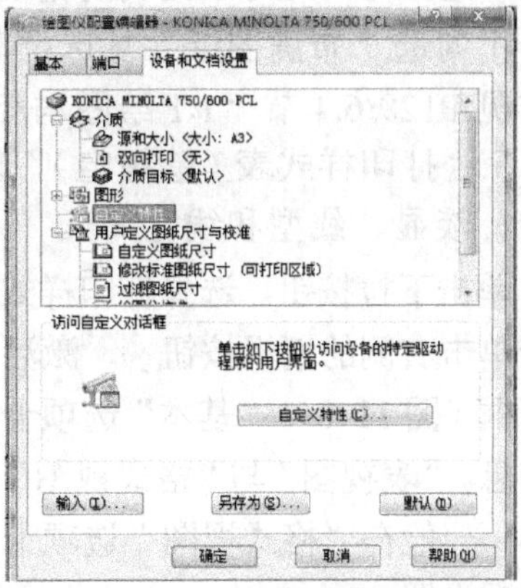

图 11-5 “绘图仪配置编辑器”对话框

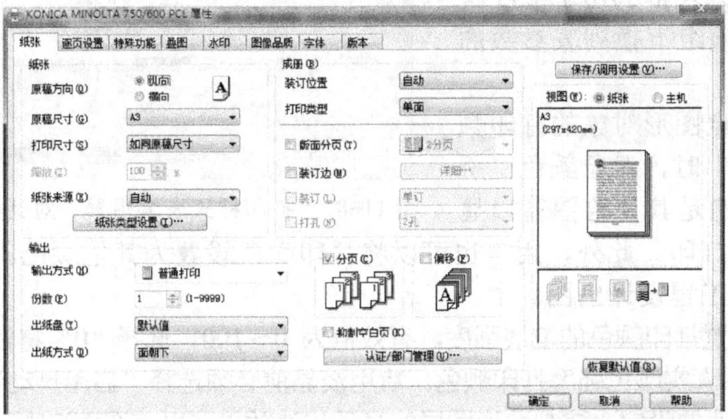

图 11-6 “KONICA MINOLTA 750/600 PCL 属性”对话框

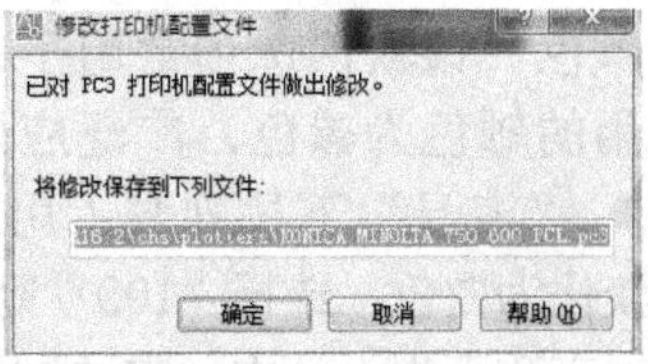

图 11-7 “修改打印机配置文件”对话框

2)“图纸尺寸”选项组：用于选择打印机支持的图形输出图幅大小（与图 11-6 中的“纸张”选项卡设置效果相同）。

3)“打印区域”选项组：用于设置图形的打印范围，即决定打印整个或部分图形。“打印范围”下拉列表共有窗口、范围、图形界限和显示共四种方式。各选项含义如下：

- 窗口：是最灵活最常用的方式。选择此方式后，用户需单击右侧的 窗口(O)< 按钮返回 AutoCAD 绘图窗口，通过指定打印范围（矩形图框）对角线上两个角点（第一个角点可任选）来确定打印范围。选择结束后返回“页面设置-模型”对话框。
- 范围：打印当前工作空间（模型空间）中所有已绘制的图形。
- 图形界限：打印范围为图形界限（LIMITS）命令限定的范围。
- 显示：打印绘图窗口中显示的图形。

4)“打印偏移”选项组：用于设置图形左下角与图纸左下角的位置关系。当 X、Y 值均为

0 时，两者位置重合。当 X、Y 值均为正值时，图形左下角位于图纸左下角的右上方；均为负值时，位于左下方。勾选“居中打印”复选框时，所选打印区域的几何中心与图纸几何中心重合。

5）“打印比例”选项组：用于设置打印输出的比例系数。

勾选“布满图纸”复选框时，打印区域自动充满图纸尺寸。此时，下方的“比例”处将自动显示近似的打印比例，且比例选项不可选择。在设计过程中，常需要输出中间成果，用于检查、送审等。此时，比例的精确度要求不高，勾选“布满图纸”复选框即可满足要求。

不勾选“布满图纸”复选框时，用户可在“比例”下拉列表中输入相应的打印比例值（详见 P129/6.4 节“1:1 绘图与相关设置”）。

6）“打印样式表（笔指定）”选项组：用于设置打印的相关特性参数（包括对象的颜色、笔号、淡显、线型和线宽等）。

单击下拉按钮，选择打印样式名称（如“acad.ctb”），接着单击右侧的编辑按钮，激活“打印样式表编辑器”对话框（图 11-8）。“基本”选项卡列出了打印样式表的基本信息。“表视图”与“格式视图”两个选项卡的内容大同小异，一般在“格式视图”选项卡中进行打印样式表的特性参数设置。

图 11-8 “打印样式表编辑器”对话框

如图 11-8 所示，“打印样式”列表框列出了 255 种基于颜色的样式数据。“特性”选项组下拉列表参数的主要含义如下：

● “颜色”下拉列表：用于指定图形对象的打印颜色。选用默认选项“使用对象颜色”时，对象颜色“所见即所得”，因此对象的打印颜色就是其在绘图窗口显示的颜色。该默认选项常用于彩图打印。此外，用户也可以将打印颜色设置为其他颜色。最常用的颜色为黑色，广泛应用于工程设计出图。

● “淡显”下拉列表：用于设置打印颜色的浓淡强度。有效值为 0～100，选择“0”将使颜色淡化为白色；选择“100”则按照真实颜色强度打印颜色。启用淡显前必须选择“启用抖动”选项。市政工程设计中，常通过淡显值的设定来控制地形图层的显示浓淡效果，以使图面清晰简洁（图 11-9）。

a）地形图线宽 0.09，淡显值 90　b）地形图线宽 0.09，淡显值 50

图 11-9　淡显值设置效果对比

● “线型”下拉列表：一般使用默认选项“使用对象线型”，同样是“所见即所得”，即对象的打印线型就是其在绘图窗口显示的效果。若指定了打印样式线型，则该线型在打印时将替代对象原有线型。

● “线宽”下拉列表：默认选项为“使用对象线宽”，当对象线宽设置为“ByLayer

（随层）”时，打印线宽为对象所在层设置的线宽。用户也可以指定打印线宽，则该线宽在打印时将替代对象设置的线宽。

上述特性参数设置完毕后，按底部的 保存并关闭 按钮保存退出至“页面设置-模型”对话框（P175/图 11-4）。需要注意的是，用户应检查打印样式名称是否为已设置的（如“acad.ctb”），且应确定“打印选项”选项组中勾选了“按样式打印”复选框（P175/图 11-4）。

7）“着色视口选项”选项组：主要用于三维图形的输出设置。

8）“打印选项”选项组：默认勾选“按样式打印”复选框，对象的打印输出效果受“打印样式”设定的各项参数约束。

9）“图形方向”选项组：用于控制图纸与图形的方向匹配，包括纵向、横向和反向打印三个选项。在纵向或横向打印时勾选“反向打印”复选框，则图形旋转 180° 打印输出。右侧小图标提供了相应的实时动态显示。

10） 预览(P)... 按钮：用于对图形的输出效果进行预览。

输出效果确认后，按 确定 按钮，返回“页面设置管理器”对话框（P174/图 11-2）。单击 置为当前(S) 按钮并退出对话框，即可将页面设置格式“说明与材料表 A3”用于打印。

11.1.2 打印输出的步骤

模型空间的打印输出在“打印-模型”对话框进行（图 11-10）。

启动“打印-模型”对话框的方式如下：

➢ 工具栏：单击“标准”工具栏上的打印按钮。
➢ 下拉菜单：“文件”→“打印”。
➢ 键盘快捷键：【Ctrl+P】。

之后激活“打印-模型”对话框（图 11-10）。当前页面设置为“说明与材料表 A3”（即“页面设置管理器”对话框中 置为当前(S) 的设置效果）。该对话框与“页面设置-模型”对话框非常相似，其中增加了“打印到文件”复选框、“打印份数”下拉列表和“应用到布局”按钮三个选项。

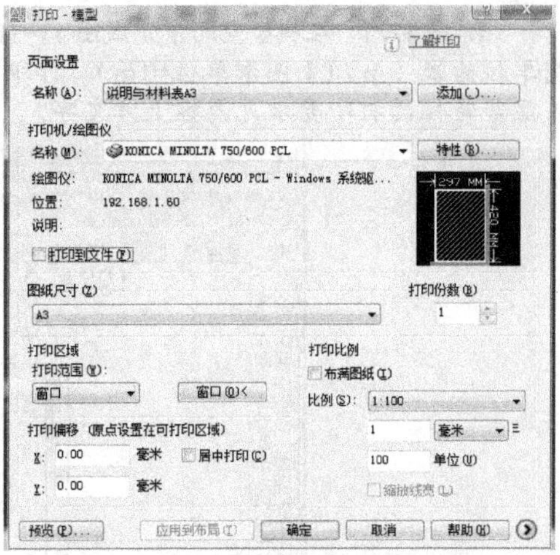

图 11-10 “打印-模型”对话框

● “打印到文件”复选框：若当前没有合适的打印设备，可勾选此复选框。用户按下 确定 按钮后，根据相应对话框提示设置保存路径与文件名，将图形输出为临时打印文件。该文件的默认名称为“当前图形名称-Model.plt”。

☞ 山人指路

图形的打印输出经常会在专业文印店进行。由于不同计算机上的 AutoCAD 版本、绘图环境或字体库等设置不一致，图形文件（扩展名为“dwg”）打开后通常会出现标注文字移位、文字内容不能正常显示等问题。用户在自己的计算机上将图形文件打印输出为临时打印文件（扩展名为“plt”）后，再发至文印店打印，可避免上述问题的发生。此外，这么做还可以保护自己的知识产权，有效地防止图形被他人偷用或篡改。

● “打印份数”下拉列表：用于设置文件打印输出的份数。

● “应用到布局”按钮：单击 应用到布局(T) 按钮，则在图纸空间打印时可直接引用该页面设置的参数。

所有参数设置完毕后，即可单击 确定 按钮进行打印输出。

此外，在“页面设置”选项组的“名称”下拉列表中，有一选项为“上一次打印”。当用户的个人设计风格一致且图形文件的图幅相同时，只需进行一次正确的图形打印。其余图形输出时，只需选择“上一次打印”，即可移植上一次打印的所有设置；选择“打印范围”后，直接单击 确定 按钮进行打印输出。

山人指路

图形的打印设置信息是可以随图形文件一起保存的。用户可以利用“上一次打印”的选项并重新选择“打印范围”后，单击 添加(.)... 按钮将上述页面设置保存为“当前图形名称”的样式名，方便对该图形文件的后续打印输出，或者调用为其他图形文件打印时的参照页面设置。

11.1.3 实例

例题 11-1 在模型空间中完成图 11-11 所示图形的打印输出。已知图纸尺寸为 A3（420×297），绘图单位为米（m）（1 图形单位=1m），打印比例为 1:500，打印颜色为黑色。不同颜色对象的线宽、淡显等特性的打印要求见图框上方文字。

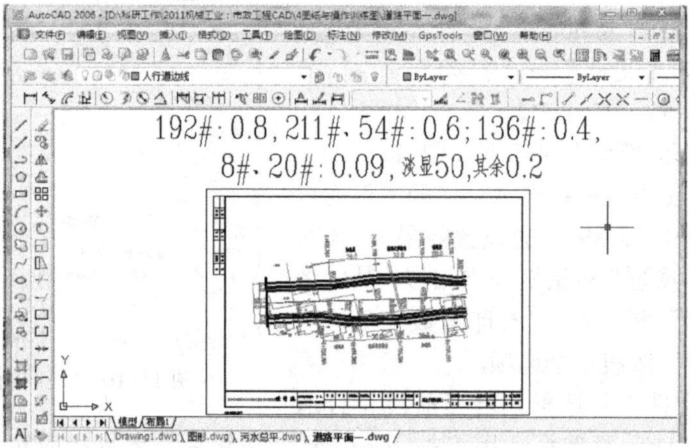

图 11-11 模型空间打印输出实例

分析：本例绘图单位为米（m），打印比例为 1:500，则打印单位 1mm 代表的实际尺寸为 500mm=0.5m=0.5 个图形单位，故“打印”对话框设置的打印比例应为 1mm:0.5 个图形单位（P175/图 11-4 或 P177/图 11-10）。

图框调入时缩放 0.5 倍，即图形中图框实际大小为 210×148.5。

打印颜色和线宽设置在“打印样式表编辑器”对话框的“格式视图”选项卡中进行。

操作步骤如下：

第一步：打印页面的设置与打印机的选择。单击按钮，激活“页面设置管理器”对话框（P174/图 11-2）。以“模型”页面设置为基础样式建立新样式“道路平面一 A3”，确认后激活“页面设置-模型”对话框（P175/图 11-4）。

在“打印机/绘图仪”选项组的名称下拉列表中选择打印机为“KONICA MINOLTA 750/600 PCL”。

第二步：图纸尺寸与图形方向的设置。在“图纸尺寸”选项组选择图纸图幅为“A3”；在“图形方向”选项组选择“横向”选项。

第三步：打印范围与打印比例的设置。在“打印范围”下拉列表中选择“窗口”，按命令行提示并结合对象捕捉命令，用十字光标依次点选图框的任意对角两点。

在“打印比例”选项组取消勾选“布满图纸”复选框，设置打印比例为“1 毫米=0.5 单位”。

第四步：对象打印颜色、线型、线宽和淡显值的设置。按照对象打印要求，参照 P176/图 11-8，在“打印样式”列表框中全选 255 种打印颜色（先单击选中“颜色 1”，然后拖动右侧滑块下拉到底，再按住键盘【Shift】键，最后选中“颜色 255”）。

在“特性”选项组的“颜色”下拉列表中选择打印颜色为“黑色”、线宽值为“0.2000 毫米”；其余的参数均按默认值设置（图 11-8）。

拖动“打印样式”列表框右侧滑块找到“颜色 192”，设置线宽值为“0.8000 毫米”。

参照“颜色 192”的操作方法，设置“颜色 211”和“颜色 54”的线宽值为“0.6000 毫米”、“颜色 136”线宽值为“0.4000 毫米。

参照上述方法，设置“颜色 8”和“颜色 20”的线宽值为“0.0900 毫米”，淡显值为“50”。

设置完毕后，按 保存并关闭 按钮返回“页面设置-模型”对话框，检查并确保打印样式名称为“acad.ctb”、“打印选项”选项组中已勾选“按样式打印”复选框。

第五步：图形预览。单击“页面设置-模型”对话框底部的 预览(P)... 按钮，查看图形预览效果。

输出效果确认后，单击 确定 按钮，返回“页面设置管理器”对话框（图 11-2）。单击 置为当前(S) 按钮并退出对话框，即可将页面设置格式“道路平面一 A3”用于打印。

第六步：图形打印输出。单击“标准”工具栏上的打印按钮或通过下拉菜单：“文件” → “打印”启动“打印-模型”对话框。参照 P177/图 11-10，选择页面设置名称为“道路平面一 A3”。单击 确定 按钮即可完成图形打印输出。

11.2 图纸空间（布局）打印输出

系统默认为“模型与布局选项卡”配置了两个“布局”选项卡（图 11-12）。在模型空间状态下，用户单击任意一个“布局”按钮即可切换至图纸空间。用户可以把“布局”选项卡理解为图纸空间，因为任何一个布局，不管是“布局 1”“布局 2”，还是其他用户自定义的布局都是在图纸空间中的。

将鼠标放在“布局”选项卡上，单击右键，在弹出的快捷菜单上选择不同的选项，可实现对布局的各种操作。多余的布局可删除，但一个图形文件至少要保留一个“布局”选项卡。

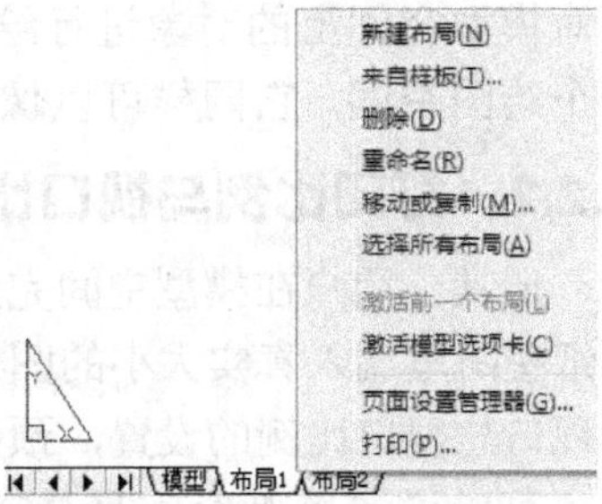

图 11-12 “布局”选项卡

11.2.1 与模型空间的关系

图纸空间与模型空间存在平行、单向的关系。它们相当于两张平行放置的纸，模型空间在底部，图纸空间在上部。从图纸空间可以通过“视口”（俗称“开窗”）看到模型空间的对象，但从模型空间则看不到图纸空间的对象。

“视口”相当于在图纸空间上开了个玻璃窗口，这个窗口的形状可以是任意的，如矩形、圆形，甚至是不规则形状。通过“视口”，用户只能查看模型空间的图形，但不能修改图形。

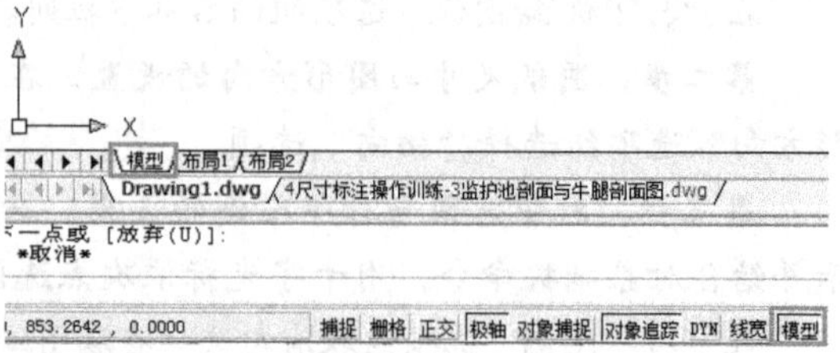

图 11-13　模型空间（平铺）状态信息

当用户需要在图纸空间对模型空间的图形进行修改时，则必须进行“激活视口”操作。该操作相当于在玻璃窗口上开了个视口大小的口子，再通过口子进入模型空间。此时的图纸空间又称为“浮动模型空间”。若用户不希望改变布局，则可进行“锁定视口”的操作。

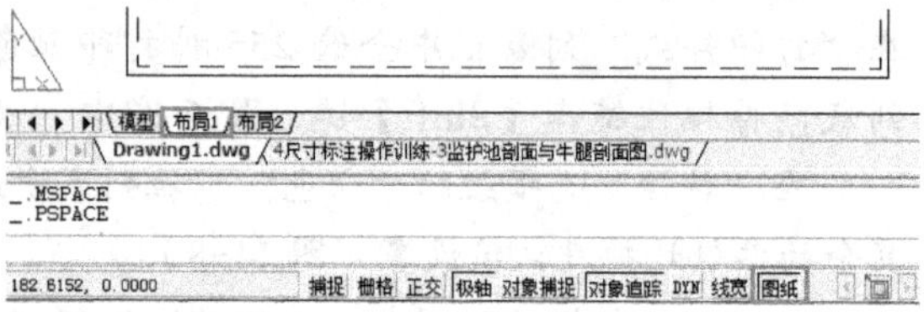

图 11-14　图纸空间状态信息

需要注意的是，图纸空间与模型空间的这种平行关系与图层不同。不同图层上的同一坐标点位置完全重合。模型空间与图纸空间的相对位置是可以变化的，甚至采用完全不同的坐标系。

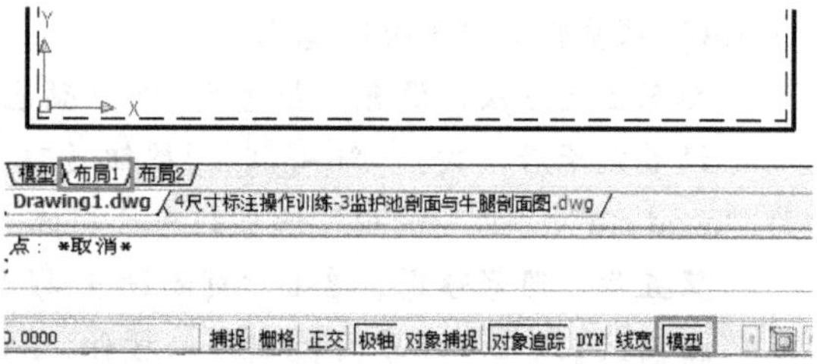

图 11-15　模型空间（浮动）状态信息

综上所述，AutoCAD2006 中存在两个空间、三个状态。两个空间即模型空间与图纸空间。三个状态即模型空间（平铺）、图纸空间和模型空间（浮动），不同状态下用户界面状态栏的提示各不相同（图 11-13～图 11-15）。

模型空间（平铺）是正宗的模型空间，就是新建图形文件“Drawing1.dwg”时默认进入的空间，也是用户习惯上的绘图空间（图 11-13）。

图纸空间相当于在模型空间上方罩了一块（视口大小的）玻璃，能看见但不能修改模型空间上的对象（图 11-14）。

模型空间（浮动）实际上也是在图纸空间的。当用户“激活视口”时，通过被激活的视口回到了模型空间。相当于在图纸空间这块透明玻璃上开了个口子，因此用户能够透过该口子对模型空间上的对象进行绘制与修改等操作（图 11-15）。从这个意义上说，图纸空间也是一个绘图空间，它同样可以像模型空间一样进行图形的绘制与修改（三维图形的绘制除外）。

11.2.2　打印比例与视口比例

通常，用户在模型空间完成图形的绘制与修改，之后切换至图纸空间，并按 1:1 的比例在图纸空间里调入真实大小的图框（如 A3 图框调入的图形尺寸为 420×297）。图形打印前，应进行视口与视口比例的设置，预先将模型空间的图形“投影”缩放至图纸空间的图框范围。

可以说，图纸空间是最接近手工画图的，它相当于实际尺寸的纸质图纸，只不过这张图尚未打印，是以电子形式存在的。因此，在图纸空间进行图形的打印输出时，打印比例通常按最简单的 1:1 设置。

视口比例指设定的屏幕比例，实际上是模型空间上的一个图形单位“投影”显示在图纸空间的大小。在图纸空间里激活视口，相当于回到了模型空间（浮动），此时，用户可以通过鼠标滚轮实现图形的缩放、平移等操作。在对图形进行预定比例的精确“投影”缩放时，则必须设置视口比例。

图 11-16 “视口比例”的设置

如图 11-16 所示，激活视口后，先调用“视口”工具栏，并在右侧的“视口比例”文本框中直接输入比例数值，或通过下拉列表选择相应的比例。另一种设置方式是调用“比例缩放”命令，然后在命令行输入“数值 XP”形式（如“2XP”）的比例值（详见 P69/3.3.1 节“视图缩放相关命令”中的比例缩放）。

11.2.3 打印输出的步骤

图形在图纸空间中打印的一般步骤为：

（1）在模型空间完成图形的绘制与修改，包括文字标注、尺寸标注等。当图形较复杂时（如设计路段较长需要分段出图时）最好预先用矩形框出打印范围。矩形宜在“Defpoints”不打印层绘制，或单独新建图层（如“打印范围线”）并将图层状态设置为“不打印”。

（2）新建布局。在“模型与布局选项卡”任一控制按钮上单击右键，选择“新建布局”。切换至新建布局，系统默认激活“页面设置管理器”对话框。用户也可以设置新建布局时不激活该对话框，而将打印页面设置放在步骤（7）。如图 11-17 所示，在“页面设置管理器”对话框或“选项”对话框的“显示”选项卡中取消勾选相应复选框即可。本书默认新建布局时不激活“页面设置管理器”对话框。

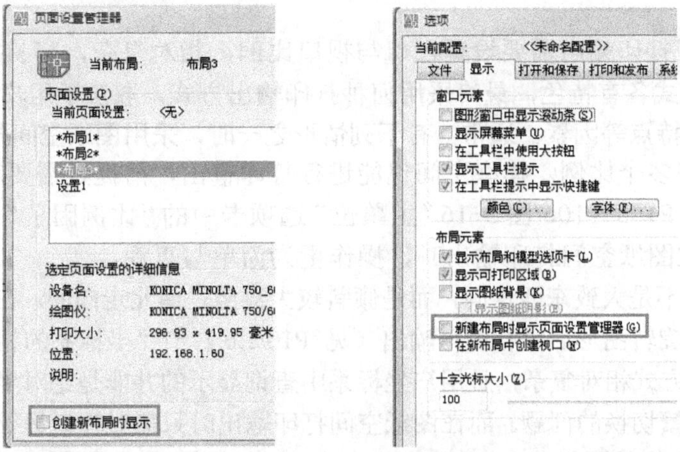

图 11-17 “新建布局”时不激活“页面设置管理器”对话框的设置方法

（3）重命名新建布局，并按 1:1 的比例在该图纸空间里调入真实大小的图框（如 A3 图框调入的图形尺寸为 420×297）。图框的调入方法见 P130/6.6 节“图框的调入”。

（4）视口设置。以图框内框（或略小于内框）为视口边线进行视口设置。视口个数可以是单个，也可以是多个且可进行位置排列；视口形状可以是矩形，也可以是其他不规则多边形，用户还可将任何封闭对象（如圆）转换为视口；视口可以旋转。

（5）视口激活与视口比例的设置。双击视口范围内任意位置可激活视口进入模型空间（浮动），此时视口边线变为粗实线（图 11-15）。通过鼠标滚轮的拖动和缩放功能，使步骤（1）设置的打印范围线完整显示在视口范围。在“视口”工具栏上的“视口比例”文本框中直接输入比例数值，或通过下拉列表选择相应的比例（图 11-16）。平移图形使视口内的打印范围基本居中显示。最后，双击视口范围外任意位置可关闭视口，重新返回图纸空间，此时视口边线变为细实线（图 11-14）。

（6）视口锁定。单击选中视口边线，然后单击“对象特性”按钮，弹出“特性”窗口，在底部的“其他”栏中设置“显示锁定”状态为“是”。此时，视口被锁定，视口比例和打印范围已被“捆绑”在一起，不再受图形缩放的影响，是固定不变的。此后再激活视口，用户会发现视口内的图形将随滚轮的滚动与视口一起缩放，打印范围不再变化。选中视口边线后，用户也可以通过下列操作实现视口锁定：

➢ 命令行：MV↙→L（锁定）↙→ON↙。

（7）打印页面设置。用户可按模型空间的设置方法对打印页面进行设置，唯一的区别在于图纸空间的“打印比例”选项组的比例应设置为“1:1”。

（8）打印输出。方法与步骤同模型空间，具体见 P178～179/例题 11-1。

11.2.4 适用情形

对比图纸空间与模型空间的打印步骤，可以发现：

（1）两种打印方式一般都是在模型空间完成图形的绘制与编辑。

（2）两种打印方式都需要进行打印页面设置，之后通过“打印”对话框进行打印输出。

（3）两种打印方式的图框调入位置与缩放比例、打印比例设置均不相同，图纸空间相对简单。

（4）图纸空间打印输出需要设置视口与视口比例，相对复杂，容易搞错。

因此，两种方式各有特色，最终采用何种打印输出方式，取决于用户的个人习惯、图形文件的复杂程度与特点等因素。通常，有下列情形之一时，采用图纸空间打印输出更方便：

（1）图形存在多个比例。模型空间也能进行打印输出，前提是需要对某些图形与标注进行适当处理（见 P105～106/图 5-16“主单位”选项卡中的“比例因子”设置及相应的“山人指路”），但通过图纸空间打印输出时，操作更为简单与直观。

（2）市政道路不是大致东西走向，而是倾斜较大甚至是南北走向的。在模型空间中，可通过新建用户坐标系旋转图形后进行图形输出（见 P10/1.6.2 节“坐标系的相互切换”中的例题 1-3），但这种操作方式相对复杂，且用户坐标系中查询显示的并非是绝对坐标值，因此可能会带来坐标系之间频繁切换的问题。而在图纸空间打印输出时只需对视口进行适当的旋转设置即可，并不会给模型空间的图形带来任何影响，且该视口的设置可随布局一起保存在图形文件中。

（3）可利用视口命令打印输出市政给水排水厂站设计中的局部放大图。视口并不局限于矩形、圆形等规则形状，任意曲线、直线组成的闭合区域都能被转化为视口。当闭合区域由直线段组成时，必须先利用编辑多段线（PEDIT）命令，把所有直线段转换连接成整体的多段线。之后单击“视口”工具栏上的“将对象转换为视口”按钮进行转换操作。用户还可以通过“视口”工具栏上的按钮与直接建立多边形视口或裁剪现有视口。

（4）需要对扫描件进行描图。在模型空间插入光栅文件后，切换至图纸空间进行描图操作更为方便。

（5）需统一打印装订成册（通常是 A3 图幅）且图形的图框大小不一。若在模型空间出图（即图框也在模型空间），非 A3 图框就需进行缩放，但缩放后打印出来图框就会有大有小，破坏了美观性和统一性。而利用图纸空间出图，则可以把 A3 图框插入图纸空间，让图形在视口（A3 图框）内缩放，从而保证打印后的图框大小一致，达到美观性和统一性的要求。

11.2.5 实例

1. 图形比例统一时的打印方法

例题 11-2 在图纸空间中完成图 11-18 所示图形的打印输出。已知图纸尺寸为 A3（420×297），绘图单位为米（m）（1 图形单位=1m），打印比例为 1:500，打印颜色为黑色。不同颜色对象的线宽、淡显等特性的打印要求见图框上方文字。

分析：比例统一的图形，需在图纸空间中建立单一视口，再按步骤打印输出。

绘图单位为米（m），打印比例为 1:500，则打印单位 1mm 代表的实际尺寸为 500mm=0.5m=0.5 个图形单位，因此“视口比例”文本框中应输入“1:0.5”或数值“2”。

操作步骤如下：

第一步：绘制打印范围线（可跳过该步骤）。在模型空间中激活“图层特性管理器”对话框，新建图层并重命名为“打印范围线”，设置颜色为“白色”、线型为“Continuous”，线宽为“默认”，切记设置图层状态为“不打印”。将该图层设为当前层，并绘制大致的打印范围线（图 11-19）。

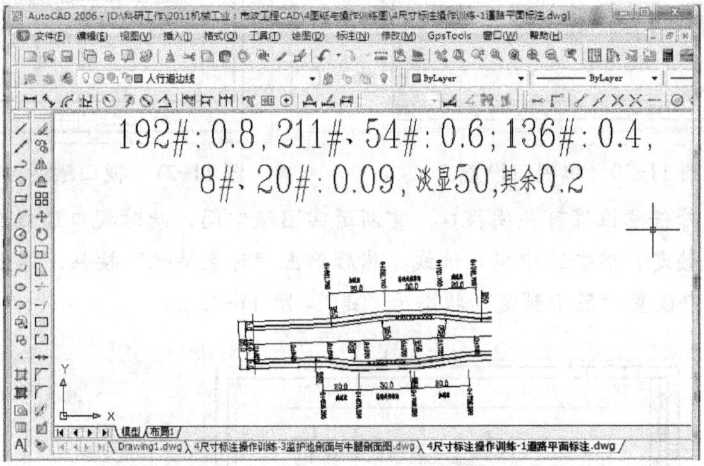

图 11-18　图纸空间打印实例一（图形比例统一）

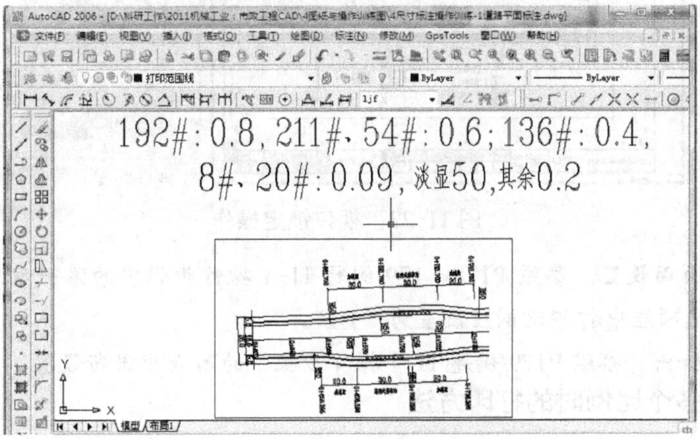

图 11-19　打印范围线的绘制

第二步：重命名布局并调入 A3 图框。切换至默认布局（如“布局 1”）或新建布局，将该布局重命名为“平面 1”。以直接复制或外部参照的方式，按 1:1 调入 A3 图框（420×297）（图 11–20）。

第三步：视口设置。单击“视口”工具栏上的“单个视口”按钮，根据命令行提示，以十字光标交点框选一个矩形范围作为视口的角点。此时，视口中将会显示模型空间中已绘制的所有图形（图 11–20）。为方便查看效果，本书以略小于图框内框范围设置视口边界。

第四步：视口激活与视口比例的设置。双击视口边界范围内任意位置，激活视口进入模型空间（浮动），此时视口边线变为粗实线。通过鼠标滚轮的拖动和缩放功能，使第一步设置的打印范围线完整显示在视口范围。在“视口”工具栏上的“视口比例”文本框中输入数值“2”，平移图形使打印范围在视口范围基本居中（图 11–21）。

图 11–20　单视口设置

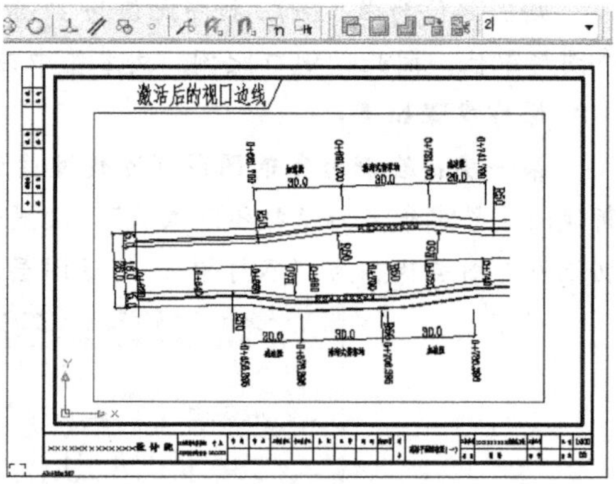

图 11–21　视口激活与视口比例的设置

双击视口范围外任意位置可关闭视口，重新返回图纸空间，此时视口边线变为细实线。

第五步：视口锁定。单击选中视口边线，然后单击“对象特性”按钮，弹出“特性”窗口，在底部的“其他”栏中设置“显示锁定”状态为“是”（图 11–22）。

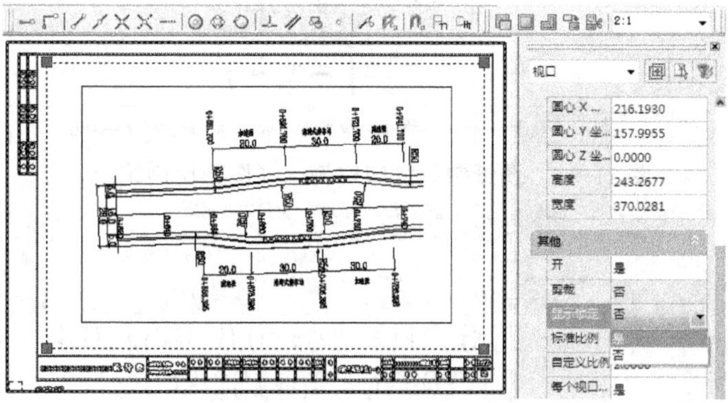

图 11–22　视口锁定操作

第六步：打印页面设置。参照 P178 ~ 179/例题 11–1 操作步骤中的第一步 ~ 第五步进行设置，注意“打印比例”选项组中打印比例应设置为“1:1”。

第七步：打印输出。参照 P179/例题 11–1 操作步骤中的第六步进行设置。

2. 图形存在多个比例时的打印方法

例题11–3　在图纸空间中完成图 11–23 所示图形的打印输出。已知图纸尺寸为 A3（420×297），绘图单位为毫米（mm）(1 图形单位=1mm)，左侧区域与右侧上方区域打印比例为 1:50，右侧下方区域打印比例为 1:20，打印颜色为黑色。特性的打印要求同例题 11-2。

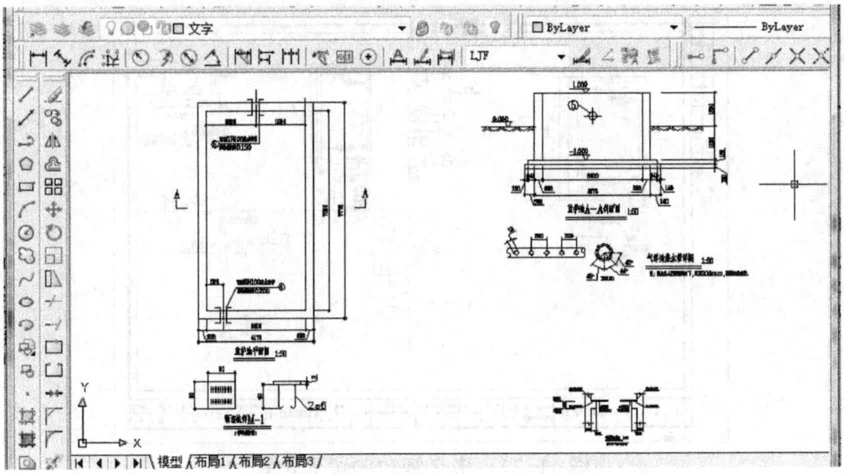

图 11-23　图纸空间打印实例二（图形比例不统一）

分析：图形打印比例不统一时，应根据实际需要在图纸空间中新建多个视口，再按步骤打印输出。

本例在模型空间进行图形绘制时，所有图形（包括右下方区域）已按 1:1 绘制。打印后的文字高度为 3.6，文字标注与尺寸标注时，已根据区域打印比例进行设置。图中打印比例为 1:50 的文字高度设为 3.6×50=180 个图形单位；尺寸标注字高设为 3.6，全局比例设为 50。打印比例为 1:20 的文字高度设为 3.6×20=72 个图形单位；尺寸标注字高设为 3.6，全局比例设为 20。用户应注意与 P105～106/图 5-16“主单位”选项卡中的“比例因子”设置及相应的“山人指路”的绘图步骤进行对比区别。

打印比例为 1:50 的区域：绘图单位为毫米（mm），打印单位 1mm 代表的实际尺寸为 50mm=50 个图形单位，因此“视口比例”文本框中应输入“1:50”或数值“0.02”。

打印比例为 1:20 的区域：绘图单位为毫米（mm），打印单位 1mm 代表的实际尺寸为 20mm=20 个图形单位，因此“视口比例”文本框中应输入“1:20”或数值“0.05”。

操作步骤如下：

第一步：新建并重命名布局、调入 A3 图框。参照 P184/例题 11-2 操作步骤中的第二步，切换至默认布局或新建布局，将该布局重命名为“监护池剖面与牛腿剖面”。以直接复制或外部参照的方式，按 1:1 调入 A3 图框（420×297）。

第二步：视口设置。单击“视口”工具栏上的“显示‘视口’对话框”按钮，激活“视口”对话框。在“新建视口”选项卡中选择“三个：左”，其预览效果见右侧“预览”区域（图 11-24）。

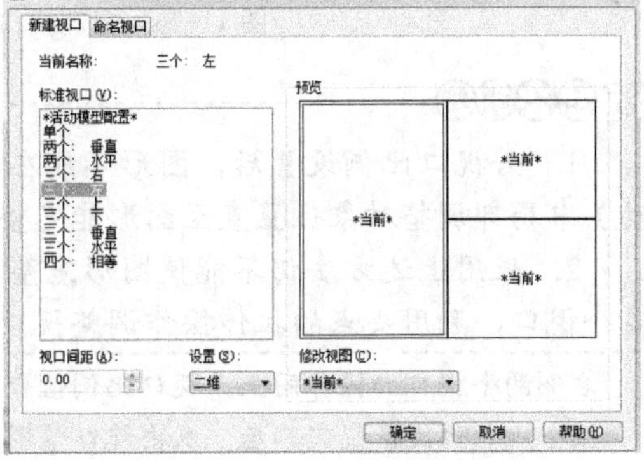

图 11-24　“视口”对话框

设置完毕后单击 确定 按钮退出。此时，系统自动进入视口范围选择状态。参照 P184/例题 11-2 操作步骤中的第三步，以略小于图框内框范围设置视口边界（图 11-25）。

第三步：视口激活与视口比例的设置。参照 P184/例题 11-2 操作步骤中的第四步激活左侧视口进入模型空间（浮动），通过鼠标滚轮的拖动和缩放功能，使左侧图形完整显示在视口范围。在“视口”工具栏上的“视口比例”文本框中输入数值“0.02”，平移图形使打印范围在视口范围基本居中（图 11-26）。

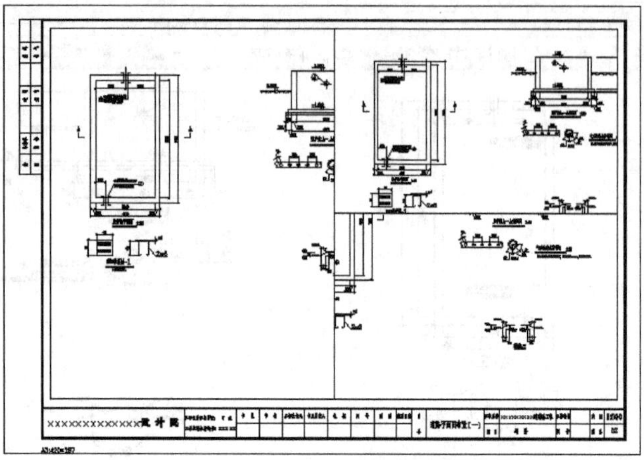

图 11-25　多个视口的边界设置

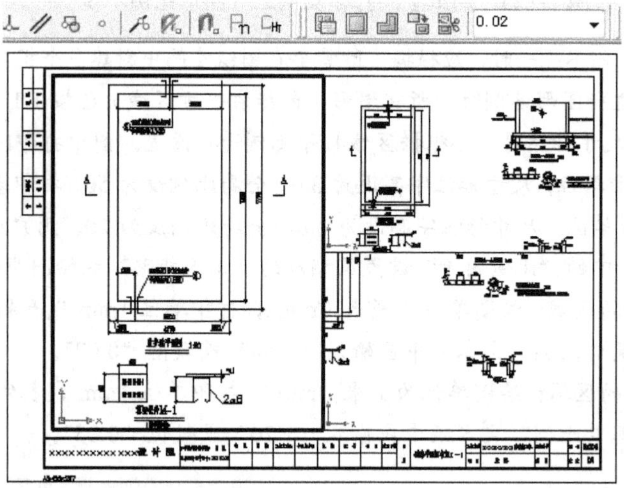

图 11-26　左侧视口的激活与视口比例的设置

山人指路

1. 若视口比例设置后，图形不能在视口范围内完整显示，用户可在模型空间（浮动）中局部调整对象位置直至图形能完整显示。

2. 采用上述方法仍不能使图形完整，用户可考虑调整视口的大小。即选择一个或多个视口，利用夹点的拉伸操作调整视口间的相对大小，或调大整个视口范围。

右侧两个视口的操作同上，视口比例值分别输入 0.02 和 0.05。

三个视口依次设置完毕后，双击视口范围外任意位置关闭视口，重新返回图纸空间。

第四步：视口锁定。参照 P184/例题 11-2 操作步骤中的第五步，选择单个或多个视口，设置“显示锁定”状态为“是”（图 11-27）。

第五步：打印页面设置。参照 P184/例题 11-2 操作步骤中的第六步进行设置，注意“打印比例”选项组打印比例应设置为“1:1”。

第六步：打印输出。参照 P184/例题 11-2 操作步骤中的第七步进行设置。

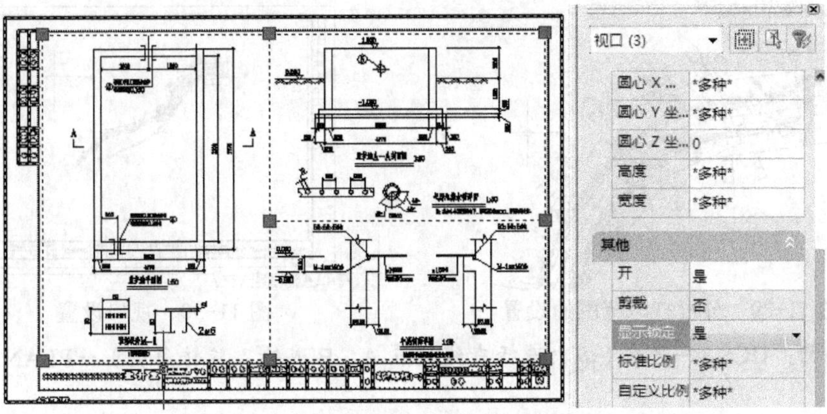

图 11-27　多个视口的锁定操作

3. 视口旋转的应用

例题 11-4　在图纸空间中完成图 11-28 所示某市政道路施工图的打印输出。已知图纸尺寸为 A3（420×297），绘图单位为米（m）（1 图形单位=1m），打印比例为 1:500，打印颜色为黑色。特性的打印要求同 P183/例题 11-2。

分析：该施工图比例统一，但路段较长，需分段出图，可在图纸空间中建立多个布局，分别设置单一视口再按步骤打印输出。

本例道路走向倾斜度较大，应进行视口旋转。视口旋转指在图纸空间中建立 UCS 并进行坐标系切换。操作前应激活视口进入模型空间（浮动），具体方法参照 P10/例题 1-3。

绘图单位为米（m），打印比例为 1:500，则打印单位 1mm 代表的实际尺寸为 500mm=0.5m=0.5 个图形单位，因此“视口比例”文本框中应输入“1:0.5”或数值“2”。

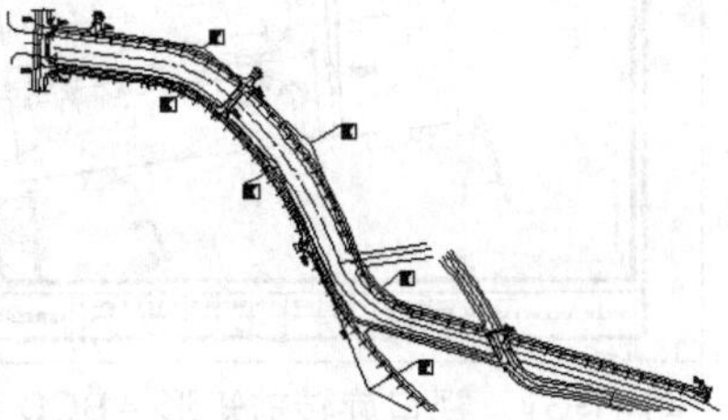

图 11-28　图纸空间打印实例三（视口旋转的应用）

操作步骤如下：

第一步：绘制打印范围线。参照 P183/例题 11-2 第一步，在模型空间中新建图层“打印范围线”并置为当前层，设置相应图层特性，设置图层状态为“不打印”。绘制略小于 0.5 倍 A3 图框内框大小的矩形（如 190×125）。复制矩形，沿道路中心线大致平行方向旋转并框住路段（图 11-29）。图中矩形应有部分重叠（字母及“平面×”仅为讲解方便而标注，实际操作中可省略，而仅以阿拉伯数字为矩形编号）。

第二步：重命名布局并调入 A3 图框。新建布局并重命名为“平 1”。切换至该布局，按 1:1 调入 A3 图框（420×297）（图 11-30）。

第三步：视口设置。单击“视口”工具栏上的“单个视口”按钮，参照 P184/例题 11-2 第三步以略小于图框内框范围设置视口边界。此时，视口中将会显示模型空间范围已绘制的所有图形（图 11-30）。

第四步：视口激活与视口旋转。双击视口边界范围内任意位置，激活视口进入模型空间（浮动）。通过鼠标滚轮的拖动和缩放功能，使“平面一”的打印范围矩形 ABCD 完整显示在视口范围（图 11-31）。

切记一定要激活视口后，参照 P10/例题 1-3 中的坐标系相互切换方法，按对象选择方式新建并切换至 UCS 坐标系，具体操作可选用下列方式之一：

➢ 命令行：UCS↙→E↙（选择参照直线 AB）→PLAN↙→（默认选项 C）↙。

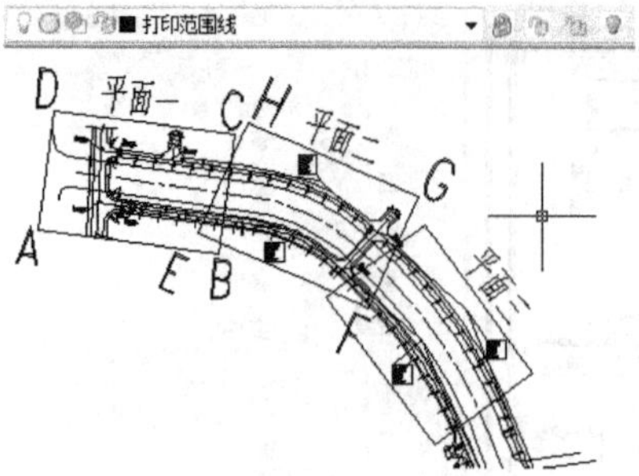

图 11-29 分段打印范围的设置

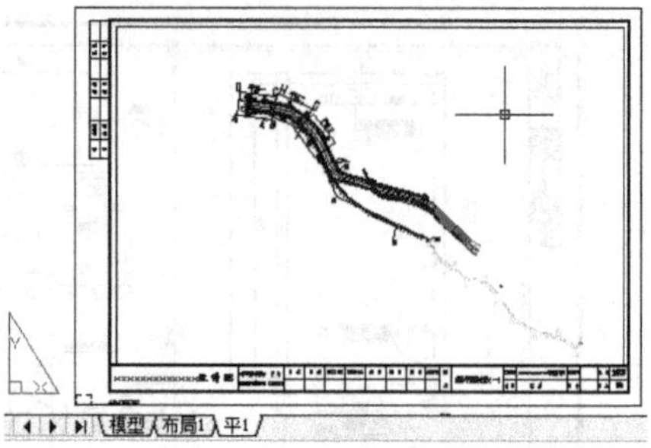

图 11-30 视口设置

➢ 命令行：UCS↙→Z↙（依次选择直线端点 A、B 或输入旋转角度）→PLAN↙→（默认选项 C）↙。

此时，直线 AB 与 A3 图框底部平行（图 11-32）。

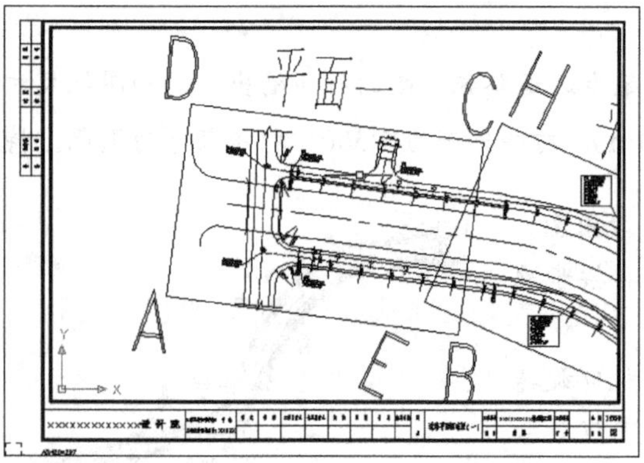

图 11-31 视口旋转前矩形 ABCD 的完整显示

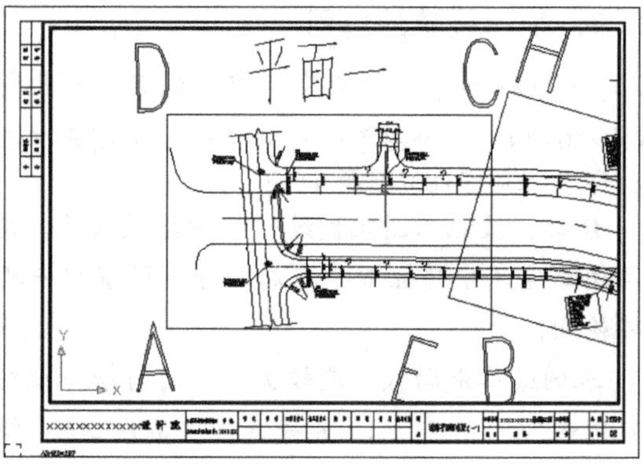

图 11-32 视口设置

山人指路

1. 图纸空间中的视口旋转操作不会影响模型空间中的现有坐标系状态，且可以随布局一同保存在图形文件中。当需要对点坐标进行查询与修改时，可省去坐标系的来回切换操作，比模型空间的坐标系切换更实用。

2. 视口旋转操作之前，一定要先激活视口。与坐标系的相互转换相同，选择参照直线时，系统默认以拾取点较近的端点为旋转支点。

3. 若 PLAN 命令执行后视口未能旋转，一般原因是视口被锁定了。

4. 图纸空间中从 UCS 切换回 WCS 的操作方法同模型空间，即命令行：UCS↙→（默认选项 W）↙→PLAN↙→W↙。

第五步：视口比例的设置。在"视口"工具栏上的"视口比例"文本框中输入数值"2"，平移图形使打印范围在视口范围基本居中（图 11-33）。

双击视口范围外任意位置可关闭视口，重新返回图纸空间，此时视口边线变为细实线。

第六步：视口锁定。单击选中视口边线，然后单击"对象特性"按钮，弹出"特性"窗口，在底部的"其他"栏中设置"显示锁定"状态为"是"（图 11-34）。

第七步：打印页面设置。参照 P184/例题 11-2 操作步骤中的第六步进行设置，注意"打印比例"栏打印比例应设置为"1:1"。

第八步：打印输出。参照 P184/例题 11-2 操作步骤中的第七步进行设置。

第九步：其他平面图的打印。参照上述操作步骤中的第二步～第九步，分别建立新布局“平 2”“平 3”……，依次对“平面二”“平面三”……进行打印输出操作。

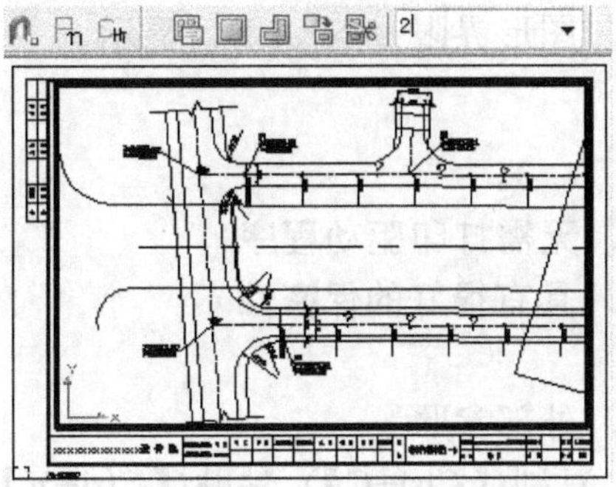

图 11-33　视口比例的设置

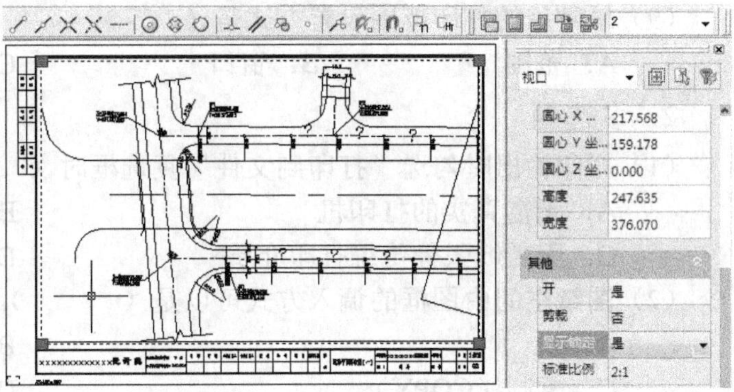

图 11-34　视口锁定操作

作　　业

1．单选题

（1）对某个图形文件的空间设置说法正确的是（　　）。

A．必须设置一个模型空间和一个布局　　B．一个模型空间可以多个布局

C．一个布局可以多个模型空间　　D．可以有多个模型空间多个布局

（2）模型空间是（　　）。

A．和图纸空间设置一样　　B．和布局设置一样

C．为了建立模型设定的，不能打印　　D．主要为设计建模用，也可以打印

（3）在一个视图中，一次最多可创建（　　）个视口。

A．2　　B．3　　C．4。　　D．5

（4）下面不属于打印输出时图纸方向设置的是（　　）。

A．纵向　　B．反向　　C．横向　　D．逆向

（5）在模型空间打印输出时，A3 图框的大小（　　）。

A．一定是真实大小（420×297）　　B．根据在视窗上显示需要设置

C．需根据打印比例和绘图单位进行设置　　D．可以是任意的

（6）在图纸空间打印输出时，A3 图框的大小（　　）。

A．一般是真实大小（420×297）

B．根据在视口大小需要设置

C．需根据打印比例和绘图单位进行设置横向

D．可以是任意的

（7）下列对图纸空间说法错误的是（　　）。

A．不能进行图形的绘制与修改　　B．常用于图形的打印输出

C．通常按 1:1 的真实尺寸设置图框　　D．视口可以是任意形状的闭合图形

（8）某桥型总体布置横断面图的绘图单位为厘米（cm），打印比例为1:200。在图纸空间中打印输出时，视口比例应设置为（　　）。

A．1:200　　B．1:20　　C．1:2　　D．1:0.2

（9）最常用的打印范围设置方式是（　　）。

A．范围　　B．窗口　　C．图形界限　　D．显示

2．多选题

（1）打印输出时勾选“打印到文件”复选框时（　　）。

A．无需真实的打印机　　B．无需打印驱动程序

C．无需纸张等传统打印介质　　D．具有很好的保密性

（2）图纸空间中图框的调入方式可以是（　　）。

A．块　　B．外部参照

C．复制（COPY）　　D. 复制（【Ctrl+C】）、粘贴（【Ctrl+V】）

（3）视口的形状可以是（　　）。

A．圆形　　B．矩形

C．任意不规则形状　　D．五角星

（4）下列关于图纸空间与模型空间关系说法正确的是（　　）。

A．平行关系

B．从模型空间可以看到图纸空间的对象

C．单向关系

D．相对位置固定不变

第 12 章　其他绘图软件简介

学习要点

知识点

- 基础知识：两种绘图软件的基本功能。

技能要求

- 了解两种绘图软件的基本功能及操作步骤。

随着建筑设计行业信息化的不断深入，设计节奏不断加快，设计周期逐步缩短，采用纯粹的 AutoCAD 平台进行设计已不能完全满足行业要求。

目前，许多基于 AutoCAD 平台二次开发的工程设计软件，使用户从繁琐、重复、枯燥的手工绘图中解脱出来，提高了设计院的工作效率，节省了人力、物力资源，缩短了项目设计周期；将用户从繁重的计算中解脱出来，从而将精力集中在快速设计方案、方案对比、方案优化等关键事务上。

一般的二次开发软件都采用先进的交互式设计方式，使设计人员可以在图形状态下一边构思一边绘图，并能很方便地对设计方案进行编辑操作。软件一般都具备自动标注、自动生成纵断面、在平面和断面之间自动返回修改数据并进行图形修改、自动裁图、自动生成材料表和土石方表等功能。

本书主要对鸿业和飞时达两种市政工程设计软件进行简单介绍。

12.1 鸿业市政工程设计软件

鸿业市政工程设计软件由鸿业科技研发，包括市政道路、市政管线等五款产品。其中市政道路和市政管线设计软件最新版本均为 9.0，支持的操作系统为 Windows 98/Windows 2000/Windows XP/Windows Vista/Windows 7(32 位、64 位)，图形平台为 AutoCAD 2000～AutoCAD 2012 的所有版本。

12.1.1 市政道路设计软件（HY-SZDL）

鸿业市政道路设计软件（HY-SZDL）适用于城市道路、公路设计的各个阶段，HY-SZDL 9.0 支持最新规范《城市道路工程设计规范》（CJJ 37—2012）。

该软件主要包含下列功能：

（1）地形处理、场地土方计算。处理以离散点或者等高线等表示的地形信息，在此基础上自动进行场地的土方优化或土方计算，并为随后的纵横断面设计提供基础数据。

（2）道路平面设计。提供两种接口以设定用户的测量坐标系，支持由测量坐标数据直接定义道路中心线。各种标准及非标准板块形式道路的平面自动生成、交叉口和弯道自动处理。缓和曲线动态设计，可以把道路中心线保存成文件，并可以根据文件来绘制中心线。超高加宽自动计算和绘制。道路渠化设计，提供了多种高效实用的绘制、编辑工具。可以进行平面路线设计规范检测，并提供了智能化的平面自动裁图功能。

（3）道路纵断面设计。提供多种接口提取中桩自然高程，实现了多控制点动态可视化纵断面拉坡技术。纵断面图表头设置灵活方便、根据设定自动分幅绘制、桩号列表可根据需要自由设置、支持大高差时的标尺自动切换。纵断面绘制中可以处理桥涵等沿线构造物。统计纵断面设计技术指标以及纵断面设计规范检查。视距验算。

（4）道路横断面设计。提供多种接口自动提取任意桩号点横断面自然高程，识别多种格式的横断面自然标高文件。全面支持变宽变板块道路。模糊、智能、可视化的边坡设计，挡土墙动态设计。工程量统计。任意图幅和比例下自动分幅出图，按照用户输入桩号范围进行横断面出图。自动绘制工程范围线、示坡线、标准横断面、多种横断面详图和路拱曲线。

（5）平交口竖向设计。自动处理正交、斜交、错位、丁字及多条道路相交等各类刚性、柔性交叉口。自动划分板块、绘制等高线、计算板块角点高程，自动生成交叉口竖向三维视图。

（6）标志、标线设计。收集了国标中的所有标示标志，可直接调用。可自动统计各类交通标志。并提供了各种标线的设计绘制功能。

设计工作的主要流程：

1）新建或打开工程、设置出图比例。

2）线形设计和道路平面设计、定义桩号。

3）现状地形数据准备（地形提取或测量数据输入）。

4）纵断面设计（拉坡和竖曲线设计）、绘制纵断图。

5）标准断面定义。

6）放坡定义。

7）土方计算，出逐桩断面图。

8）出土方计算表。

12.1.2 市政管线设计软件（HY-SZGX）

鸿业市政管线设计软件 HY-SZGX 主要应用于市政道路、居住小区、工业厂区的给水、雨水、污水及综合管线的设计、计算和绘图，基本涵盖了市政管线设计的全部内容。具有动态可视化纵断面设计，纵断设计结果自动返回平面，自动标注、设计调整图面标注自动更新，管道可采用 PLINE、LINE 和 ARC 表示等特点。

该软件主要包含下列功能：

（1）地形、路网总图识别。识别各种电子地图，等高线绘制、转化、离散，等高线标高检查。由地形图及路网信息计算各井位自然和设计高程，EICAD 等标高文件转换使用。

（2）平面设计、标注。自动、交互布置给水、污水、雨水等各类管线。快速布置各种井类和雨水口。批量布置预埋管，预埋管布置方式多样。全自动进行节点编号，增减节点时可根据要求自动修改已有节点编号。自动进行坐标、管道、节点、井管、管线综合交叉等标注。编辑管道和节点时，所有标注参数均可自动刷新。

（3）计算。雨、污水系列计算，自动划分汇水区域。多种排水计算模式：固定管径算坡度、固定坡度算管径、坡度和管径均由程序计算。自动生成详尽的计算书（txt、Excel、Word 格式）。管道土方计算，完善处理管道共沟开挖。给水管网平差计算，适用于新旧混合管网、枝状和环状混合管网，进行各种工况平差。

（4）节点详图绘制。自动绘制节点详图，自动标注管件名称、规格和编号。

（5）竖向设计。根据设定的管道优先级、管道净距、排水管道控制点标高自动确定各种管道的标高。自动绘制各种管道纵断面图，并可根据需要自动分幅。纵断面图动态可视化调整管高，纵断面图标题栏数据自动刷新，自动返回平面图。

（6）管线综合设计。可视化管线交叉标高交互确定。管线交叉标高交互确定、交叉标注、交叉点垂距表直观显示管道交叉碰撞情况。管道标高调整，交叉标注、交叉点垂距表自动更新。

（7）统计表。根据管道参数和选定的标准，自动确定检查井规格和标准图号。

根据管径、埋深自动选择管道材料。自动进行材料统计。自动生成管道高程表、材料表、图例表、图纸目录、检查井表、土方计算表。

设计工作的主要流程：

（1）新建或打开工程、设置出图比例。

（2）道路、地形图绘制和处理。

（3）管道平面设计。

（4）管道纵断面设计。

（5）管道标注。

（6）材料汇总。

（7）绘制材料表、图例表。

12.2 飞时达市政道路设计软件

飞时达市政道路设计软件（RDCADS）由飞时达公司与杭州市城建院专家联合开发研制，最新版本为 RDCADS V1.1.0，支持 AutoCAD 2012 平台。同时，软件还提供了市政给水排水设计功能模块来完善市政道路设计。通过此软件，能完成包括方案、初步设计和施工图设计在内的整个设计过程并具有设计文件管理功能。

12.2.1 市政道路设计软件（RDCADS）

该软件可方便快捷地绘制出各种情况下的道路中心线，通过拉坡、放坡设计、横纵断面、标志标线、交叉口的功能来完成道路设计。

该软件主要功能与设计步骤：

（1）文件管理。包括目录设置；原始地面线数据的检查与处理（含纵横断面原始地面线的生成）；各种道路设计相关文件的编辑与处理；图库管理和图框设置等。

（2）平曲线设计。包括积木法、模式法、导线法和机动法的道路中心线设计；线元的转换和连接功能，各种轨迹线的绘制；道路中心线的定义、路幅与桩号的绘制；平面设计表格的生成、道路线元的查询与标注功能；平面设计检查和平面分图等。

（3）拉坡设计。包括拉坡设计文件的生成；设置拉坡控制点文件、拉坡文件的编辑修改；查询拉坡曲线的相关参数和拉坡曲线设计检查等。

（4）纵断面绘制。包括纵断面图绘制资料定义（含纵断面表格的定制）；纵断面图绘制；纵断面表格的查看；锯齿形结构设计和桥位布置等。

（5）交叉口设计。包括交叉口的建立；计算网格的建立；等高线的绘制；交叉口标注和板块的建立等。

（6）横断面与工程量。包括横断面定制和查询；分段定义；横断面图绘制；各类市政与公路相关表格的生成等。

（7）标志和标线的绘制。

（8）路面、放样、数模。包括路拱大样图、路面结构大样图；控制点测点数据表、偏角法/正支距法/斜支距法测点数据表；原始高程数据的导入与编辑；任意点标高数据的采集；原始地形三维模型的生成；原始横纵断面地面线的生成等。

12.2.2 市政给水排水设计功能模块

该模块主要功能与设计步骤：

（1）给水排水管网设计。包括设计资料与给水排水井管的缺省值设置；给水排水井、管、口的设计（包括平面位置和竖向高程的设定）；雨、污水水力计算；纵断面图的生成，材料表的统计等。

（2）管线综合设计。包括限制性条件设置，为下面的检查功能提供依据；管段的编辑与修改；管线交叉检查，这是管线综合设计的核心功能，查看相交管线的垂直净距是否合乎要求；管线横断面图和交叉点标注；管道土方计算等。

（3）辅助工具。包括查询、标注、编辑工具；图层工具；文字工具；统计工具；块组工具；线工具；选择编辑工具等。

附　录

附录A　AutoCAD 2006 常用命令快捷键与参考设置

序　号	命令按钮	命令全称	默认快捷键	参考快捷键	命令说明	备　注
1		LINE	L	H	绘制直线	
2		XLINE	XL		绘制构造线	
3		PLINE	PL	N	绘制多段线	
4		POLYGON	POL		绘制正多边形	
5		RECTANG	REC		绘制矩形	
6		ARC	A		绘制圆弧	
7		CIRCLE	C		绘制圆	
8		ELLIPSE	EL		绘制椭圆	
9		POINT	PO		绘制点	
10		MLINE	ML		绘制多线	
11		BHATCH	BH 或 H		图案填充	
12		ERASE	E		删除	用键盘快捷键【Delete】替代
13		COPY	CO	C	复制	
14		MIRROR	MI	MM	镜像	
15		OFFSET	O		偏移	
16		ARRAY	AR		阵列	
17		MOVE	M		移动	
18		ROTATE	RO	R	旋转	
19		SCALE	SC	SS	比例缩放	
20		STRETCH	S		拉伸	
21		TRIM	TR	T	修剪	可用“贱人工具箱”的相关命令替代
22		EXTEND	EX	E	延伸	
23		BREAK	BR	B	打断	
24		JOIN	J		合并线段或多段线	
25		CHAMFER	CHA	FF	倒角	
26		FILLET	F		圆角	

（续）

序　号	命令按钮	命令全称	默认快捷键	参考快捷键	命令说明	备　注
27		EXPLODE	X		分解	
28		MATCHPROP	MA	Q	特性匹配	
29		DIST	DI	D	距离	
30		LIST	LI	DD	列表	
31		PROPERTIES	PR	W	对象特性	Ctrl+1
32		PAN	P		实时平移	按住鼠标滚轮
33		ZOOM	Z		实时缩放	前后拨动鼠标滚轮
34		ZOOM E			范围缩放	双击鼠标滚轮
35				RR	复制旋转	“贱人工具箱”中设置
36				TT	超级修剪	“贱人工具箱”中设置
37				TK	方框删除	“贱人工具箱”中设置
38				BB	捕捉设置	“贱人工具箱”中设置
39				Z	长度查询	“贱人工具箱”中设置
40				AA	面积查询	“贱人工具箱”中设置
41				CC	当前层设置	“贱人工具箱”中设置
42				V	文字按线对齐	“贱人工具箱”中设置
43				J	分段文字合并	“贱人工具箱”中设置
44			F2		文本窗口切换	键盘快捷键
45			F3		对象捕捉开关	键盘快捷键
46			F8		正交开关	键盘快捷键
47			F10		极轴开关	键盘快捷键
48			F12		动态输入开关	键盘快捷键
49			Esc		命令取消或中断	键盘快捷键
50			Ctrl+X		剪切所选对象	键盘快捷键
51			Ctrl+C		复制所选对象	键盘快捷键
52			Ctrl+V		粘贴对象	键盘快捷键
53			Ctrl+S		保存当前图形	键盘快捷键

附录B 市政道路制图一般规定与常用图例

1. 一般规定

编　号	类　别	名　称	要　求	备　注
1	线宽	b/mm		1.4、1.0、0.7、0.5、0.35
		粗实线 b		设计路线、路基边缘线；道路纵断面图中的道路设计线；横断面图中的路面线、路肩线、边坡线和护坡线
		粗虚线 b		比较线

（续）

编号	类别	名称	要求	备注
1	线宽	中粗实线 0.75b		横断面图中的路面厚度
		中粗点画线 0.75b		用地界线
		中粗双点画线 0.5b		规划红线
		中粗虚线 0.5b		道路纵断面图中的盲沟、边沟底线
		细实线 0.25b		中央分隔带、导线、边坡线、护坡道边缘线、边沟线、切线、引出线、原有道路边线、水泥混凝土路面的胀缝；道路纵断面图中的原地面线；横断面图中的原有地面线
		细虚线 0.25b		水泥混凝土路面的假缝
		细点画线 0.25b		中心线、定位轴线，横断面图中的设计或原有道路中线
		折断线 0.25b		断开界限
2	比例	道路工程位置图	1:2000～1:10000	
		道路平面图	1:500～1:1000	
		道路纵断面图	横向：1:500～1:1000 纵向：1:50～1:100	
		道路标准横断面图	横向：1:100～1:300	
		土方横断面图	横向：1:100～1:400 纵向：1:50～1:200	补强 1:20～1:50
		广场或交叉口设计图	1:200～1:500	
		交通标志标线设计图	1:500～1:1000	
		其他细部设计图	1:10、1:20、1:50、1:100	
3	制图单位	平面图、纵断面图、横断面图、交通组织设计图等	尺寸单位 以米（m）计	当不能采用要求的单位时，应在图样中予以说明
		细部详图	尺寸单位 以厘米（cm）计	

2．常用图例

序号	名称	图例	备注
		一、材料	
1	细粒式沥青混凝土		
2	中粒式沥青混凝土		
3	粗粒式沥青混凝土	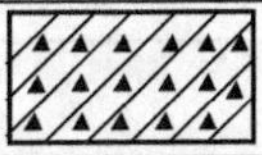	
4	沥青碎石		
5	水泥混凝土		

（续）

序号	名称	图例	备注
6	钢筋混凝土	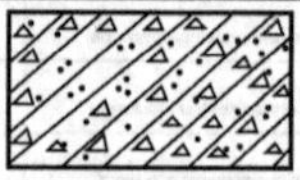	
7	水泥稳定土	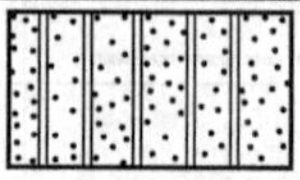	
8	水泥稳定碎砾石		
9	浆砌块石	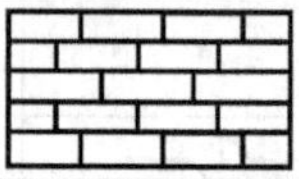	
10	夯实土壤	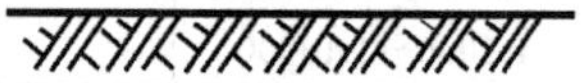	
		二、平面	
11	涵洞	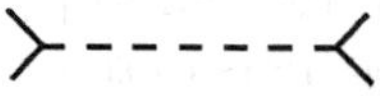	
12	通道	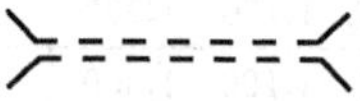	
13	桥梁	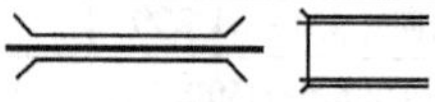	
14	挡土墙	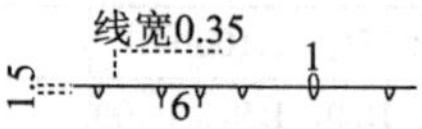	
15	互通式立交（按采用形式绘）	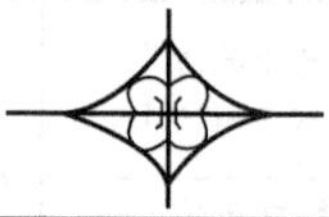	
16	隧道		
17	防护栏	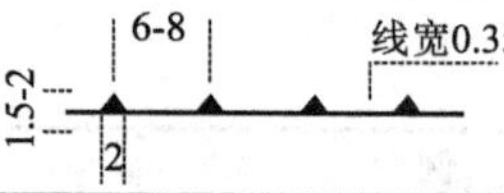	
18	隔离墩	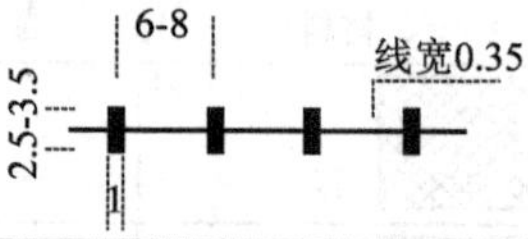	
		三、纵断面	
19	盖板涵		
20	拱涵		
21	箱型通道	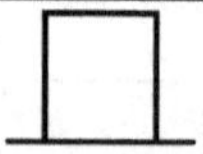	
22	桥梁	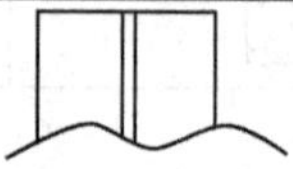	

附录C ××路道路施工图（部分）

1. 道路设计总说明

道路设计总说明

一、设计依据

1.《××市××区××路(江×路~规划支路)工程初步设计》××市××设计研究院有限公司，2008.02.

2.《××区江×路(十×路)工程施工图设计》等.

3. 道路修测地形图(电子版)及道路纵断横断面测量资料，××市勘测设计研究院，2008.3.

4. 现行道路设计规范及技术标准.

二、技术标准

道路等级：城市支路Ⅰ级，红线宽26m.

设计车速：40km/h.

设计轴载：BZZ-100.

设计年限：沥青混凝土路面15年.

三、工程概况

××路位于××市××区的东部，西起江×路，东至规划支路，全长约1.5km。根据规划，××路为一条东西向支路。道路沿线规划为生活居住用地，其中××住宅小区已经开始建设。道路现状沿线基本为农田，局部有农居。场地标高5.1~6.5m。××路在江×路东侧跨越建设河，拟建桥梁一座，另外在道路沿线新建箱涵两座。阡×路与西×路交叉口已建成，本次设计考虑接顺。江×路交叉口考虑半幅开发翻建，以保证桥梁纵坡及行车安全。

四、设计内容

1. 道路平面设计

本次设计××路西起江×路，东至规划支路，设计全长1517.393m。平面设计根据规划进行，道路从西向东依次与江×路、桂×路、阡×路、共×路、西×路和规划支路相交。跨越建设河，河宽20m。本次设计在桩号0+112.185处设置半径为1000m平曲线，其余均为直线。新建道路交叉口均需进行展宽，但以不突破红线为原则。本次设计全路段共布设两对公交车停靠站，均采用港湾式。

2. 道路纵断面设计(略)

3. 道路横断面设计(略)

4. 路面结构设计(略)

5. 路基设计(略)

五、路基处理

1. 道路施工中填方路段必须严格按照施工规范要求进行。

2. 清除表层全部杂填土，分层回填塘渣并夯实，每层压实厚度不大于30cm。填筑至路床顶面最后一层的最小压实厚度不应小于8cm。

3. 路基填料不得使用淤泥、沼泽土、有机土、草皮、生活垃圾和腐植土。

4. 应保证土基模量不小于22MPa，再铺设道路垫层。

5. 路基边坡，道路与地面高差大于0.5m时，采用挡墙，小于0.5m采用1:1.5填方边坡。

6. 路基填料及压实度采用重型击实标准。具体见《公路土工试验规程》(JTG E40—2007)规范条文。

六、施工注意事项

1. 对××路与江×路交叉口进行改造施工前必须校核交叉口处现状道路标高。原则上交叉口与现状道路接顺。若现状道路标高与设计标高出入较大，请与设计单位联系。

2. 道路施工前，应做好区块内道路的交通组织方案，以将施工过程中对道路交通的影响降到最。

3. 施工前应复核已有道路高程与控制点的坐标。对不同单位、不同区段的施工，应注意高程与位置的核对、相互之间的衔接与配合。

4. ××路与阡×路及××路与西×路交叉口已建成，本次施工与其接顺，路基搭接时采用45°角形式。

5. 遇到河塘路段采用塘渣回填。如遇淤泥质路段，请与设计单位联系。

6. 管线、道路、桥梁以及市政配套等各专业施工时，应主动做好专业协调和配合。

7. 施工前必须严格按照设计坐标进行放样校核。

8. 施工前应进行各项室内试验(侧石抗压强度等)，各项指标满足要求后才能进行施工。

9. 未尽事宜按规范执行。如有不明处，请与相关设计单位联系。

七、质量验收和评定标准按《城镇道路工程施工与质量验收规范》(CJJ 1-2008)及国家、地方有关规定执行。

2．道路工程材料表

编　号	名　称	单　位	数　量	备　注
1	车行道沥青混凝土面层（含 3+5+7）	m^2	26675	
2	车行道水泥稳定基层	m^2	27930	
3	车行道宕渣垫层	m^2	29474	
4	人行道面积	m^2	14707	
5	C25 混凝土预制侧石 15×37×100	m	2970	
6	C30 混凝土预制平石 10/12×25×100	m	2970	
7	C25 混凝土预制侧石 10×20×100	m	2970	
8	挖方	m^3	12638	
9	填方	m^3	21063	
10	树池	个	280	
11	路灯	个	80	间距按中对中 30m 计
12	标志牌	组	20	
13	红绿灯	个	12	
14	黄闪灯	个	6	
15	人行红绿灯	个	18	
16	标线长	m	1200	标线按道路总长计算

注：本道路工程量包括相交道路交叉口范围，具体数量仅供参考。

3. 道路工程位置图 1:10000

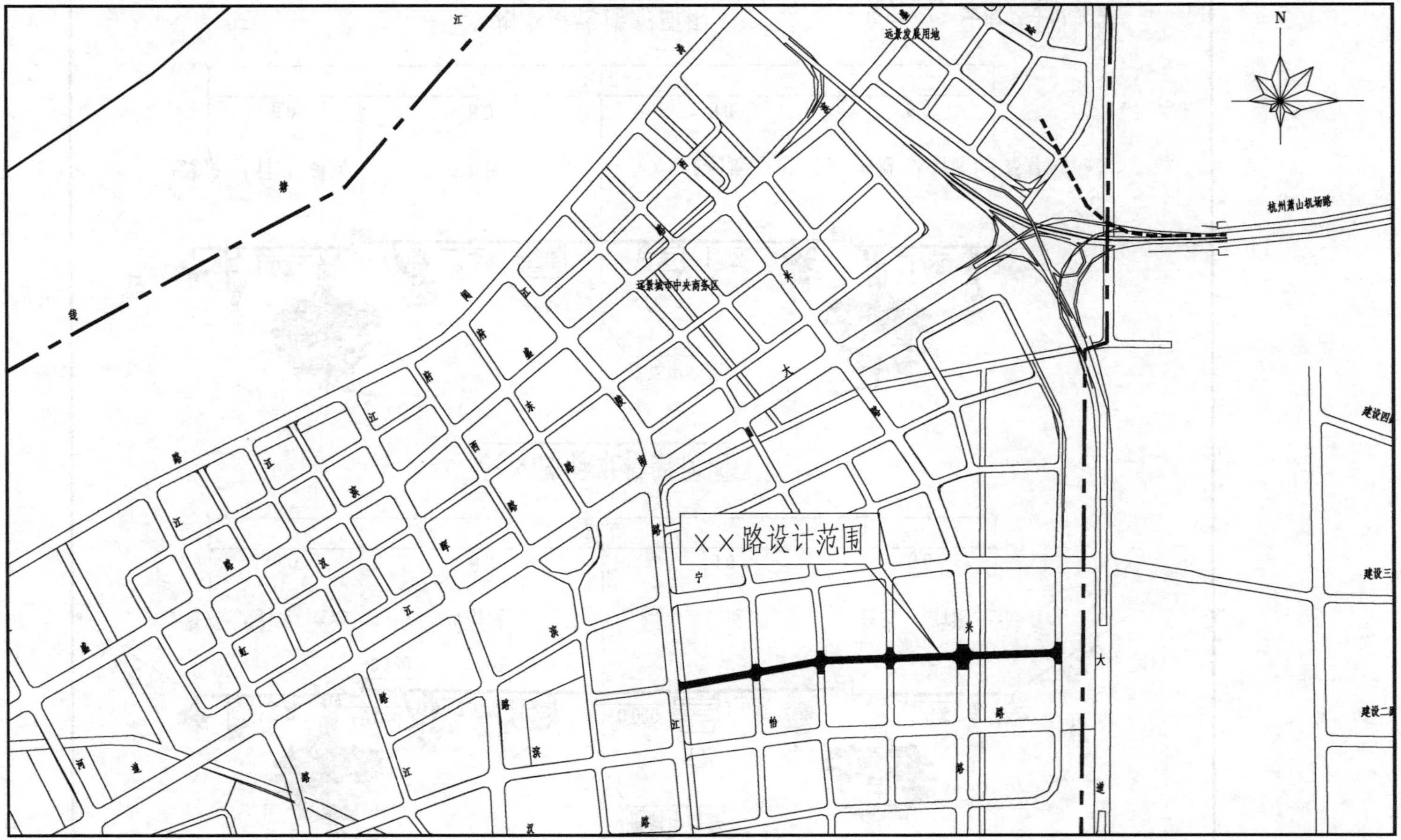

4. 道路标准横断面图（1:200）

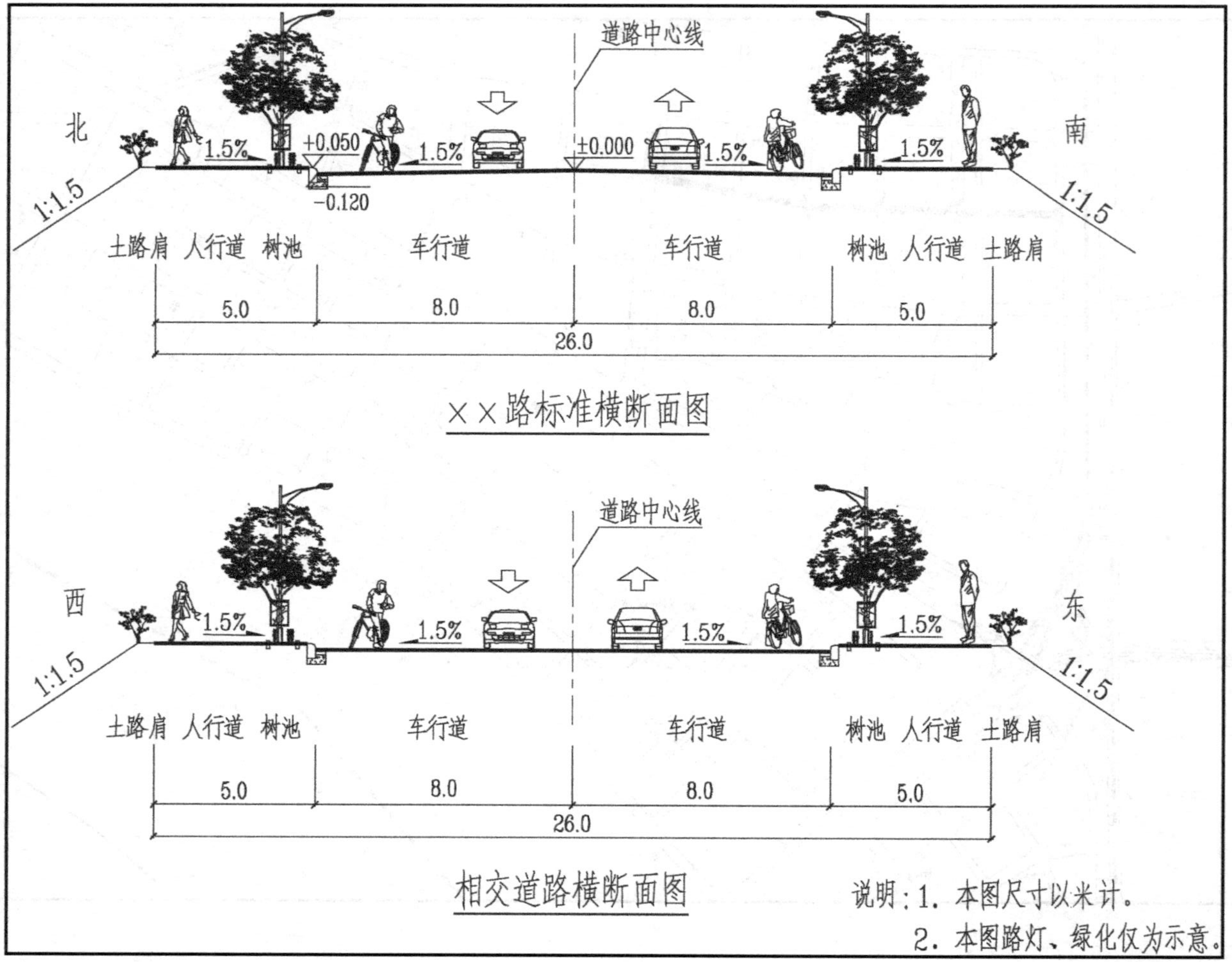

5. 道路平面图（三）（1:500）

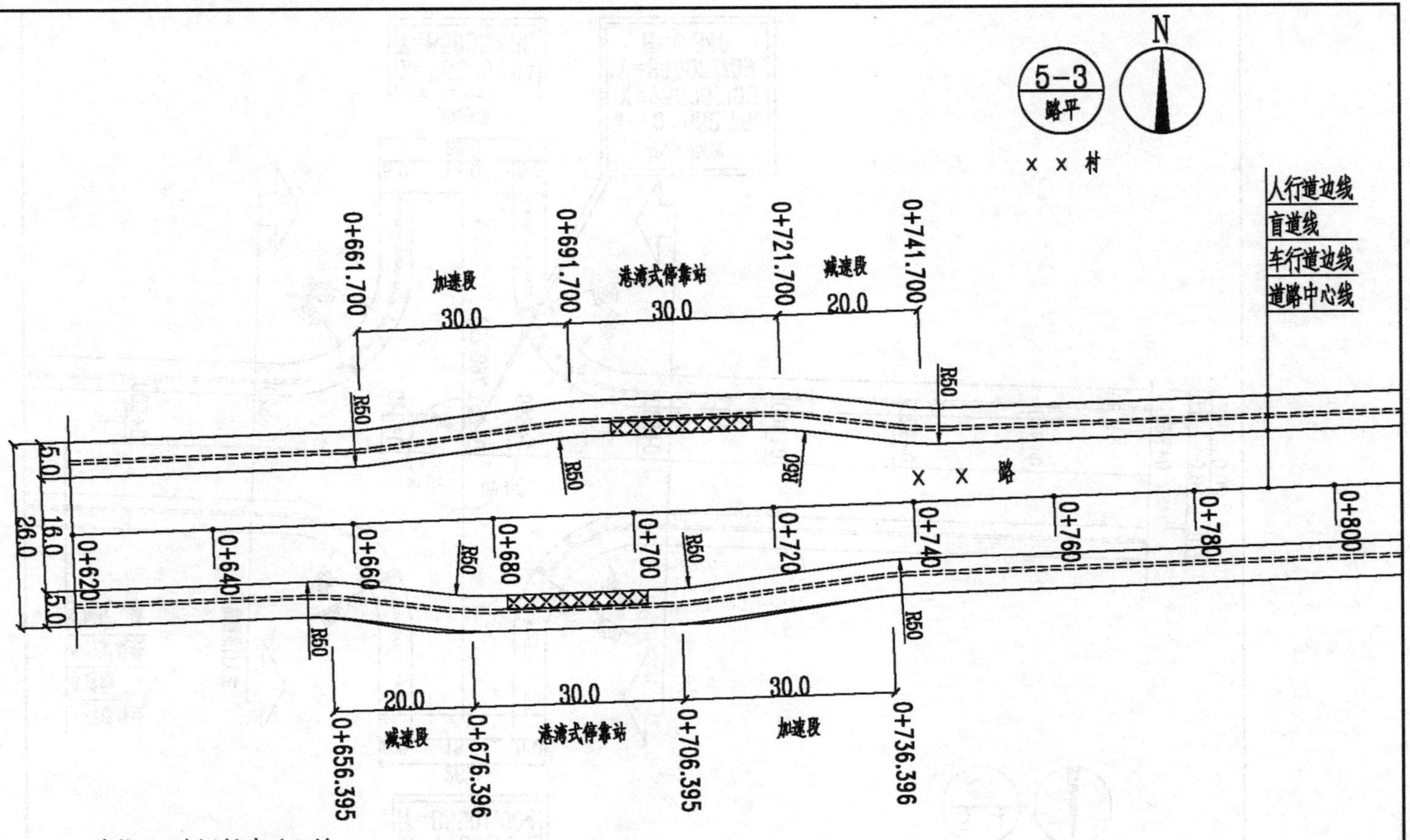

说明：1.本图尺寸以米计。

2.本图采用85国家高程系、80国家坐标系。

6．道路平面图（四）（1:500）

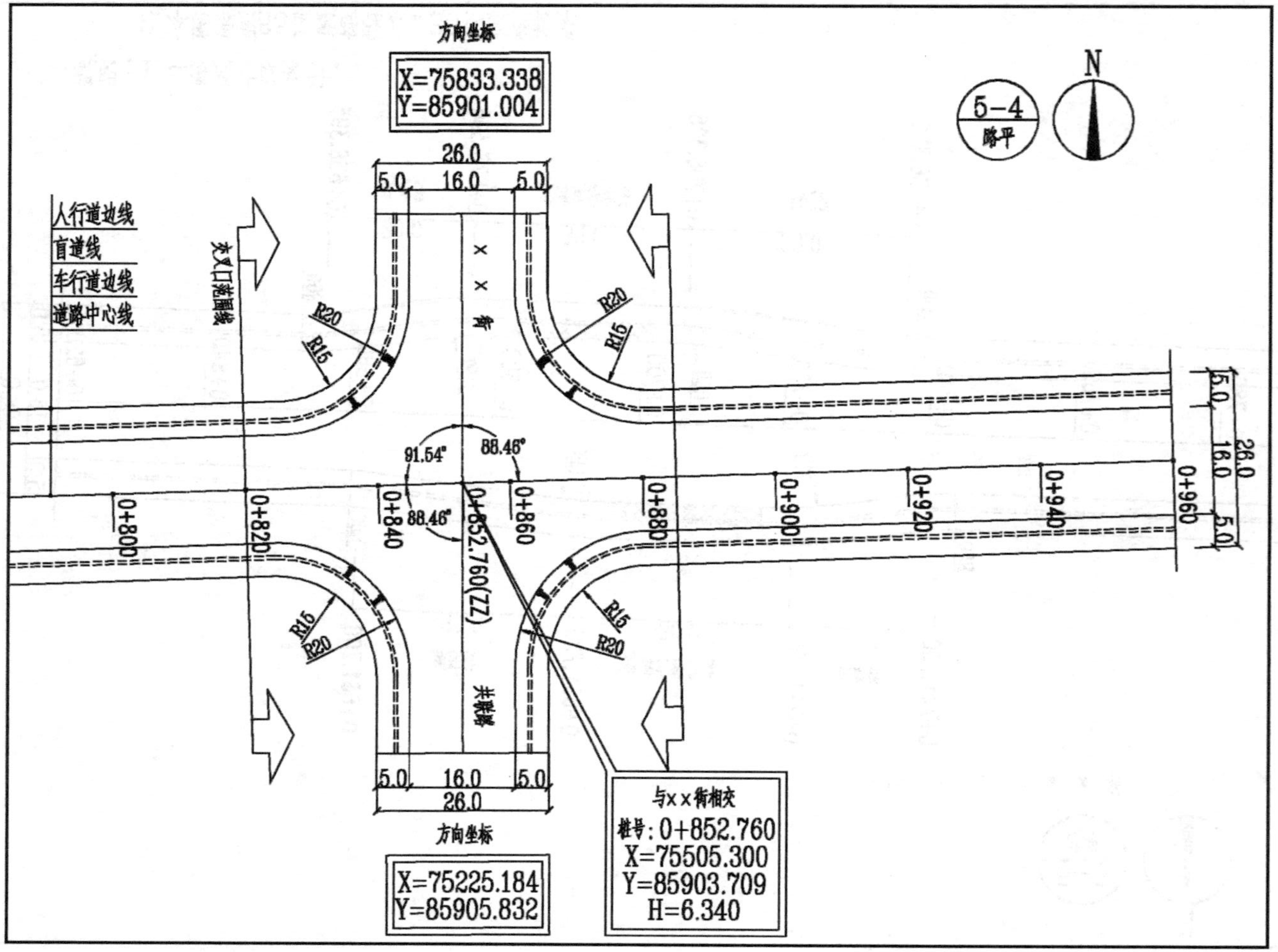

7. 道路纵断面图（二）

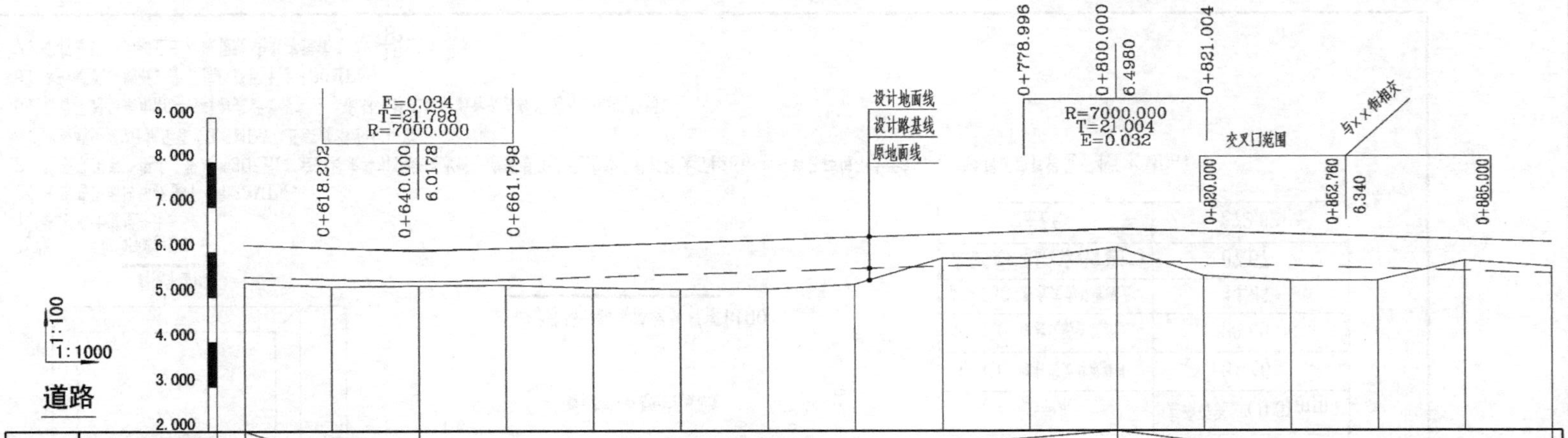

设计中心路线 坡度及距离：−0.323% 40.000；0.300% 160.000；−0.300% 100.000

桩号	路面标高	路基标高	原地面标高	填(+)挖(−)高
0+600.000	6.147	5.447	5.300	0.147
0+618.202	6.088	5.388	5.236	0.152
0+620.000	6.083	5.383	5.230	0.153
0+640.000	6.052	5.352	5.240	0.112
0+660.000	6.078	5.378	5.260	0.118
0+661.798	6.083	5.383	5.255	0.129
0+680.000	6.138	5.438	5.200	0.238
0+700.000	6.198	5.498	5.170	0.328
0+720.000	6.258	5.558	5.170	0.388
0+740.000	6.318	5.618	5.270	0.348
0+760.000	6.378	5.678	5.850	−0.172
0+778.996	6.435	5.735	5.850	−0.115
0+780.000	6.438	5.738	5.850	−0.112
0+800.000	6.466	5.766	6.090	−0.324
0+820.000	6.438	5.738	5.450	0.288
0+821.004	6.435	5.735	5.445	0.290
0+840.000	6.378	5.678	5.350	0.328
0+852.760	6.340	5.640	5.350	0.290
0+860.000	6.318	5.618	5.350	0.268
0+880.000	6.258	5.558	5.790	−0.232
0+900.000	6.198	5.498	5.850	−0.152

直线曲线交叉口：直线 L=252.760；0+852.760；0+852.760；直线 L=47.240；0+900.000

说明：

1. 本图尺寸以米计。
2. 本图采用85国家高程系，80国家坐标系。

8．路面结构图

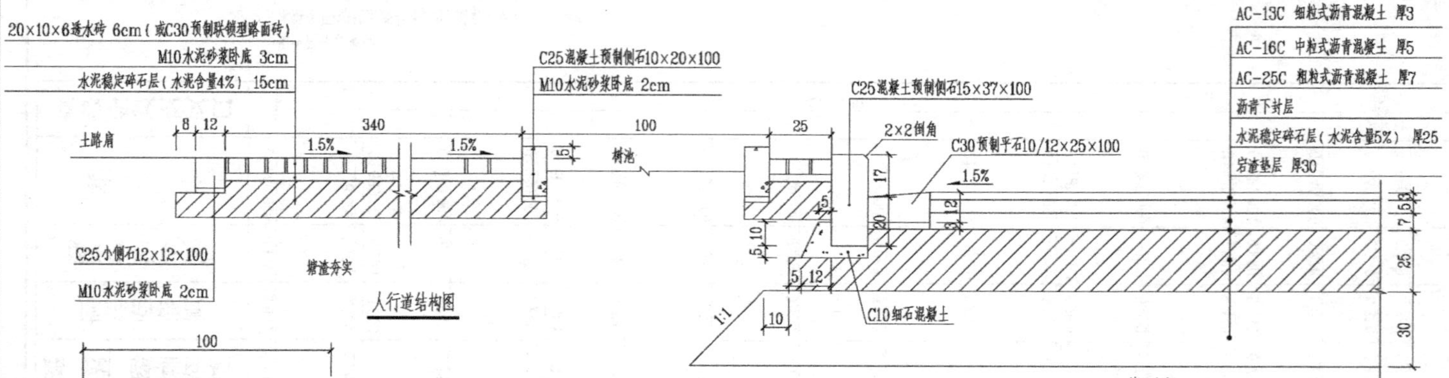

人行道结构图

车行道路面结构图 1:20

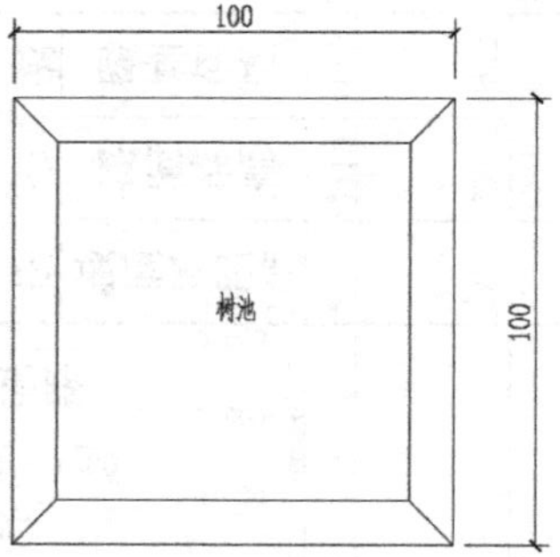

树池平面图

侧石高出地面5cm

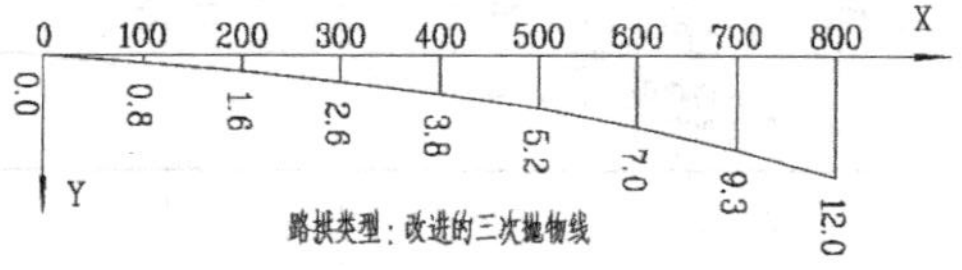

车行道沥青路面路拱大样图1:100

车行道结构层顶设计弯沉值

结构层	层顶弯沉值（0.01mm）
AC-13C 细粒式沥青混凝土	34.46
AC-16C 中粒式沥青混凝土	38.63
AC-25C 粗粒式沥青混凝土	44.47
水泥稳定碎石层（水泥含量5%）	87.67
宕渣垫层	372.62

说明:

1．本图尺寸以厘米计。
2．土路基顶面回弹模量不小于22MPa。
3．路基采用宕渣换填，厚度约30cm。宕渣要求具有良好透水性，含泥量不大于20%，粒径不大于12cm，石料压碎值不大于35%。宕渣顶面回弹模量不小于30MPa。
4．水泥稳定层7d抗压强度3.5MPa，压实度不小于98%。
5．沥青下封层采用AC−5砂粒式沥青混凝土，选材，施工按照沥青表面处理的相关规范执行。
6．人行道板、侧石、平石抗压强度不小于30MPa。
7．车行道路拱为修正三次抛物线型，其方程式为 $Y=\frac{4h}{B^3}x^3+\frac{h}{B}x$。

9. 交叉口设计图

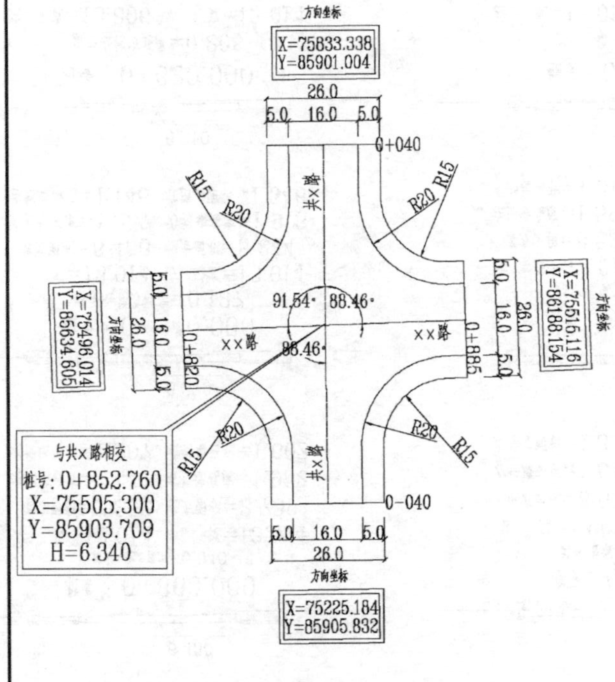

平面布置图 1:1000

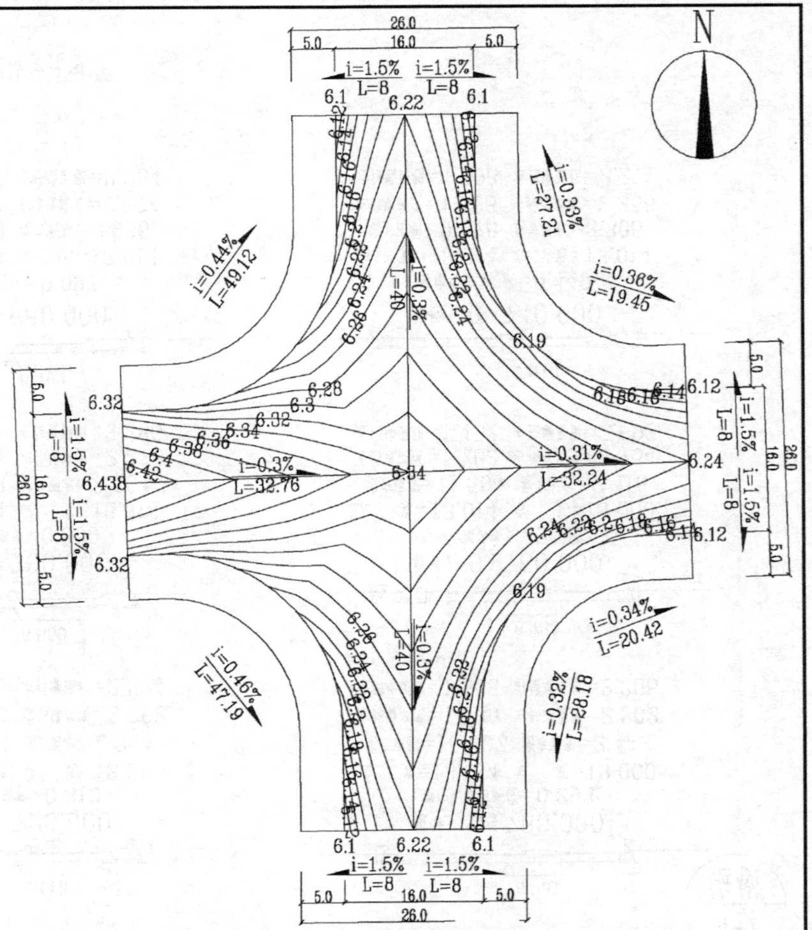

竖向设计图 1:500

10．施工横断面图（1:500）

4-2
施横

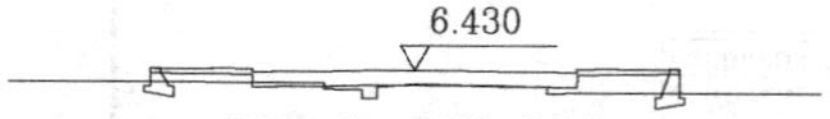

桩号：0+660.000
路中心挖方高度=0.040
左　宽=13.014　右　宽=13.014
填方面积=7.252　挖方面积=2.739
左挡墙高度=1.441　右挡墙高度=1.992
左挡墙面积=1.207　右挡墙面积=1.603

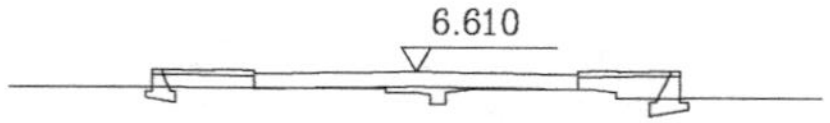

桩号：0+720.000
路中心填方高度=0.310
左　宽=13.014　右　宽=13.014
填方面积=8.532　挖方面积=2.354
左挡墙高度=1.649　右挡墙高度=2.262
左挡墙面积=1.356　右挡墙面积=2.274

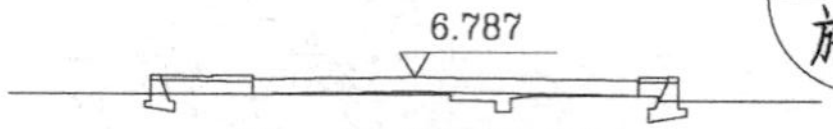

桩号：0+780.000
路中心填方高度=0.293
左　宽=13.014　右　宽=13.000
填方面积=10.807　挖方面积=2.442
左挡墙高度=1.860　右挡墙高度=2.302
左挡墙面积=1.508　右挡墙面积=2.308

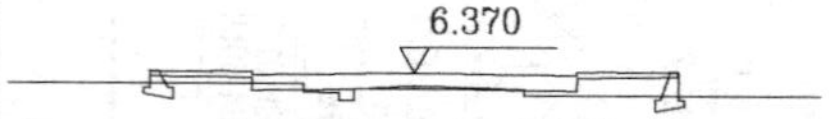

桩号：0+640.000
路中心挖方高度=0.127
左　宽=13.014　右　宽=13.014
填方面积=6.468　挖方面积=3.244
左挡墙高度=1.357　右挡墙高度=1.913
左挡墙面积=1.146　右挡墙面积=1.546

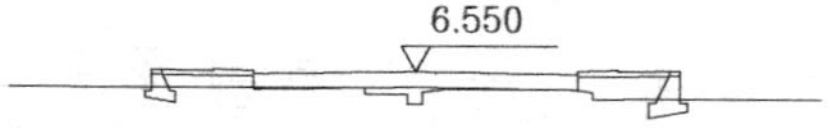

桩号：0+700.000
路中心填方高度=0.809
左　宽=13.014　右　宽=13.014
填方面积=8.522　挖方面积=2.604
左挡墙高度=1.595　右挡墙高度=2.276
左挡墙面积=1.317　右挡墙面积=2.286

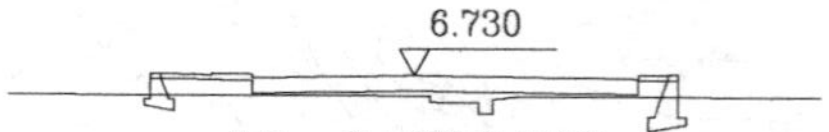

桩号：0+760.000
路中心填方高度=0.227
左　宽=13.014　右　宽=13.000
填方面积=11.504　挖方面积=2.416
左挡墙高度=1.782　右挡墙高度=2.754
左挡墙面积=1.452　右挡墙面积=2.693

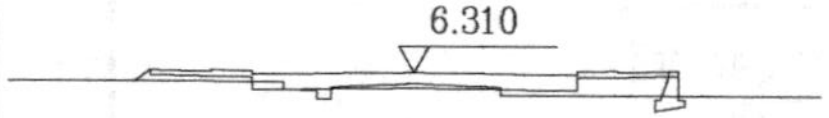

桩号：0+620.000
路中心挖方高度=0.206
左　宽=13.806　右　宽=13.014
填方面积=6.699　挖方面积=2.790
左挡墙高度=0.000　右挡墙高度=1.921
左挡墙面积=0.000　右挡墙面积=1.552

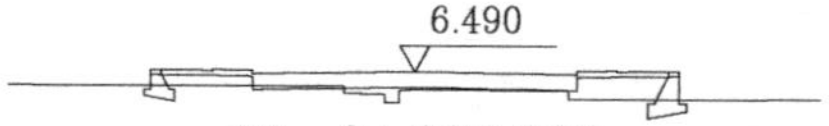

桩号：0+680.000
路中心填方高度=0.093
左　宽=13.014　右　宽=13.014
填方面积=8.462　挖方面积=2.936
左挡墙高度=1.512　右挡墙高度=2.274
左挡墙面积=1.257　右挡墙面积=2.284

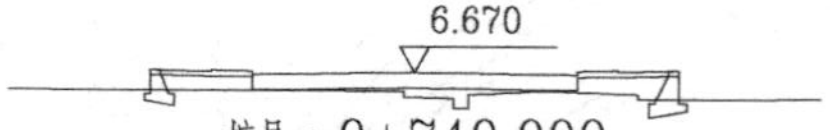

桩号：0+740.000
路中心填方高度=0.449
左　宽=13.014　右　宽=13.014
填方面积=9.878　挖方面积=2.308
左挡墙高度=1.708　右挡墙高度=2.258
左挡墙面积=1.398　右挡墙面积=2.271

说明：

1. 高度和宽度单位为米，面积单位为平方米。
2. 道路与地面高差大于0.5m时，应修建挡墙；小于0.5m，采用放坡处理。
3. 挡墙高度根据实际确定。

11．交通组织设计图（三）（1:500）

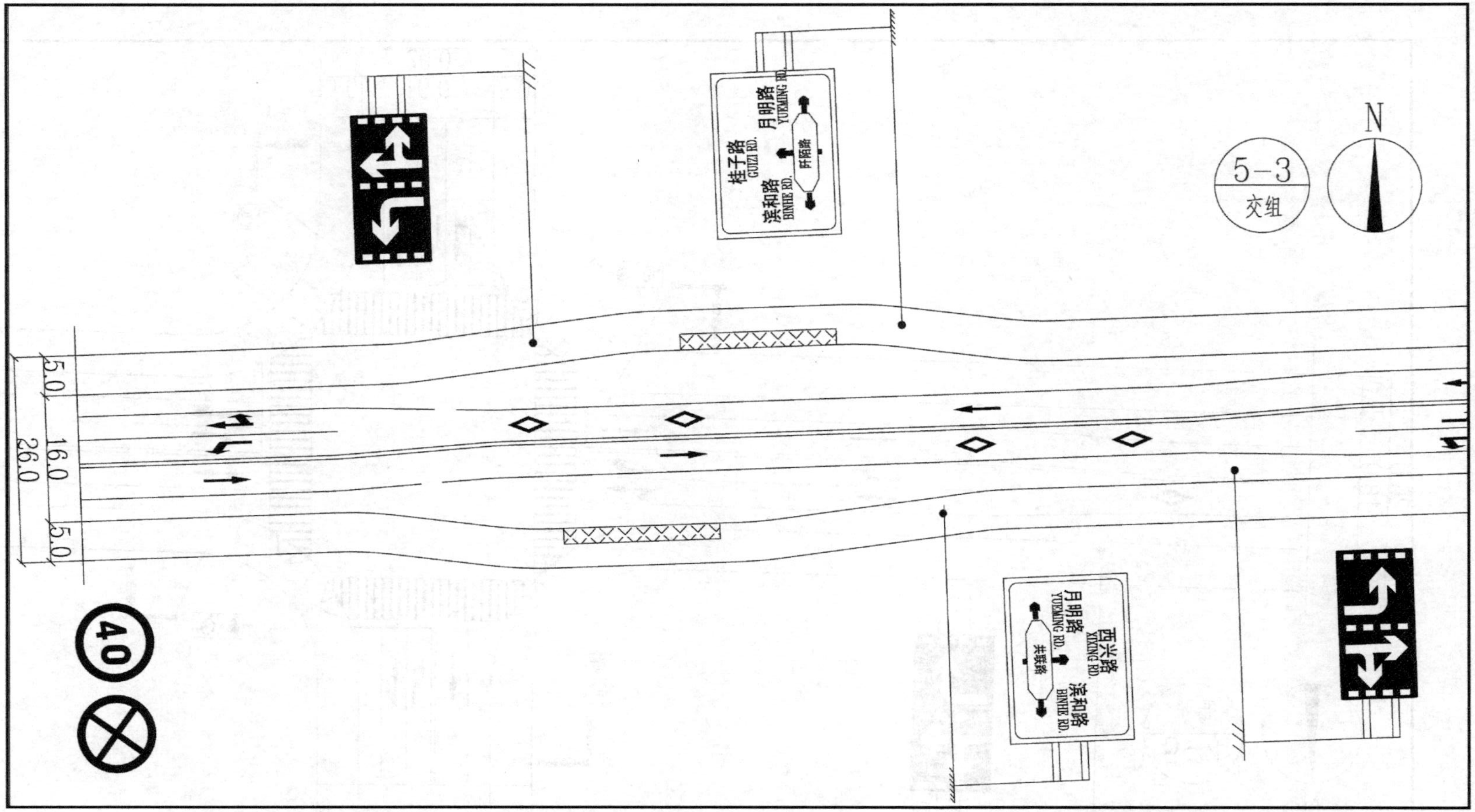

12．交通组织设计图（四）（1:500）

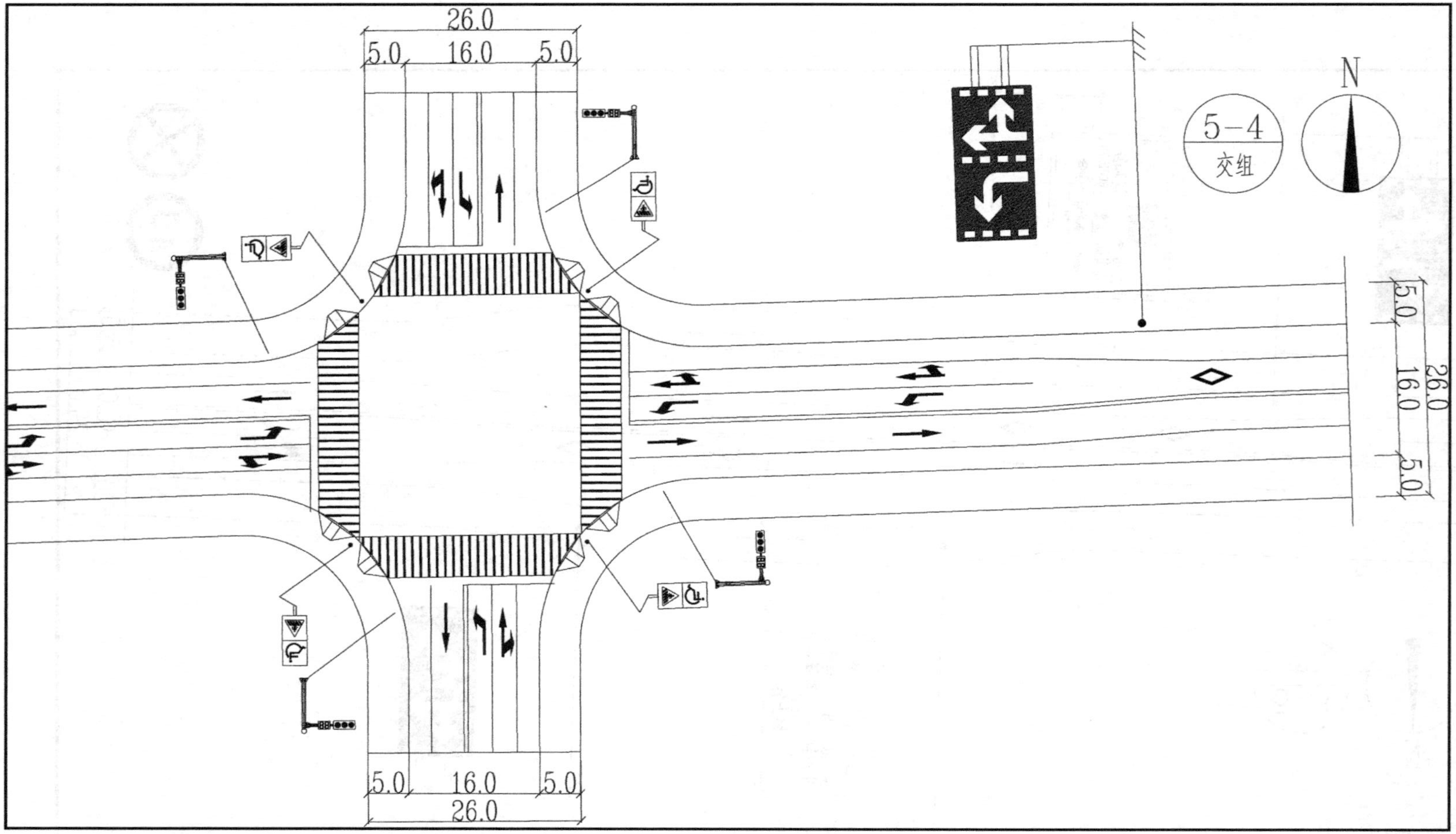

13. 交叉口无障碍设计图

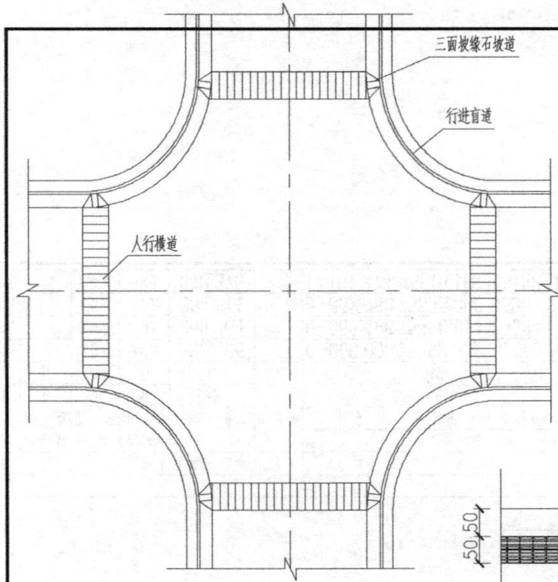

交叉口无障碍设计布置示意图

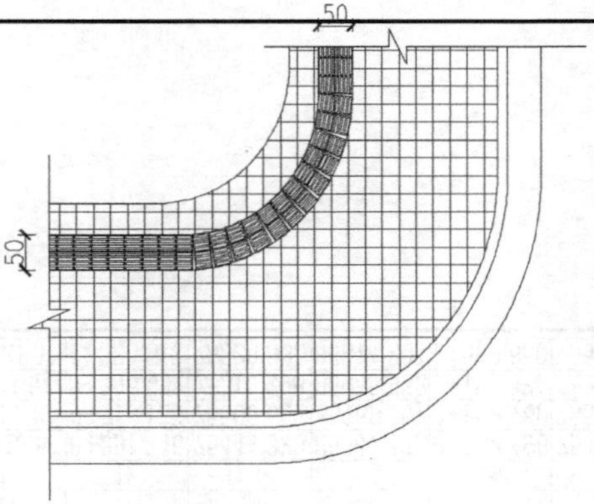

弧线型盲道示意图 1:100

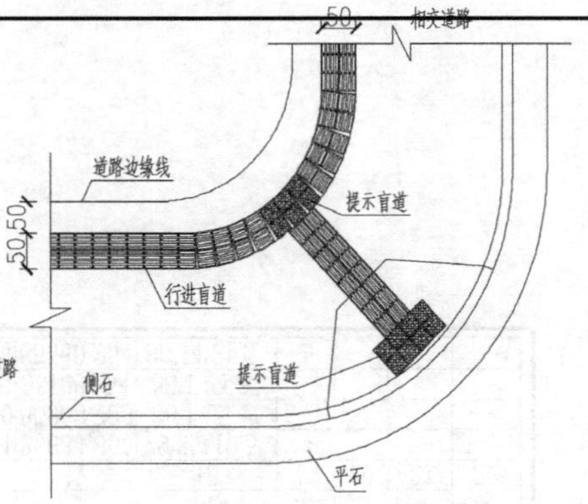

三面坡缘石坡道布置图 1:100

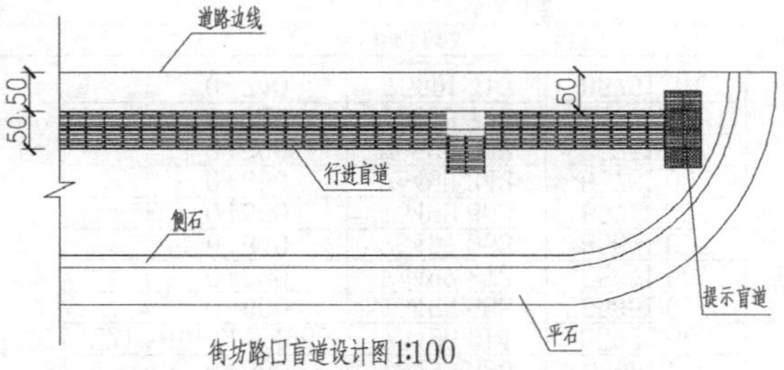

街坊路口盲道设计图 1:100

说明:

1. 本图尺寸以厘米计。
2. 盲道的制作除按本图尺寸进行外，还须满足规范《无障碍设计规范》(GB 50763—2012)的要求。
3. 对于道路平曲线和路口加宽段的人行道，要使盲道走向基本同道路一致；用三角形砌缝将盲道铺为曲线，或将盲道转动所需角度后继续呈直线前进，不可将盲道反复弯折，而导致无法使用。
4. 提示盲道和行进盲道在路口的布置方式和位置可根据实际情况做调整。

14. 控制表格

××路线位表

点名	桩号	(北向)	(东向)
QD	0+000.000	75392.632	85060.341
ZZ	0+583.496	75496.014	85634.605
ZZ	0+852.760	75505.300	85903.709
ZZ	1+137.374	75515.116	86188.154
ZD	1+509.650	75526.554	86560.254

××路逐桩坐标表

点名	桩号	(北向)	(东向)
(QD)	0+000.000	75392.632	85060.341
	0+020	75396.175	85080.024
	0+040	75399.719	85099.708
	……	……	……
	0+560	75491.851	85611.481
	0+580	75495.395	85631.164
(ZZ)	0+583.496	75496.014	85634.605
	0+600	75496.583	85651.099
	0+620	75497.273	85671.087
	0+640	75497.963	85691.075
	0+660	75498.653	85711.064
	0+680	75499.342	85731.052
	0+700	75500.032	85751.040
	0+720	75500.722	85771.028
	0+740	75501.411	85791.016

××路逐桩坐标表

点名	桩号	(北向)	(东向)
	0+760	75502.101	85811.004
	0+780	75502.791	85830.992
	0+800	75503.481	85850.980
	0+820	75504.170	85870.968
	0+840	75504.860	85890.957
(ZZ)	0+852.760	75505.300	85903.709
	0+860	75505.550	85910.945
	0+880	75506.239	85930.933
	0+900	75506.929	85950.921
	0+920	75507.619	85970.909
	0+940	75508.309	85990.897
	0+960	75508.999	86010.885
	0+980	75509.688	86030.873
	1+000	75510.378	86050.861
	……	……	……

××路线元要素表

单元序号	单元类别	单元要素					单元位置											导线资料			
							起点				中点			终点				转点位置		切线长度	
		缓和曲线参数 A	单元起点半径 /m	单元终点半径 /m	单元长度 /m	转角值	桩号	X坐标 /m	Y坐标 /m	切线方位角	桩号	X坐标 /m	Y坐标 /m	桩号	X坐标 /m	Y坐标 /m	切线方位角	X坐标 /m	Y坐标 /m	第一切线长/m	第二切线长/m
1	2	3	4	5	6	7	8	9	10	11	12	13	14	15	16	17	18	19	20	21	22
1	直线		无穷大	无穷大	583.496		0+000.000	75392.632	85060.341	79°47′40.5″	0+291.748	75444.323	85347.473	0+583.496	75496.014	85634.605	79°47′40.5″				
2	直线		无穷大	无穷大	269.264		0+583.496	75496.014	85634.605	88°1′25.4″	0+718.128	75500.657	85769.157	0+852.760	75505.300	85903.709	88°1′25.4″				
3	直线		无穷大	无穷大	284.614		0+852.760	75505.300	85903.709	88°1′24.6″	0+995.067	75510.208	86045.932	1+137.374	75515.116	86188.154	88°1′24.6″				
4	直线		无穷大	无穷大	372.275		1+137.374	75515.116	86188.154	88°14′21.5″	1+323.512	75520.835	86374.204	1+509.650	75526.554	86560.254	88°14′21.5″				

15. 交会井（J1）结构图

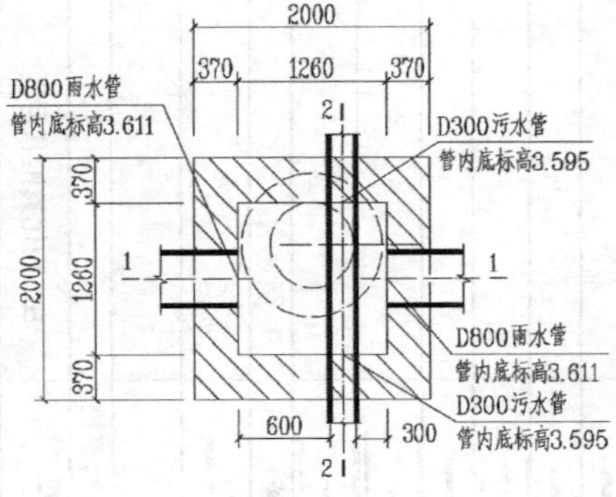

平面图

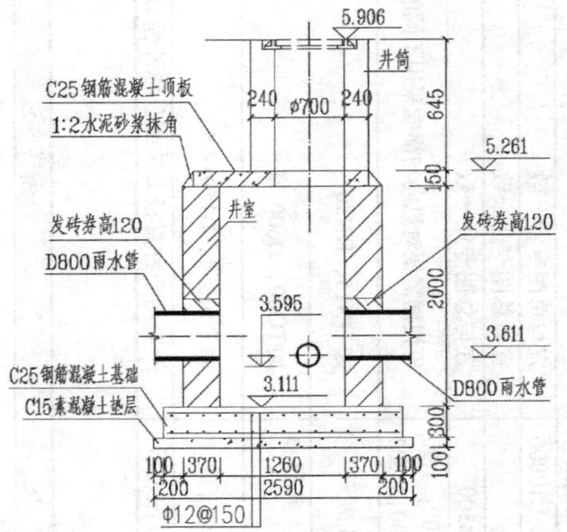

1—1 剖面图

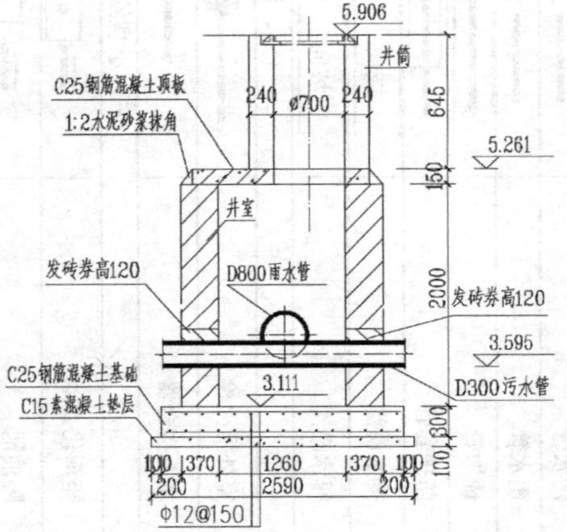

2—2 剖面图

说明：

1. 本图尺寸以毫米计，标高（85国家高程系）以米计。
2. 材料。混凝土：C25；钢筋：Φ为HPB235级钢筋，Φ为HRB335级钢筋。
3. 井室、井筒用MU10砖、M10水泥砂浆砌；井筒、井壁内外均用1：2水泥砂浆抹面，厚20mm。
4. 钢筋混凝土保护层厚度：底板：基础底面40mm，其余为35mm。
5. 各检查井定位及角度均依据工艺图，施工前请仔细核对。
6. 本图未详尽之处参照相关设计图样。
7. 顶板按检查井对应规格顶板制作。

附录D 市政给水排水制图一般规定与常用图例

1. 一般规定

编号	类别	名称	要求	备注
1	线宽	给水排水管道线	一般宜为 0.6～0.8mm	
		道路、建筑等	一般宜为 0.2mm	
		地形、等高线等	一般宜为 0.01～0.02mm	
2	比例	区域规划图	1:50000、1:25000、1:10000	宜与总图专业一致
		区域位置图	1:5000、1:2000	宜与总图专业一致
		总平面图	1:1000、1:500、1:300	宜与总图专业一致
		管道纵断面图	纵向：1:200、1:100、1:50 横向：1:1000、1:500、1:300	可根据需要对纵向与横向采用不同的组合比例
3	管径	水、煤气输送钢管、铸铁管	宜以公称直径 DN 表示	如 DN15、DN50
		钢筋混凝土管	宜以内径 d 表示，多用 D 表示	如 D300、D600 等
		无缝钢管 焊接钢管	宜以外径 D×壁厚表示	如 D108×4、D159×4.5
		塑料管材	宜按产品标准的方法表示	一般用公称直径 DN 或公称外径 De 表示

2. 常用图例

序号	名称	图例	备注
一、管道图例			
1	给水管	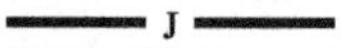	
2	污水管	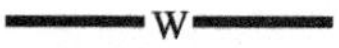	
3	雨水管	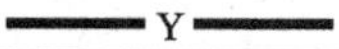	
4	地沟管		
5	防护套管		
6	排水明沟	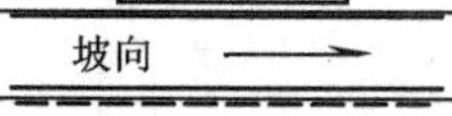	
7	排水暗沟		
二、消防设施			
8	室外消火栓	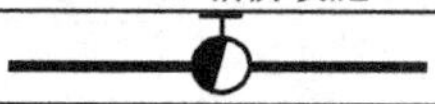	
9	水泵接合器		
三、小型给水排水构筑物			
10	矩形化粪池	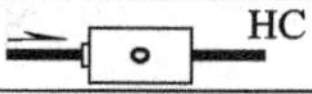	HC 为化粪池代号
11	隔油池	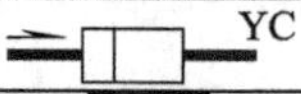	YC 为隔油池代号
12	雨水口		单箅
			双箅
13	阀门井 检查井	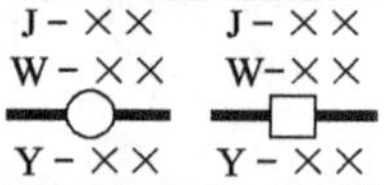	以代号区别管道
14	水封井	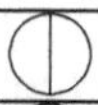	
15	跌水井		
16	水表井		

附录E ××路排水施工图（部分）

1. 排水设计总说明

排水设计总说明

一、设计原则及设计参数

（一）设计原则

采用雨、污分流制。

（二）设计参数

1. 雨水：杭州市设计暴雨强度$q=\dfrac{3360.04(1+0.639\lg P)}{(t+11.945)^{0.825}}$ L/(s·hm²)

设计重现期：道路及地块P=1年。

地面集水时间：t=10min。

径流系数：道路$\phi=0.9$，山坡$\phi=0.25$。

2. 污水量标准：300L/（d·人）（平均日）

二、设计内容与要求：

1. 本图尺寸管径以毫米计，距离、标高以米计，高程为85国家高程系。
2. 检查井顶面标高系根据道路纵断面及横坡设计推算而得，施工时须按道路设计图复核，如有出入，以道路设计图为准。
3. 施工前应核对现状雨污水检查井的具体位置及标高进行实测实量，若发现与实际不符或者有较大矛盾者，请及时与设计方联系以便调整。

三、管道、检查井：

1. 管材及接口：D400以下管道采用UPVC加筋管（环刚度大于或等于8kN/m²），D400以上管道采用钢筋混凝土管，橡胶圈柔性接口。
2. 管道基础：土基密实度大于或等于93%，回填应按土路基回填要求回填密实，管基采用砂护管基础，砂石回填至管外顶平。详见院通用图04PGJ－1－1。
3. 检查井：750mm×750mm，按本院04PZJ－3－1、2施工。1000mm×1000mm，按本院04PZJ－4－1、2施工。采用钢纤混凝土井盖，颜色与路面相协调。

四、施工注意事项

1. 管道施工由下游向上游进行，由深到浅。
2. 车行道下管道覆土厚度不足0.7m处，应采用C25混凝土方包，厚15cm。
3. 雨水口为平箅式单箅雨水口，连接管管径为D225，i=1%。
4. 施工放样时，根据实际情况进行管位与井位的调整，对原有现状管线及周围设施进行保护。

五、验收要求及施工质量要求

1. 按《给水排水管道工程施工及验收规范》（GB 50268－2008）进行验收，雨水管亦要求做闭水试验。
2. 遵照国家现行各项规定、法规进行施工，确保质量。

2. 排水工程材料表

序号	名称	规格	材料	单位	数量	备注
			雨水部分			
1	雨水管	D200	钢筋混凝土管	m	117	雨水口连接管
2	雨水管	D400	钢筋混凝土管	m	30	
3	雨水管	D500	钢筋混凝土管	m	150	
4	雨水管	D600	钢筋混凝土管	m	100	
5	雨水管	D800	钢筋混凝土管	m	160	
6	雨水管	D1000	钢筋混凝土管	m	30	
7	雨水检查井	1100×1100	砖砌井	座	10	
8	雨水检查井	1100×1250	砖砌井	座	2	
9	雨水检查井	1100×1500	砖砌井	座	8	交会井 1 座
10	雨水检查井	1100×1750	砖砌井	座	2	
11	雨水口	510×390	平箅式单箅	个	26	
			污水部分			
1	污水管	D300	钢筋混凝土管	m	416	
2	污水管	D400	钢筋混凝土管	m	60	
3	污水检查井	1100×1100	砖砌井	座	21	

3．雨水汇水范围图

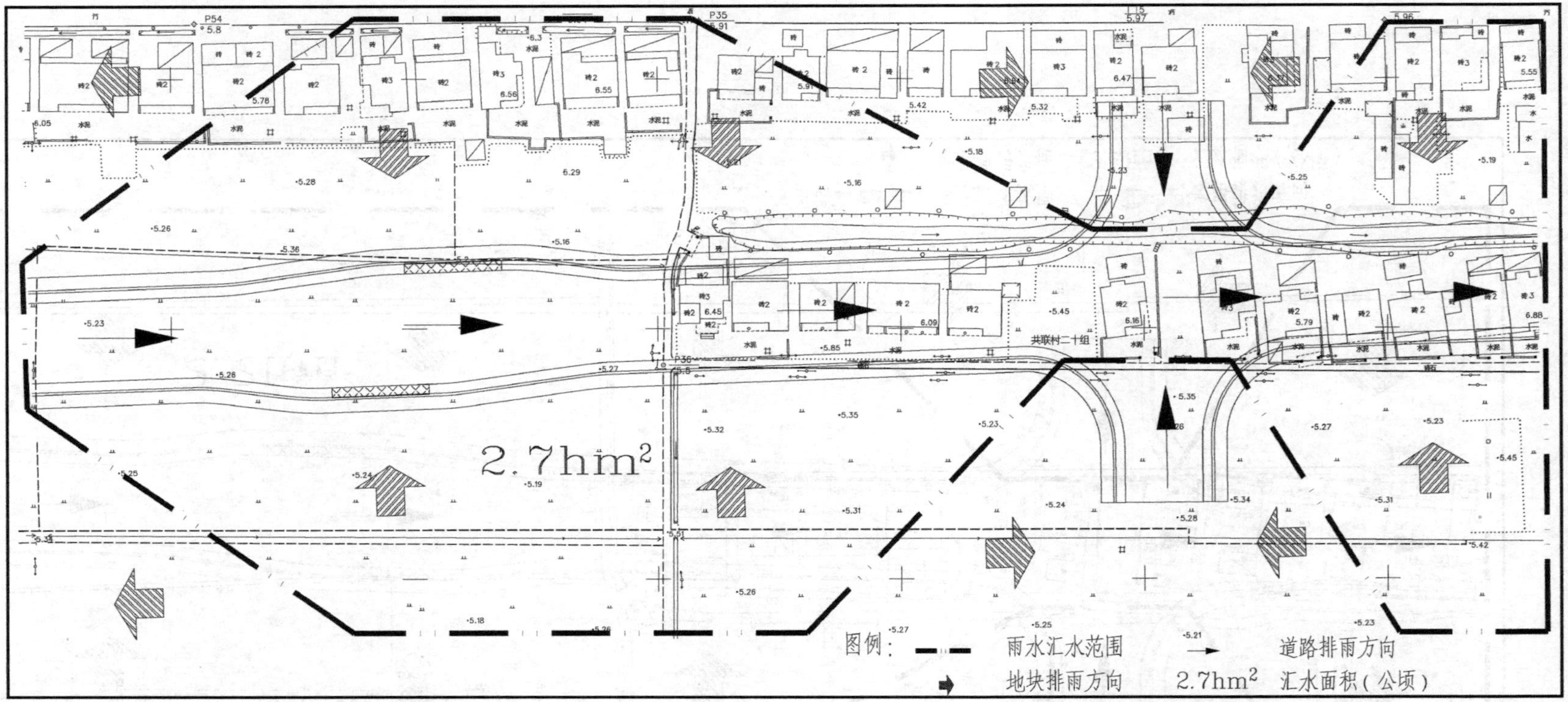

4. 污水汇水范围图

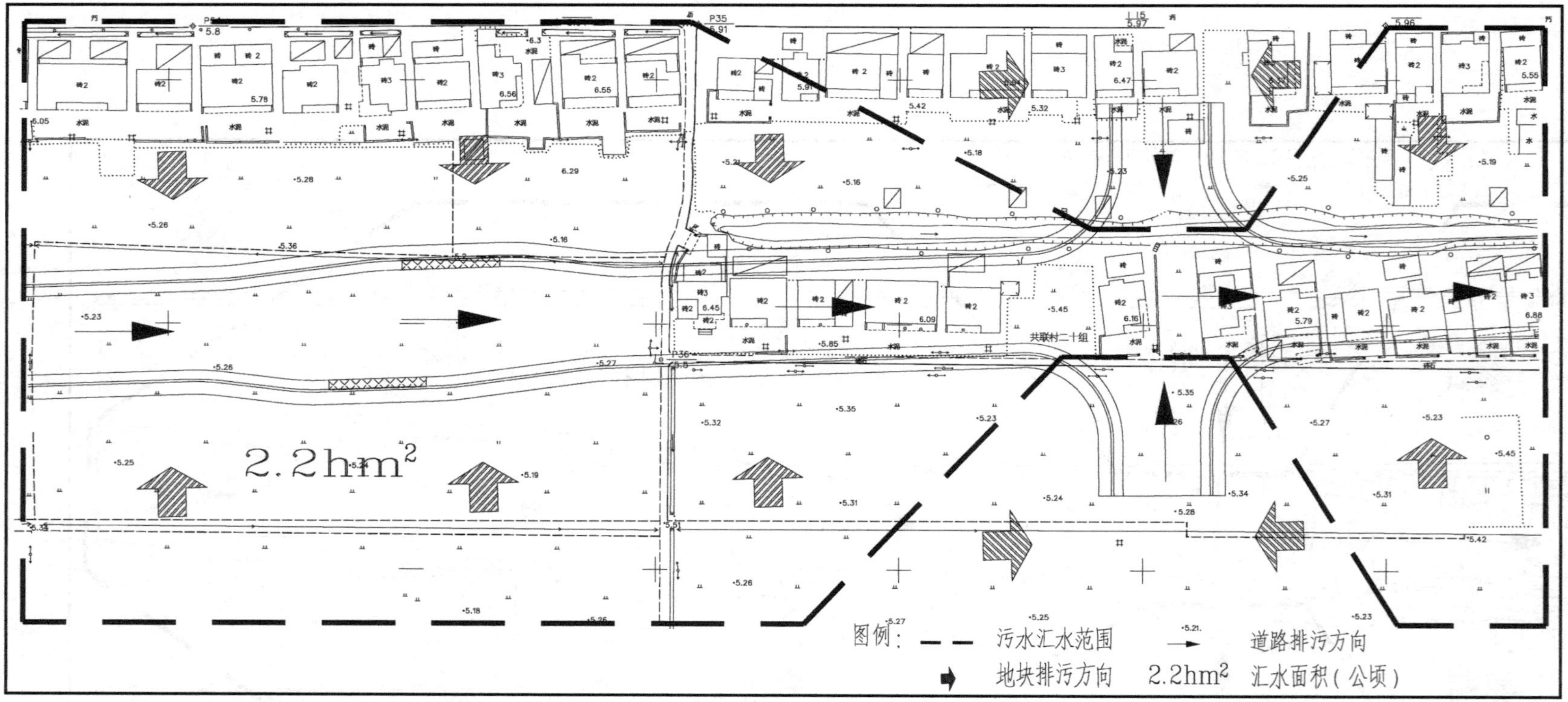

5. 排水平面图（三）（1:500）

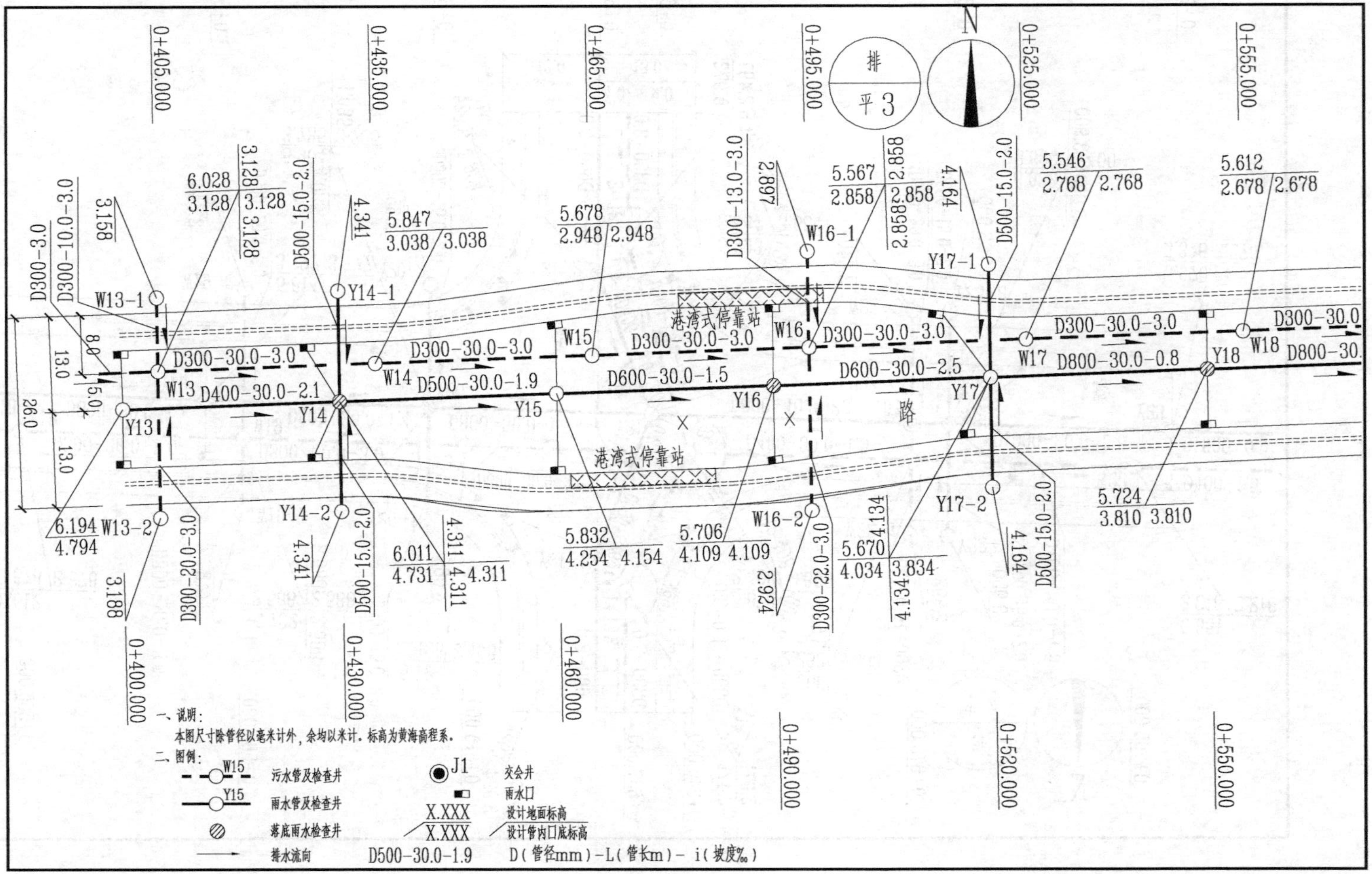

6．排水平面图（四）（1:500）

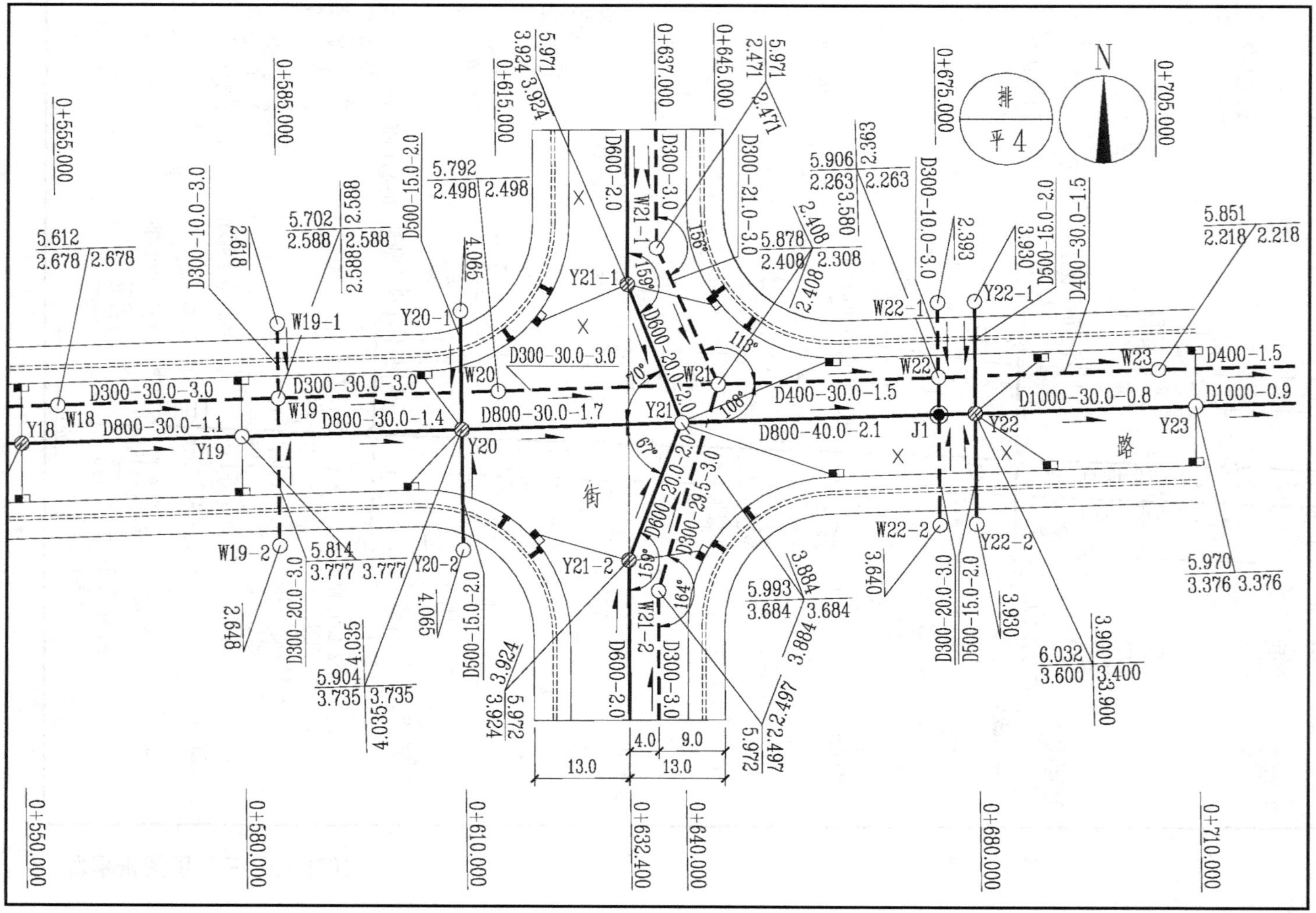

7. 雨水纵断面图（二）

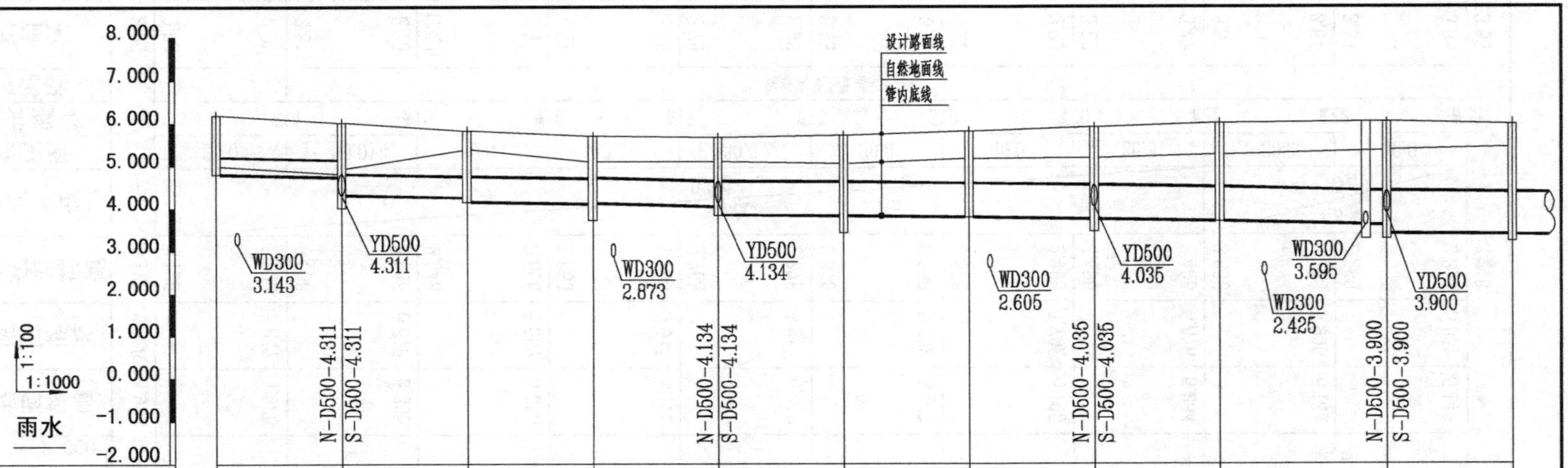

检查井编号	自然地面标高	设计路面标高	设计管内底标高	管道埋深	道路桩号
Y13	4.954	6.194	4.794	1.40	0+400.000
Y14	4.942	6.011	4.731 / 4.311	1.28 / 1.70	0+430.000
Y15	5.380	5.832	4.254 / 4.154	1.58 / 1.68	0+460.000
Y16	5.094	5.706	4.109 / 4.109	1.60 / 1.60	0+490.000
Y17	5.092	5.671	4.034 / 3.834	1.64 / 1.84	0+520.000
Y18	5.059	5.724	3.810 / 3.810	1.91 / 1.91	0+550.000
Y19	5.164	5.814	3.777 / 3.777	2.04 / 2.04	0+580.000
Y20	5.179	5.904	3.735 / 3.735	2.17 / 2.17	0+610.000
Y21	5.252	5.993	3.684 / 3.684	2.31 / 2.31	0+640.000
Y22	5.135	6.032	3.600 / 3.400	2.43 / 2.63	0+680.000
Y23	5.355	5.970	3.376 / 3.376	2.59 / 2.59	0+710.000

管段	管径及坡度	平面距离	管道基础
Y13–Y14	2.10‰ D400	30.0	钢筋混凝土管基
Y14–Y15	1.90‰ D500	30.0	钢筋混凝土管基
Y15–Y16	1.50‰ D600	30.0	钢筋混凝土管基
Y16–Y17	2.50‰ D600	30.0	钢筋混凝土管基
Y17–Y18	0.80‰ D800	30.0	钢筋混凝土管基
Y18–Y19	1.10‰ D800	30.0	钢筋混凝土管基
Y19–Y20	1.40‰ D800	30.0	钢筋混凝土管基
Y20–Y21	1.70‰ D800	30.0	钢筋混凝土管基
Y21–Y22	2.10‰ D800	40.0	钢筋混凝土管基
Y22–Y23	0.80‰ D1000	30.0	钢筋混凝土管基

8. 污水纵断面图（二）

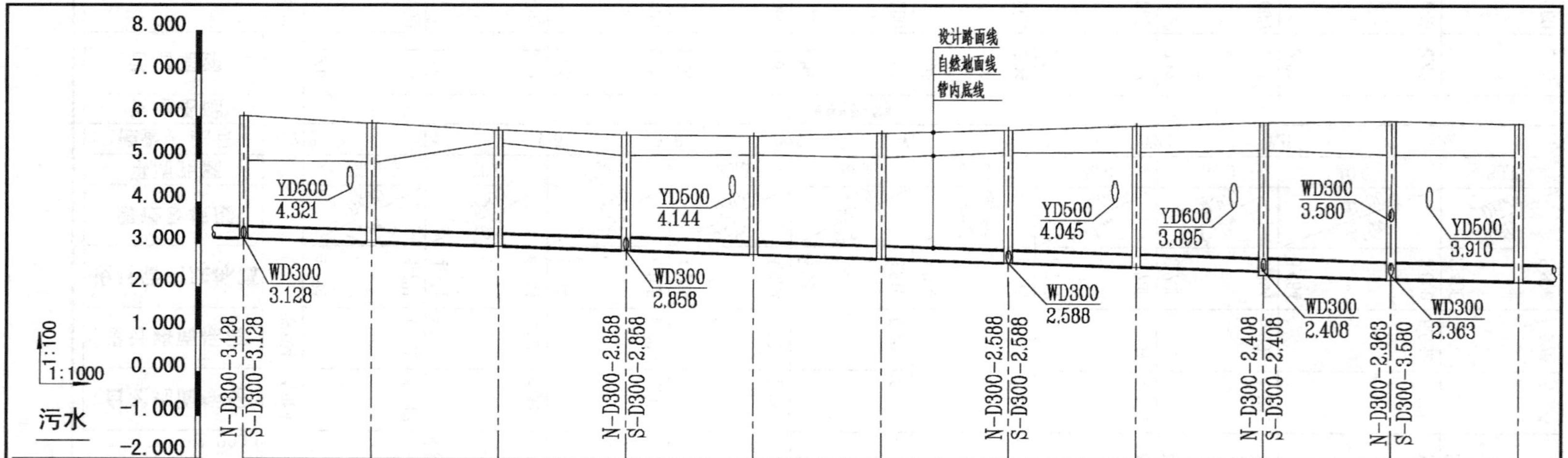

检查井编号	W13	W14	W15	W16	W17	W18	W19	W20	W21	W22	W23
自然地面标高	4.957	4.936	5.365	5.085	5.112	5.067	5.167	5.195	5.234	5.134	5.149
设计路面标高	6.028	5.847	5.678	5.567	5.546	5.612	5.702	5.792	5.878	5.906	5.851
设计管内底标高	3.128 / 3.128	3.038 / 3.038	2.948 / 2.948	2.858 / 2.858	2.768 / 2.768	2.678 / 2.678	2.588 / 2.588	2.498 / 2.498	2.408 / 2.308	2.263 / 2.263	2.218 / 2.218
管道埋深	2.90 / 2.90	2.81 / 2.81	2.73 / 1.350	2.71 / 2.71	2.78 / 2.78	2.93 / 2.93	3.11 / 3.11	3.29 / 3.29	3.47 / 3.57	3.64 / 3.64	3.63 / 3.63
道路桩号	0+405.000	0+435.000	0+465.000	0+495.000	0+525.000	0+555.000	0+585.000	0+615.000	0+645.000	0+675.000	0+705.000

管段	W13–W14	W14–W15	W15–W16	W16–W17	W17–W18	W18–W19	W19–W20	W20–W21	W21–W22	W22–W23
管径及坡度	3.00‰ D300								1.50‰ D400	
平面距离	30.0	30.0	30.0	30.0	30.0	30.0	30.0	30.0	30.0	30.0
管道基础		钢筋混凝土管基								

9. 管位图

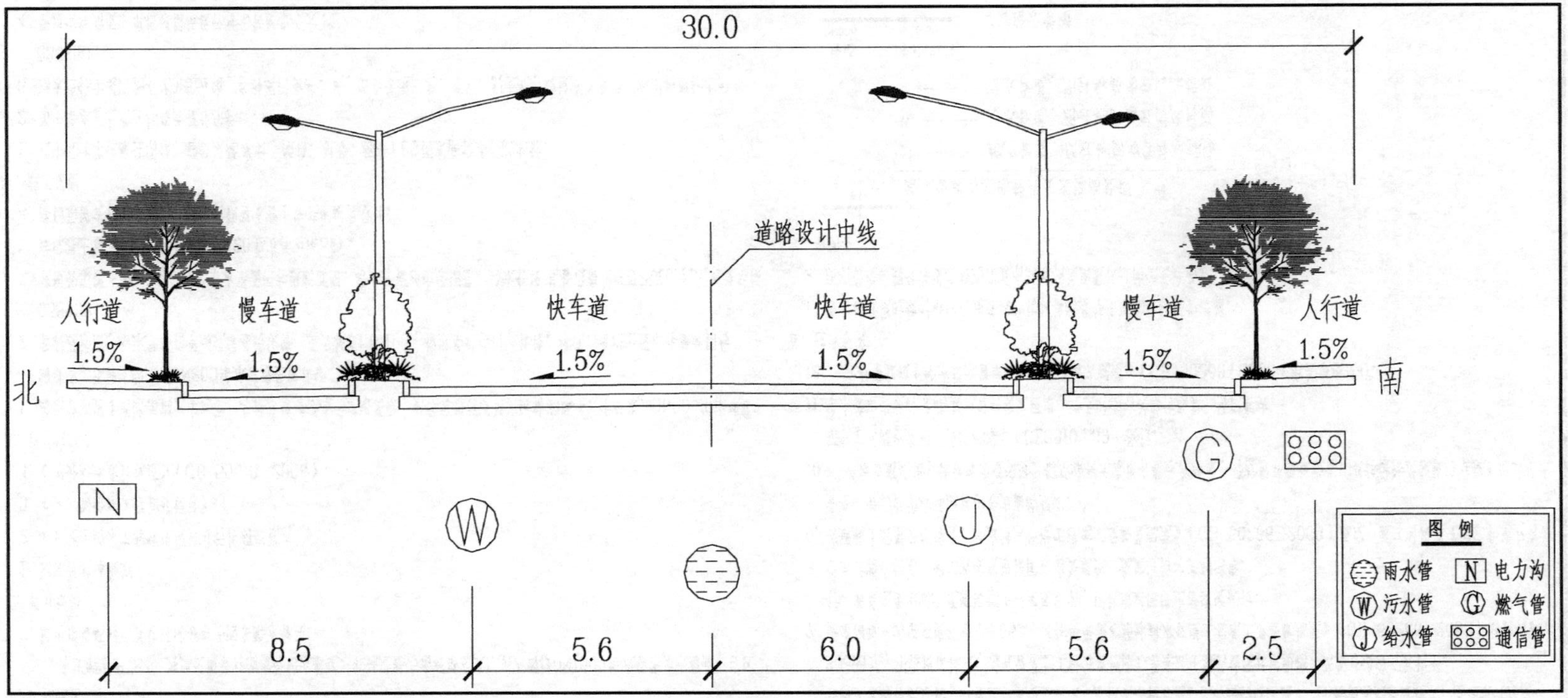
30.0
道路设计中线
北
人行道
1.5%
慢车道
1.5%
快车道
1.5%
快车道
1.5%
慢车道
1.5%
人行道
1.5%
南
N
W
J
G
8.5
5.6
6.0
5.6
2.5
图例
雨水管
N 电力沟
W 污水管
G 燃气管
J 给水管
通信管

附录F ××路给水施工图（部分）

1. 给水设计总说明

给水设计总说明

一、工程概况

本工程系配合××路建设而设计的室外给水管道。在兴业路与南环路交叉口引入两根DN1000给水管作为水源点，在区域内形成环网，并将环网分解为四条给水管线。

二、设计依据

1. ××区总体规划。
2. 《××区给水工程建设项目可行性研究报告 》。
3. 《××路给水工程初步设计》。
4. 《室外给水设计规范》（GB 50013-2006）。

三、设计内容

1. 给水管布置于道路南侧快车道下，与排水管道分布于道路两侧，具体可根据现场实际情况调整。干管采用DN300给水球墨铸铁管，预埋支管采用DN200给水管球墨铸铁管。
2. 管材及接口：给水管采用承插式球墨铸铁管，压力等级1.6MPa，橡胶柔性接口，管件、排气、排泥装置制作参考国标05S502。
3. 管道管顶覆土为1.2m，详见给水平面图和纵断面图。给水平面图中带阴影的给水管段，其管顶覆土厚度不足0.7m，埋设后须做混凝土包方加固处理（混凝土C20包方厚20cm）。
4. 路口预留支管安装阀门，地块内预留支管上安装电磁流量计。

四、施工说明

1. 图中尺寸单位除注明外，管径以毫米计，距离、桩号、标高（85国家高程系）以米计。
2. 图中给水管道所注标高为管外顶标高。
3. 消火栓位于道路侧石边0.5m处，各种阀门设井保护，所有管道三通、弯头、扣板处，均设支墩加固，施工参照标准图03S505。
4. 管道借转角度：单根球墨铸铁管可借转度数不大于1°。
5. 管道安装前，须对管道逐根进行检查，不得使用有破损迹象的材料，并清除管内杂物。
6. 管槽开挖时应注意边坡稳定，施工中注意采取措施及时排除基槽积水，严禁基槽长期泡水。开挖施工及排水过程中应注意保持土壤的原状结构，避免扰动或超挖基底，应做到基槽开挖后立即进行管基施工，不得使基底暴露过久。基底设计厚度30cm厚，不得提前挖除，应在管基施工时方可挖除。若基底土壤已被扰动或超挖，必须夯填碎石并找平。
7. 管道回填土的密实度不应小于95%，具体要求按《给水排水管道工程施工及验收规范》（GB 50286-2008）总说明执行。若该项要求低于道路回填土密实度要求，则按道路回填土密实度执行。
8. 管道试验合格后，竣工验收前应按国家有关规范、规定进行冲洗和消毒。
9. 管道施工质量必须符合《给水排水管道工程施工及验收规范》（GB 50286-2008）规定，施工时应遵守国家和地方有关安全、劳动保护和环境保护等方面的规定。
10. 管道防腐处理：铸铁管内壁喷砂除锈后涂衬无毒聚合物水泥砂浆，外壁敷环氧煤沥青。具体做法及验收标准按《埋地给水钢管道水泥砂浆衬里技术标准》（CECS10：89）执行。
11. 给水管道安装时，若与其他管线交叉困难，请及时与有关单位联系，协商解决。
12. 未尽事宜按《给水排水管道工程施工及验收规范》（GB 50268-2008）有关事项执行。

五、注意事项

1. 管沟槽开挖时须对沿线已建管线和构筑物路基等采取相应的保护措施。
2. 所有管道、阀件等设备应选用具有国家相关质量认证的优质产品。

六、图例：

给水管道与其他管线交叉标高处理，其中
S —— 给水管道，所注标高为管外顶标高
W —— 污水管道，所注标高为管内底标高
Y —— 雨水管道，所注标高为管内底标高

管径 DN800　管外顶标高 3.55 —— 新建给水管道

—·—·— 现状给水管道，保留

▨ 此处管顶覆土厚度不足0.7m，埋设后须做混凝土包方加固

2. 给水工程材料表

序　号	名　称	规　格	符　号	材　料	单　位	数　量	备　注
1	球墨铸铁管	DN300		球铁	m	117	简称“球铁管”，K9 级，T 型接口
2	球墨铸铁管	DN200		球铁	m	30	简称“球铁管”，K9 级，T 型接口
3	球墨铸铁管	DN150		球铁	m	150	简称“球铁管”，K9 级，T 型接口
4	闸阀	DN300			只	3	Z45T-10 型
5	闸阀	DN200			只	8	Z45T-10 型
6	闸阀	DN100			只	3	Z45T-10 型
7	消火栓	SS100–1.0			套	3	含弯管底座
8	插盘短管	DN200		钢	只	6	法兰按 S311（32–20），Pg=1.0MPa 做
9	承盘短管	DN300		球铁	只	6	
10	承盘短管	DN200		球铁	只	18	
11	承盘短管	DN100		球铁	只	6	
12	大小头	DN200×150		球铁	只	1	
13	大小头	DN200×100		球铁	只	1	
14	三通	DN300×300		球铁	只	3	
15	三通	DN300×200		球铁	只	7	
16	三通	DN200×200		球铁	只	1	
17	三通	DN200×100		球铁	只	2	
18	弯管	DN200×90°		球铁	只	1	
19	弯管	DN300×45°		球铁	只	4	
20	弯管	DN100×45°		球铁	只	6	
21	弯管	DN300×11.25°		球铁	只	24	
22	弯管	DN200×11.25°		球铁	只	11	
23	盲法兰盘	DN200		钢	块	6	Pg=1.0MPa
24	止回阀	DN200			只	1	H44T（X）–10 型
25	阀门井	D1200		砖砌	座	14	
26	井盖、盖座	ϕ700		灰铁	副	14	重型，双铰链翻盖式，防盗

3．给水平面图（三）（1:500）

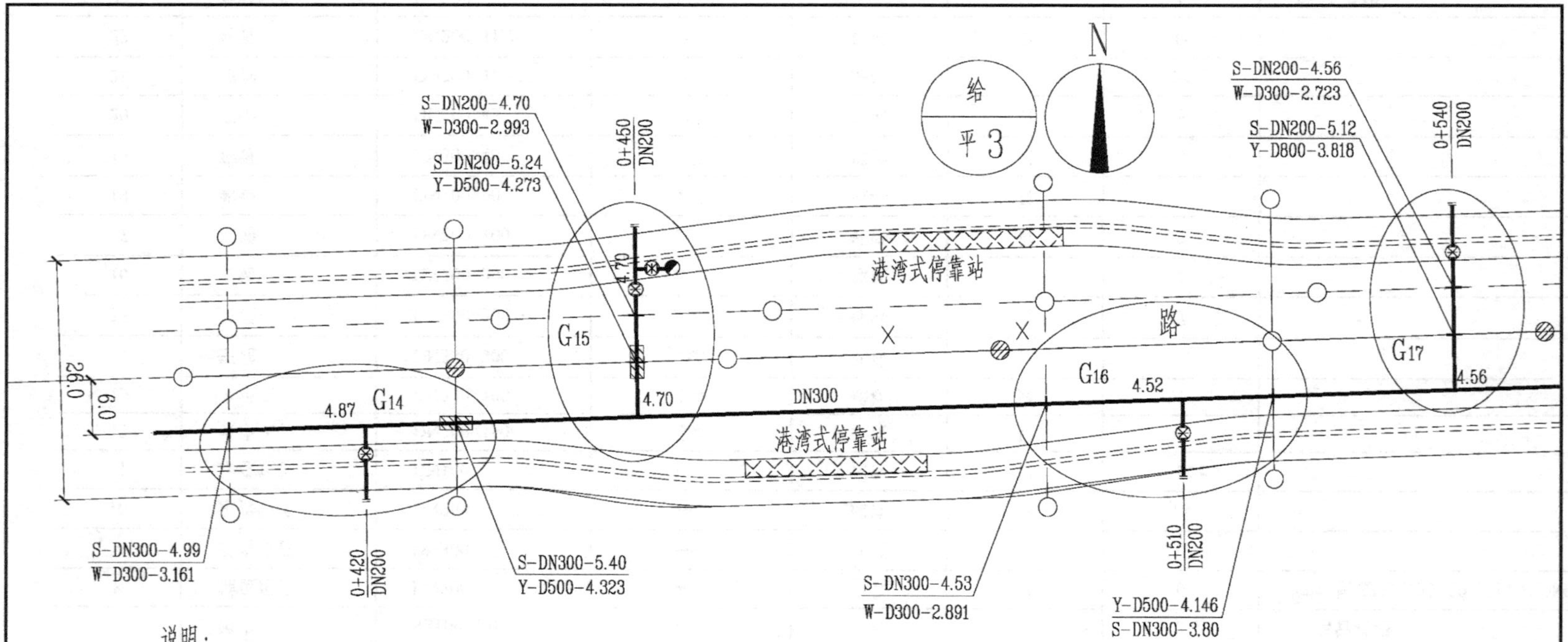

说明：

本图尺寸除管径以毫米计外，余均以米计。高程为85国家高程系。

4. 给水平面图（四）(1:500)

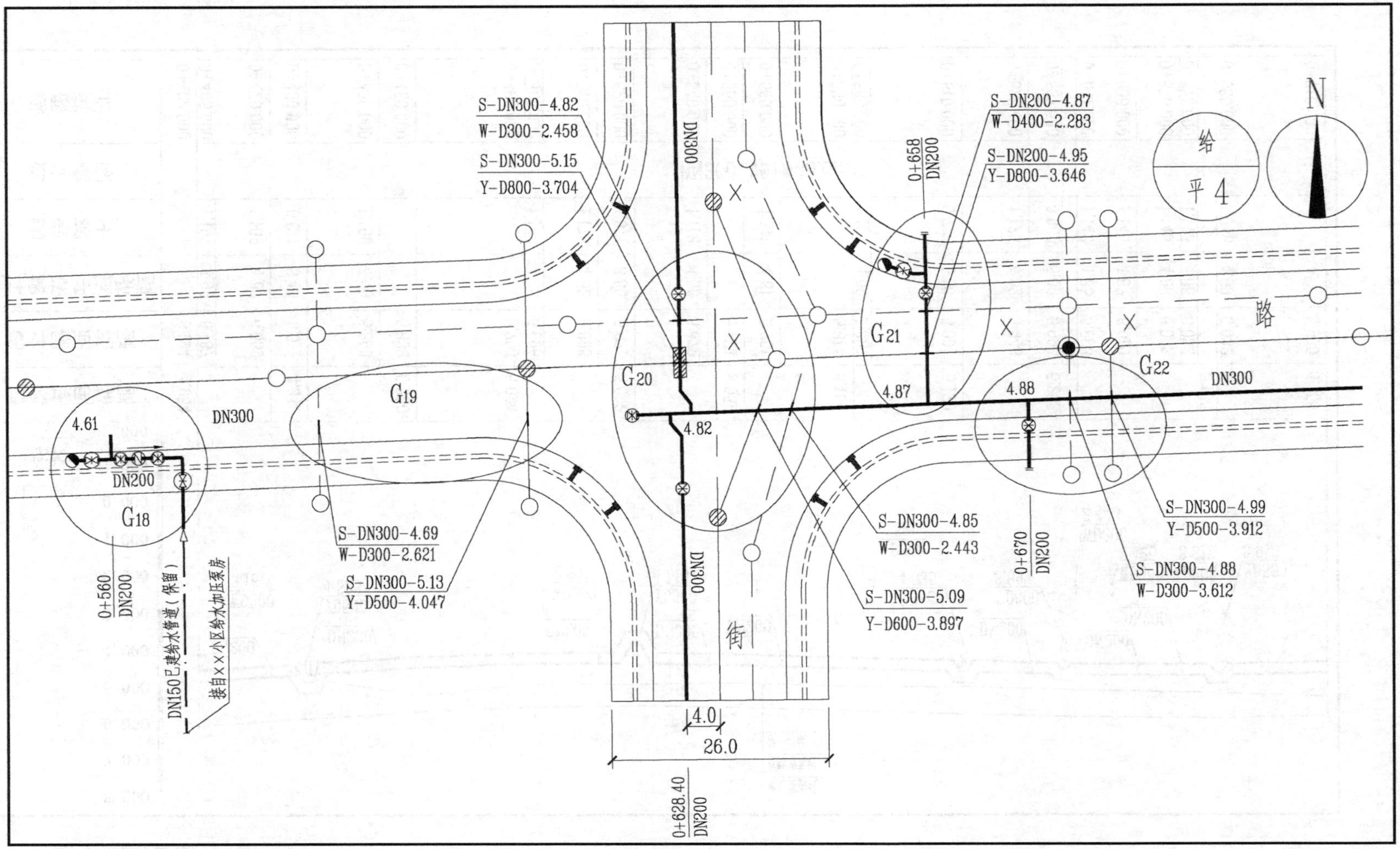

5．给水纵断面图（二）

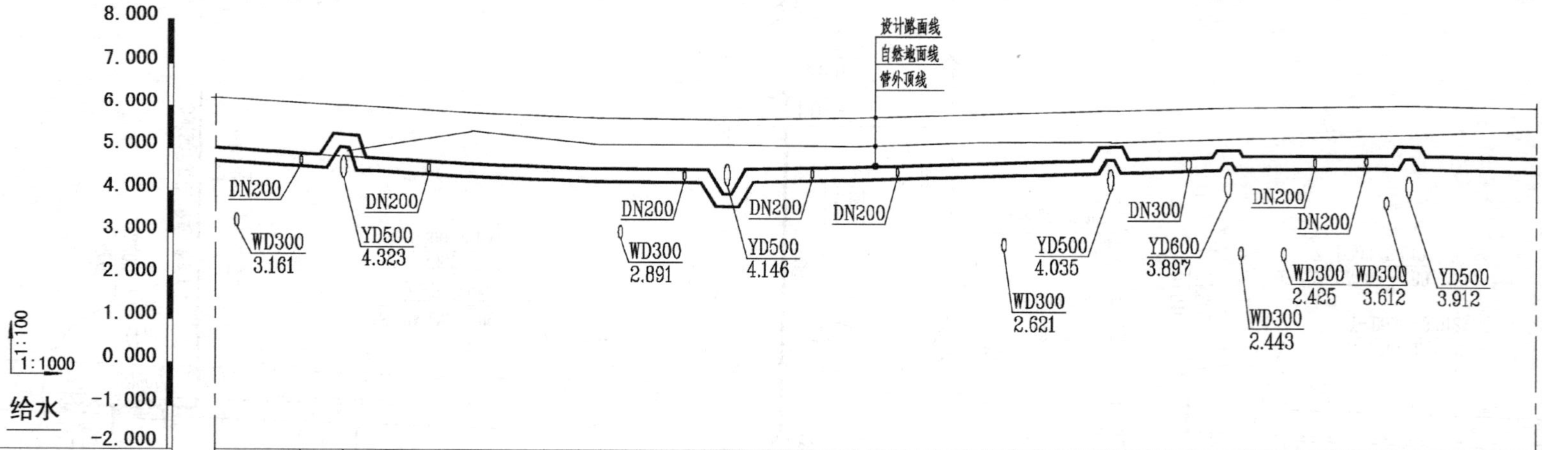

道路桩号	自然地面标高	设计路面标高	设计管道外顶标高	管顶覆土
0+400.000	4.954	6.194		
0+405.000		6.187	4.99	1.197
0+420.000		6.059	4.87	1.189
0+430.000	4.942	6.011	5.40	0.611
0+450.000		5.890	4.70	1.190
0+460.000	5.380	5.832		
0+490.000	5.094	5.706		
0+495.000		5.696	4.53	1.166
0+510.000		5.696	4.52	1.176
0+520.000	5.092	5.671	3.80	1.871
0+540.000		5.672	4.56	1.112
0+550.000	5.059	5.724		
0+560.000		5.751	4.61	1.141
0+580.000	5.164	5.814		
0+585.000		5.827	4.69	1.137
0+610.000	5.179	5.904	5.13	0.774
0+628.400		5.948	4.82	1.128
0+637.560	5.252	5.993	5.09	0.903
0+641.560		5.993	4.85	1.143
0+658.000		6.010	4.87	1.140
0+670.000		6.023	4.88	1.143
0+675.000		6.032	4.88	1.143
0+680.000	5.135	6.032	4.99	1.042
0+710.000	5.355	5.970		

设计管径：DN300（管位：路南6.0m）

6. 给水管道节点详图

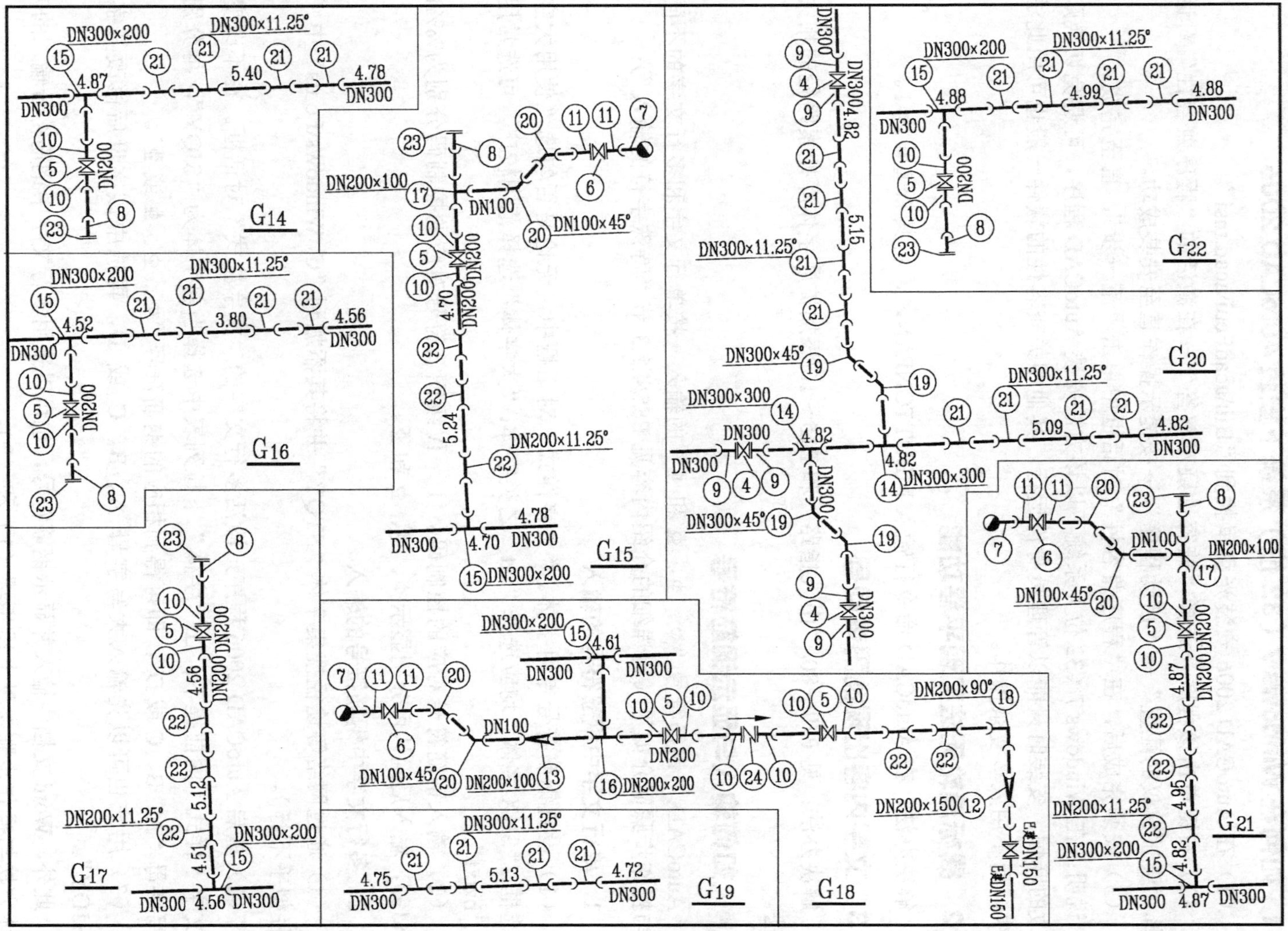

附录G AutoCAD 软件使用的常见问题

问 1 如何在 Windows 7（32 位）系统下安装 AutoCAD 2006

（1）在 AutoCAD 2006 安装光盘里找到“Bin\acadFeui\acad.msi”。

（2）右键单击该程序→选择“兼容性疑难解答”→在激活的“程序兼容性”对话框中选择“尝试建议的配置”→“启动程序”→按提示操作直至安装成功。

（3）安装完成后，在“程序兼容性”对话框中单击“下一步”，直至完成。

说明：在 Windows 7（32 位）系统下以该方法安装 AutoCAD 程序，可避免切换账户和修改的麻烦。安装时只能以管理员身份运行。其他相关兼容性的软件一般也可用此法轻松解决，而不用太多复杂操作。

问 2 鼠标滚轮无法实现平移功能

解决办法：在 AutoCAD 命令行输入 MBUTTONPAN↙，将其新值设为 1。

问 3 文字内容出现乱码或问号

解决办法：见 P79～80/“山人指路”和 P15～16/添加扩展字体库搜索路径的相关设置方法。

问 4 如何输入与显示钢筋符号

AutoCAD 中钢筋符号“Φ、Φ、Φ 和 Φ”的输入，按单行文字和多行文字的不同，方法与操作步骤简介如下（更详细的介绍内容见 P85/4.2.3 节“特殊字符的输入”）：

1．单行文字中钢筋符号的输入

（1）设置钢筋符号专用字体。“文字样式”对话框中，无论是否勾选“使用大字体”复选框，“SHX 字体”均应选择“txt”之类字体；“大字体”选择范围较广，可选常用字体如“hztxt”。

（2）输入钢筋符号对应的控制码。Ⅰ～Ⅳ级钢筋符号对应的控制码分别为%%130～%%133，输入后确认可分别显示 Φ、Φ、Φ 和 Φ。

2．多行文字中钢筋符号的输入

（1）通过网络等途径搜集字体“STQY”并将其添加到“C:\Windows\Fonts”中（其他路径似乎不行）。

（2）重启 AutoCAD 2006 程序，激活多行文字的“文字格式”对话框。在不改变该多行文字“样式”的前提下，在“字体”下拉列表中选择当前字体为“SJQY”，再分别输入大写字母“A、B、C 或 D”，即可得到相应的钢筋符号“Φ、Φ、Φ 或 Φ”。

（3）用户也可以先输入大写字母 A、B、C 或 D，再选中该字母后修改其字体为“SJQY”。

此外，Word 文档中输入并显示钢筋符号，也可以采用多行文字中钢筋符号输入的方法。具体方法与操作步骤参见上述步骤（1）和（3）。

问 5　如何将 Excel 表格插入至 AutoCAD

首先复制表格相应区域，再切换至 AutoCAD 绘图窗口，之后一般有两种插入方法：

1. 直接以粘贴(【Ctrl+V】)命令插入　该方法将 Excel 表格以 OLE 方式链接至 AutoCAD，以表格左下角为插入点。启动粘贴（【Ctrl+V】）命令后在绘图窗口拾取插入点即可。

十字光标双击表格任意位置，即可返回 Excel 界面。在 Excel 中对表格进行编辑（文字内容、字体和字高等）并保存，AutoCAD 中可自动更新内容。

该方法操作简单、易于掌握，且可充分利用 Excel 强大的计算功能进行数据统计和运算。缺点是不能发挥 AutoCAD 强有力的编辑功能进行表格相关特性（如字体、字高、对齐方式、颜色和线宽等）的修改，所有此类操作均需返回 Excel 界面进行。

该方法也适用于 Word 表格。

2. 选择性粘贴为“AutoCAD 图元”(推荐方法)

➢ 下拉菜单：“编辑”→“选择性粘贴”→“粘贴”→“AutoCAD 图元”。

该方法将 Excel 表格以 AutoCAD 图元方式插入，可充分利用 AutoCAD 的表格编辑功能对表格内容和相关特性进行编辑（详见 P92/4.3.3 节“表格的编辑”）。插入时，表格相关特性受当前表格样式控制。可通过修改当前表格样式的数据参数来修改表格的相关特性。

该方法不适用于 Word 表格。以该方法将 Word 表格插入至 AutoCAD，表格将失去所有的边框和栅格线。

问 6　双击不能编辑文字或视口选择后无法删除

有时候重新启动 AutoCAD 程序可以解决问题。若重启无效，可按下列步骤操作：

（1）命令行输入 PICKFIRST↙，将其新值设为 1，即要设置“先选择后执行”。

（2）命令行输入 DBLCLKEDIT↙，设置“进入双击编辑模式”为 ON。

问 7　AutoCAD 菜单消失

解决办法：命令行输入 MENU↙→选择“Support”文件夹下面的 acad.cui↙。

问 8　如何为 AutoCAD 图形设置密码

解决办法：右键单击命令窗口→“选项”对话框→“打开和保存”选项卡→“安全选项”按钮→设置密码。

问 9　如何恢复与修复损坏的文件

绘图过程中，常会因突发事故（如停电、程序出错、计算机死机等）和一些操作（如版本转换、块插入等）导致图形文件损坏，甚至引发“致命错误”而强制退出程序，无法再次打开受损的图形文件。通常可以采取以下几种方法进行损坏文件的恢复。

1. 利用损坏文件的备份文件进行恢复　在每次进行保存（SAVE）操作时，AutoCAD 默认将图形前一次保存操作的存盘版本自动存为具有相同名称并带有扩展名“bak”的备份文件。该备份文件与图形文件位于同一个文件夹中。

在 Windows 界面找到该备份文件，将扩展名“bak”重命名为“dwg”，即可恢复上一次保存的文件版本。

2. 利用AutoCAD的核查命令进行修复 如果图形文件能够顺利打开，在进行一些操作时发生错误退出，可利用系统自带的核查命令检查错误并恢复。命令的调用方式如下：

➢ 下拉菜单："文件"→"绘图实用程序"→"核查"。

启动命令后，命令行提示如下：

命令：_audit

是否更正检测到的任何错误？[是(Y)/否(N)] <N>：Y↙（输入Y，表示自动修复错误）

之后，AutoCAD系统自动检测错误并进行修复。核查结果会在命令窗口提示"共发现×个错误，已修复×个"。

3. 利用AutoCAD的修复命令进行修复 如果没有备份文件（如被误删、清理等）且图形文件无法顺利打开，或者用核查命令不能解决问题，可以考虑用修复命令修复损坏的图形文件。命令的调用方式如下：

➢ 下拉菜单："文件"→"绘图实用程序"→"修复"。

启动命令后，激活"选择文件"对话框（P14/图1-12），选择需要修复的文件并打开。AutoCAD系统自动检测错误并进行修复，核查结果会在命令窗口提示"共发现×个错误，已修复×个"。

4. 将损坏的图形文件以块的形式插入新建图形文件 有时候，采用修复命令仍然无法解决问题，可以试试将损坏的图形文件以块的形式插入到新建图形文件中。即先创建一个新的图形文件，再启动插入命令，选择需要修复的图形文件，将其插入当前新建图形【详见P138/7.1.4节"插入块（INSERT)"】。

附录H 笑话七则

（1）大学专业课画CAD，我男友因为是台式计算机所以离开教室回去画了。当时我正在笔记本计算机上玩小游戏，专业老师突然靠近我的座位，在我面前站住看了我几秒。我以为玩游戏被发现了，于是慌张地与老师对视。结果在大家的注视下，他憋出了一句话："你老公呢？"全班爆笑O(∩_∩)O

（2）大学里学CAD制图的时候，因为那时候计算机还没普及，所以实践机会都不多，实际操作上都不是很好。考试的时候，老师让同学们任意发挥，随便画什么都可以。然后老师针对你画的CAD图提三个问题，回答对了就算过了。某同学仅画了一个圆，老师就根据他画的这个圆提问他。

老师："你把这个圆的线条变成别的颜色。"同学："老师，我不会。"

老师："那你把这个圆填充一下。"同学："老师，我不会。"

老师："那你把这个圆改成半圆总可以吧？"同学有点不好意思了："老师，我还是不会。"

老师有点急了："那你会什么？"同学心想，我会的你都不提问，你提问的我都不会，可轮到我自己说了，我可不是啥都不会的！于是同学压抑中略带着点小兴奋地冲老师说："老师，我会删除，我能把圆删掉。"

（3）CAD课上，一个未认真听讲的神人问老师："老师，命令怎么中止啊？"老师说："【Esc】。"神人飞快地在命令行输入ESC并回车；老师在边上@#%￥&*……

（4）有一个勤奋的设计师死后，上帝不想让他去天堂，就把他放到了地狱。过几天，阎王来找上帝："我要恢复地狱的秩序。现在地狱所有的鬼都在看图纸、摆方案、做模型、算指标，小鬼空闲时都在学 CAD 软件。"上帝无奈，把设计师召回了天堂。过了一个月，阎王幸灾乐祸的来问上帝："敬爱的上帝啊，他过得好吗？"上帝说："首先我要说明一点，请你不要叫我上帝，要叫我耶工。另外，我现在没有时间回答你的问题，释迦牟尼又催图了，我又要去通宵了。"

（5）赵老板出 100 万元请钱设计师设计一个方案；钱设计师以 5 万元的价格把这个活给了下属设计院的小孙；小孙以 1 万元的价格包给了设计师老李；老李以 1 千元的分红让绘图员小周出一个方案；小周在网上找了一套方案并以 200 元的价格交给大学快毕业的吴同学画 CAD 图。赵老板因为此次方案的出色设计获得了 1000 万元的奖金，虽然这套方案最终也没有进行施工。

（6）客户："这个图下班之前必须发给我。"设计师："好的。"

第二天清早，客户："图怎么还没发过来？"设计师："我还没下班呢！"

（7）某设计师出车祸成植物人，医生说活下来的希望只有万分之一，唤醒的机会更渺茫。他的同事和亲人没有放弃，根据他天天加班到深夜的特征，每天在他身边念："甲方说不用改图了！甲方说不用改图了！……"奇迹终于发生！设计师醒过来了，第一句话："可以打图了么？"

参考答案

第 1 章

1. 单选题

(1)	(2)	(3)	(4)	(5)	(6)	(7)	(8)	(9)	(10)
A	D	D	D	A	C	D	A	A	B
(11)	(12)	(13)	(14)	(15)	(16)	(17)	(18)	(19)	(20)
C	C	B	A	B	A	B	A	D	A

2. 多选题

(1)	(2)	(3)	(4)	(5)	(6)	(7)	(8)	(9)	(10)
ABC	BCD	ABC	ABCD	ABC	ABC	ABCD	BC	ABD	AB
(11)	(12)								
ABCD	ABC								

第 2 章

1. 单选题

(1)	(2)	(3)	(4)	(5)	(6)	(7)	(8)	(9)	(10)
B	D	A	D	A	B	B	D	A	B
(11)	(12)	(13)							
B	C	C							

2. 多选题

(1)	(2)	(3)	(4)	(5)	(6)	(7)
ABC	BCD	ABCD	ABCD	ABC	ABC	ABD

第 3 章

1. 单选题

(1)	(2)	(3)	(4)	(5)	(6)	(7)	(8)	(9)	(10)
C	C	C	A	A	D	B	A	C	C
(11)	(12)	(13)	(14)	(15)	(16)	(17)	(18)	(19)	(20)
A	B	A	A	D	D	D	D	B	D
(21)	(22)	(23)							
B	B	B							

2. 多选题

(1)	(2)	(3)	(4)	(5)	(6)	(7)	(8)
AB	ABCD	ABCD	ACD	ACD	BCD	ABCD	ABCD
(9)	(10)	(11)					
ABCD	ABCD	ACD					

第 4 章

1. 单选题

(1)	(2)	(3)	(4)	(5)
C	C	A	C	B

2. 多选题

(1)	(2)	(3)	(4)	(5)
ABC	AB	ABCD	ABCD	ABCD

第 5 章

1. 单选题

(1)	(2)	(3)	(4)	(5)	(6)	(7)	(8)	(9)	(10)
B	A	A	B	A	D	B	C	A	B
(11)									
C									

2. 多选题

(1)	(2)	(3)	(4)	(5)	(6)	(7)
ABD	ABC	ABCD	ABC	ABC	A C	ABD

第 6 章

1. 单选题

(1)	(2)	(3)	(4)	(5)
C	D	D	B	B

2. 多选题

(1)	(2)	(3)	(4)	(5)	(6)
ABCD	ABCD	ABD	ACD	ABCD	ABC

第 7 章

1. 单选题

(1)	(2)	(3)	(4)	(5)
A	A	A	D	C

2. 多选题

(1)	(2)	(3)	(4)
ABCD	AB	ABC	BC

第 11 章

1. 单选题

(1)	(2)	(3)	(4)	(5)	(6)	(7)	(8)	(9)
B	D	C	D	C	A	A	B	B

2. 多选题

(1)	(2)	(3)	(4)
ACD	ABD	ABCD	AC

参 考 文 献

[1] 罗卓书，等．AutoCAD 2006 中文版培训教程 [M]．北京：电子工业出版社，2007.

[2] 张部生，等．公路 CAD [M]．2 版．北京：机械工业出版社，2009.

[3] 巩宁平，邓美荣，陕晋军．建筑 CAD [M]．3 版．北京：机械工业出版社，2008.

[4] 张日晶，王敏，等．AutoCAD 市政施工图设计与工程项目实战 [M]．北京：机械工业出版社，2011.

[5] 杨少伟，等．道路勘测设计 [M]．3 版．北京：人民交通出版社，2009.

[6] 孙慧修，等．排水工程（上册）[M]．4 版．北京：中国建筑工业出版社，1999.

[7] 严煦世，范瑾初．给水工程[M]．4 版．北京：中国建筑工业出版社，1999.

[8] 黄兴安．公路与城市道路设计手册 [M]．北京：中国建筑工业出版社，2005.